国家出版基金项目
NATIONAL PUBLICATION FOUNDATION

"十四五"时期国家重点出版物出版专项规划项目

农作物有害生物绿色防控技术丛书

丛书主编 吴孔明

柑橘有害生物绿色防控技术

周常勇 主编

科学出版社

北 京

内 容 简 介

  本书主要内容包括绪论、柑橘病害、柑橘虫害、柑橘草害、柑橘有害生物绿色防控技术模式集成与示范等，收录了我国柑橘上常见病虫草害71种，其中病害34种、虫害25种、草害12种，重点介绍了每种病虫草害的诊断识别、分布为害、发生（或流行）规律及其绿色防控技术。为了方便读者阅读、使用，书中配有代表性图片260余幅，书后附有柑橘有害生物绿色防控技术挂图3幅。

  本书可供高校和科研院所植物保护学、果树学、柑橘栽培学等相关研究领域的科研人员、师生阅读，也可供农业技术推广、农业生产管理等部门的政府职员及与农业相关的企业研发人员参考。

图书在版编目（CIP）数据

柑橘有害生物绿色防控技术 / 周常勇主编. -- 北京 ： 科学出版社，2025. 6. --（农作物有害生物绿色防控技术丛书 / 吴孔明主编）. ISBN 978-7-03-082527-8

Ⅰ．S436.66

中国国家版本馆 CIP 数据核字第 2025DT3254 号

责任编辑：陈　新　郝晨扬 / 责任校对：严　娜
责任印制：肖　兴 / 封面设计：无极书装

科学出版社 出版

北京东黄城根北街 16 号
邮政编码：100717
http://www.sciencep.com

北京九州迅驰传媒文化有限公司印刷
科学出版社发行　各地新华书店经销

*

2025 年 6 月第　一　版　开本：787×1092　1/16
2025 年 6 月第一次印刷　印张：16 1/2　配套挂图 3 幅
字数：381 000

定价：198.00 元
（如有印装质量问题，我社负责调换）

"农作物有害生物绿色防控技术丛书"编委会

主　编　吴孔明

副主编　陈万权　周常勇　王源超　廖伯寿　何霞红　柏连阳

编　委（以姓名汉语拼音为序）

边银丙　蔡晓明　曹克强　陈炳旭　董志平　冯佰利

高玉林　郭晓军　韩成贵　黄诚华　黄贵修　霍俊伟

江幸福　姜　钰　李华平　李彦忠　蔺瑞明　刘吉平

刘胜毅　龙友华　陆宴辉　彭友良　王国平　王树桐

王　甦　王振营　王忠跃　魏利辉　许泽永　严雪瑞

曾　娟　詹儒林　张德咏　张若芳　张　宇　张振臣

赵桂琴　赵　君　赵廷昌　周洪友　朱小源　朱振东

农作物是人类赖以生存和繁衍的物质基础，人类社会的发展史也是一个不断将植物驯化成农作物的过程。农作物的种类繁多，既有谷类、豆类、薯芋等粮食作物和纤维、油料、糖料、茶叶等经济作物，也有白菜、番茄、辣椒等蔬菜作物，柑橘、苹果、梨等果树作物，西瓜、甜瓜、哈密瓜等水果作物，以及人参、枸杞、黄芪等药用作物。

植物病虫害是影响各种农作物生产的重要因子，人类的农耕文明也是一部与病虫害斗争的史书。我国的季风气候特点和地理特征决定了我国病虫害发生的普遍性与区域流行性，并使我国成为全球农作物病害、虫害、草害、鼠害种类较多且危害较严重的地区之一，近年来的气候变化更加剧了病虫害的为害程度、提高了病虫害的暴发频率。此外，全球经济一体化也导致国外的病虫害不断入侵我国，给农作物生产带来新威胁。据统计，仅我国主要粮食作物的病虫害就超过 1500 种，其中经常严重发生的有 100 多种，年均发生面积 70 亿亩次左右，是全国耕地面积的 3.78 倍，若不进行有效防治，可造成作物产量损失超过 40%。

病虫害防治方法的采用和社会经济的发展阶段有密切的关系。新中国成立之前，传统的农业防治是主要手段。20 世纪 60 年代之后，随着化学工业的发展，化学防治得到了广泛的应用，但也产生了病虫害抗药性、食品安全性和生态环境污染等一系列问题。为解决化学农药过度使用的弊端，我国于 20 世纪 70 年代中期提出了"预防为主，综合防治"的植物保护工作方针。进入 21 世纪，随着国家社会经济的发展和农产品质量安全标准的提高，2006 年全国植物保护工作会议提出了"公共植保，绿色植保"的理念，化学农药的使用得到了严格的控制。当前，我国已进入高质量发展阶段，新时代的植物保护要满足人民对美好生活的需求，要体现人与自然的和谐发展，要保障粮食安全、农产品质量安全和生态环境安全。

我国政府高度重视新时代的植物保护工作，不断推进依法依规科学防治病虫害进程，于 2020 年颁布实施了《农作物病虫害防治条例》（后简称《条例》）。《条例》明确了病虫害的防治责任，要求健全防治制度和规范专业化防治服务，鼓励并支持开展农作物病虫害防治科技创新和成果转化，推广信息技术和生物技术，推进防治工作的智能化、专业化和绿色化。

为适应当前我国植物保护工作的需要，在科学出版社的大力支持下，我们组织专家编著了"农作物有害生物绿色防控技术丛书"（以下简称丛书）。丛书于 2022 年 2 月启动编撰工作，汇聚了来自中国农业科学院、中国农业大学、全国农业技术推广服务中心等 50 多家科研、教学和管理单位的 1000 余位学者。为保障编写内容的科学性、系统性和权威性，我们组建了由 49 位植物保护知名专家组成的丛书编委会，先后组织召开了 4 次全体会议，共商撰写计划和要求，分配撰写和审稿任务，解决编撰过程中出现的问题。

　　丛书包括《农作物重大流行性病害监测预警与区域性控制技术》和《农作物重大迁飞性害虫监测预警与区域性控制技术》2个综合技术分册，以及《水稻有害生物绿色防控技术》《小麦有害生物绿色防控技术》《玉米有害生物绿色防控技术》等38个作物分册，涉及70余种农作物和3000多种病虫草鼠害。为方便读者准确诊断识别各种病虫草鼠害，切实掌握综合防控技术体系，在介绍病虫草鼠形态（或生理）特征、为害症状、生活循环、防控关键技术及其模式的基础上，各分册还配套1~6幅有害生物绿色防控技术挂图。

　　丛书综合反映了21世纪我国多种农作物病虫害科技创新的成果，也在一定程度上吸收了国际农作物病虫害防控技术的最新进展，内容丰富、系统全面、技术实用、指导性强。我们希望，丛书的出版能为我国植物保护、作物学、园艺学、农业资源环境等相关学科的科研工作者、高校师生，农业技术推广、农业生产管理等部门职员，农业相关企业工作人员，以及基层农技人员和农民朋友提供一套有较高实用价值的植物保护专业全书，在农作物病虫害防治人才培养、科技创新和生产实践活动中发挥积极的作用。

中国工程院院士　吴孔明

中国植物保护学会名誉理事长　陈万权

　　柑橘是我国和世界的第一大水果产业，据联合国粮食及农业组织（FAO）的统计数据，2021年世界柑橘总产量约为1.62亿t，我国占比28.9%，成为全球最大的柑橘生产国。柑橘产业对于我国南方乡村全面振兴和提升人民生活水平具有重要意义。橙汁是全球产量最大的果汁饮料，最高年份总产量超过1800万t，柑橘还是全球第五大贸易农产品，柑橘产业在全球经济中亦占有一席之地。

　　病虫草害是影响柑橘安全生产的重要生物灾害。据统计，我国柑橘生产上病虫草害种类有近200种，其中常见且有一定危害的有近70种。我国现有柑橘栽培面积为5000多万亩（1亩≈666.7m²，下同），由于柑橘是多年生常绿果树，以柑橘园为单元，每年均会有数种至10多种病虫草害发生，因此每年均需对柑橘园的病虫草害进行防治。某些年份，一种病虫暴发成灾，便可对局部柑橘产区造成巨大经济损失，甚至造成毁灭性打击，如柑橘黄龙病、橘小实蝇、柑橘全爪螨。同时，大部分生产区域过去长期依赖短平快的化学农药防治，有的已导致生态失衡，影响柑橘产业的可持续发展。因此，科学有效地防治病虫草害，实现绿色高效双重目标，是保障我国由柑橘生产大国向柑橘生产强国战略转型的重要举措。

　　据国家统计局统计，2023年我国柑橘产量为6343万t，是1978年的167倍，实属世界柑橘发展史上的一个奇迹！2003年，农业部（现称农业农村部，下同）发布了《优势农产品区域布局规划（2003—2007年）》（柑橘入选首批11种优势农产品行列）。2006年，农业部提出了"公共植保，绿色植保"的理念。2007年，农业部和财政部共同组建了国家现代农业（柑橘）产业技术体系。上述举措为柑橘产业发展按下了快进键，亦为柑橘有害生物的研究与防控带来了快速发展机遇。一系列相关基础设施和科研项目先后启动并实施，加强了对柑橘病虫草害的理论基础、应用基础、高新技术和关键防控技术的研究，推动了我国柑橘病虫草害基础理论和应用技术的快速发展，取得了以"天敌捕食螨产品及农林害螨生物防治配套技术的研究与应用""橘小实蝇持续控制基础研究及关键技术集成创新与推广""柑橘良种无病毒三级繁育体系构建与应用"等国家科技进步奖二等奖为代表的一大批研究成果，显著提升了柑橘病虫草害防控技术水平。以柑橘黄龙病防控为例，美国佛罗里达州近100亿美元产值的柑橘产业几乎被此病摧毁，其柑橘产量由该州2005年首现此病时的817万t降至2024年的63万t。相较之下，我国江西赣州2013年暴发此病，但对该病害的防控是相对成功的，2013年江西赣州的脐橙产量为150万t，经历了几年降产（因清除5000余万株病树），2021年的脐橙产量已恢复至150万t，2024年的脐橙产量约为193万t。随着气候变暖，我国柑橘木虱和柑橘黄龙病北扩西移呈现明显加速趋势，防控工作面临新的问题和挑战。在新时代，必须将植物保护工作纳入人与自然和谐发展的重要组成部分，突出其对高产、优质、高效、绿色生态和安全农业的保障与支撑作用。自"十三五"国家重点研发计划实施"双减"（减肥减药）项目以来，植物保护科技工作者积极开展柑橘病虫草害绿色防控技术或产品的研发与集成应用，大幅减少了化学农药的用量，柑橘园生态环境得到了明显改善，推动了柑橘产业向经济、生态和社会效益同步增长的目标迈进。

《柑橘有害生物绿色防控技术》旨在集成新中国成立以来特别是 2006 年以来我国柑橘病虫草害绿色、综合防治策略和技术的发展成果，反映当今柑橘病虫草害绿色防控的发展概貌，同时在一定程度上也借鉴和引用了国际上在柑橘病虫草害绿色防控方面的最新研究成果。本书在介绍各种病虫草害基础生物学特征特性的基础上，重点突出其绿色防控理念、策略及其技术模式的集成与应用，以促进我国植物保护事业的高质量发展。

本书编撰工作自 2022 年 2 月启动以来，组建了由 23 位植物保护领域专家学者构成的编委会，全部成员来自国家现代农业（柑橘）产业技术体系病虫草害防控功能研究室的岗位科学家及其所在单位的专家学者。为保障编撰工作的顺利进行，本书主编和副主编或委托编委先后 4 次参加丛书编委会组织召开的视频会议，并经本书编委会微信群及时传达丛书编委会会议精神和要求，主编依据丛书要求制定了撰写提纲，然后共同制订了撰写计划和要求、分配撰写和审稿任务，并及时研究、解决编撰过程中出现的问题。

全书共 5 章，包括绪论、柑橘病害、柑橘虫害、柑橘草害、柑橘有害生物绿色防控技术模式集成与示范，收录了我国柑橘上常见且有一定危害的病虫草害 71 种，其中病害 34 种、虫害 25 种、草害 12 种，重点介绍了每种病虫草害的诊断识别、分布为害、发生（或流行）规律及其绿色防控技术。为方便读者阅读、使用，书中配有代表性图片 260 余幅，书后附有柑橘有害生物绿色防控技术挂图 3 幅。第一章绪论和第五章柑橘有害生物绿色防控技术模式集成与示范由周常勇、王进军、周彦撰写，第二章柑橘病害由邓晓玲、李红叶、付艳苹、焦晨、周彦、唐科志、宋震、杨宇衡、曹孟籍、胡军华、郑永强、李太盛、陈国康、孙现超、肖小娥撰写，第三章柑橘虫害由张宏宇、豆威、岑伊静、冉春、李晓雪、刘金香撰写，第四章柑橘草害由马洪菊撰写。在本书编撰过程中，全体撰稿者、审稿专家、责任编辑不厌其烦，工作认真细致，付出了巨大的努力。本书临聘秘书申太琼同志在材料收集和整理、参考文献汇总方面给予了部分支持，本人课题组傅仕敏副研究员参与了一些联络工作，丛书编委会和科学出版社给予了指导与大力支持。在此，一并致以衷心的感谢！

经过 3 年的共同努力，《柑橘有害生物绿色防控技术》即将付印。此时此刻，我代表本书编委会，谨向参与本书编撰的所有同行和同事表示热烈祝贺，也向帮助和支持我们完成这项工作的单位和领导表示由衷感谢！

由于我们水平有限，不足之处恐难避免，期待读者朋友们不吝指教。

周常勇

2025 年 6 月

目 录

第一章
绪　论

第一节　柑橘产业发展概况

柑橘为芸香科（Rutaceae）柑橘亚科（Aurantioidae）亚热带多年生常绿木本果树，有栽培经济价值的 3 个属为柑橘属（*Citrus*）、金柑属（*Fortunella*）、枳属（*Poncirus*），是世界上最古老的水果之一，兼具经济和生态双重价值，又称经济林木。全球约有 140 个国家生产柑橘，据世界粮食及农业组织（FAO）的统计数据，2021 年全球柑橘总产量约为 1.62 亿 t，处于水果之首。柑橘是全球第五大贸易农产品，橙汁作为世界最大的果汁饮料，深受人们喜爱，曾是美国在海湾战争中重要的战略储备物资，柑橘是我国南方乡村振兴的抓手产业，占有极其重要的地位。全球柑橘种植面积和产量一直处于稳步上升态势，商业栽培的柑橘可分为柑、橘、橙、柚、柠檬、莱檬、香橼、杂柑等类型。据 FAO 的统计数据，2021 年甜橙、宽皮柑橘的世界占比分别为 46.7%、25.9%，而我国占比分别为 16.4%、53.9%。由此可见，品种结构在世界上以甜橙为主，而我国仍以宽皮柑橘为主。我国晚熟柑橘特别是杂柑的种植面积近十年来有较大增长，优质果品率也不断提升，随着种植水平的不断提高，产业效益呈明显上升趋势，但大发展也加大了病虫草害发生的风险。

一、世界柑橘生产概况

柑橘适应性强，世界五大洲均有分布，以北半球居多。柑橘产地主要集中在亚洲、美洲、非洲，据 FAO 的统计数据，这 3 个洲 2021 年的种植面积全球占比分别为 53%、23%、18.5%，产量占比分别为 51.7%、27.5%、13.3%，上述合计面积和产量分别约占全球的 94.5% 和 92.5%，欧洲、大洋洲的面积和产量占比分别为 5.1%、0.4% 和 7.1%、0.4%。2021 年全球柑橘种植面积为 1.53 亿亩，占世界水果种植面积的 15.4% 左右；柑橘总产量约为 1.62 亿 t，约占世界水果总产量的 17.8%，均位列世界水果之首。全球柑橘总产量一直呈稳步增长趋势，进入 21 世纪，主要增量来自亚洲和非洲，其中约 60% 增量来自我国。FAO 统计的 2021 年柑橘产量排序显示，世界前十的国家分别是中国（占比 28.9%）、巴西（占比 11.7%）、印度（占比 8.8%）、墨西哥（占比 5.5%）、西班牙（占比 4.2%）、美国（占比 3.9%）、土耳其（占比 3.3%）、埃及（占比 2.7%）、尼日利亚（占比 2.5%）、伊朗（占比 2.4%），这十国的柑橘产量合计约占世界柑橘总产量的 73.9%。

据 FAO 2021 年的统计数据，全世界柑橘汁进出口贸易总量为 1254 万 t，中国为 16 万 t，占比仅为 1.3%；全世界柑橘进出口贸易总量为 3444 万 t，中国为 157.9 万 t，占比仅为 4.6%。虽然柑橘的世界贸易总量位列水果之首，但我国占比极低，仍有巨大潜力可挖。

二、中国柑橘生产概况

（一）柑橘种植区域

柑橘分布在我国 16°N～35°N，南起海南琼中，北至陕西汉中，东临上海长兴岛，西到西藏墨脱，包括台湾在内的 20 个省（自治区、直辖市）约 1000 个县（市、区）有柑橘种植。主产区域集中于 25°N～33°N 的广西、湖南、湖北、广东、四川、江西、福建、重庆、浙江。2003 年农业部颁布的《优势农产品区域布局规划（2003—2007 年）》中明确了 4 条优势带：长江上中游柑橘带、赣南—湘南—桂北脐橙带、浙南—闽西—粤东宽皮柑橘带、鄂西—湘西宽皮柑橘带。国家统计局 2021 年的数据显示，我国柑橘种植面积为 4330 万亩，总产量为 5596 万 t（比 FAO 的统计多出近 1000 万 t），其中，上述 9 个主产区域的产量占比为 93.3%，近年来云南、贵州发展也较快，产量过百万吨，其余几个柑橘栽植北缘地带的省份产量占比均较少。从产业的品种结构来看，过去我国宽皮柑橘占比超过 80%，现目前仍约占 60%，主要分布在浙江、福建、广东、湖南、湖北 5 个省；从熟期结构来看，过去中熟占比近 90%，现约占 2/3，近十年晚熟品种发展较快，其中四川、重庆两地晚熟约占其熟期的 1/3，将采用盖膜技术延长采收期的部分计入，全国晚熟占比约为 20%。

（二）柑橘产量

中国是世界柑橘生产和消费的第一大国，但贸易和加工量占比均不足 5%，仍有极大发展空间。1978 年我国柑橘总产量为 38 万 t，1997 年突破首个千万吨，耗时 20 余年，至 2007 年突破第 2 个千万吨，跃居世界首位，后续每增加 1000 万 t 耗时 5 年，2018～2020 年增加的 1000 万 t 仅用了 3 年，2021 年产量增至 5596 万 t，发展提速极快，增量 140 余倍，已顺利完成由小变大的积累，目前正由柑橘生产大国向柑橘强国方向迈进。由于兼具经济和生态双重功能，柑橘成为南方农村宜栽地区脱贫攻坚、乡村振兴的抓手产业，在实施上述国家战略中发挥着重要作用。随着我国土地和劳动力成本的不断上升、资源环境保护要求越来越高，柑橘产业呈现不断西移发展趋势。例如，浙江近 20 年来柑橘栽培面积在不断缩小，2021 年产量降至 180.6 万 t，而西部地区四川、重庆、广西三地合计产量为 2509 万 t。在此背景下，科技创新在柑橘增产中的作用越来越大，如大规模推广应用无病毒容器苗木、优良新品种、盖膜覆膜、起垄栽培、肥水一体化、机械化等技术和产品，使得单产和品质均有较大幅度的提升，浙江最近十余年则不断探索设施栽培等技术，朝高投入、高产出方向发展，面积和产量虽有降低，但收益未减反增，总体上柑橘成为效益良好的产业。我国柑橘加工量和加工产品近 20 年也有长足发展，常年橘瓣罐头生产量保持在 50 万 t 左右，其中出口用量为 35 万 t 左右，是世界占比最高的国家，橙汁生产集中于四川、重庆两地，但总量不高，仍有较大发展空间。

（三）发展趋势

进入 21 世纪，我国柑橘产业发展迅猛，总体效益明显，呈现不断西移趋势。随着规模化及科技水平等的不断提升，单产及优质果率已处于世界平均水平，过去长期存在的"多的不好、好的不多"的格局在一定程度上被打破，市场上柑橘品种琳琅满目，基本实现周年有鲜果供给的吃橘自由格局，但适应市场规模化、常态化持续供应的产品品质稳定性和统一性亟待强化，有极大发展空间的加工和出口潜力亟待挖掘。在向柑橘强国转型过程中，以下几个主要问题亟待解决：①自主知识产权品种占比仍较低；②适应丘陵山地种植环节的机械及设施等省力化栽培技术偏弱；③随着人口红利减退和工商资本介入力度的不断加大，病虫害尤其是柑橘黄龙病局部成灾风险加大；④商品化处理和储藏加工尚处于量变阶段，亟待强化；⑤信息化、社会化服务和风险保障体系不完善，产业组织模式和柑橘文化建设相对滞后。

在未来一段时期内，我国柑橘产业将继续处于从生产大国向强国迈进的转型阶段，受市场需求的影响，风味独特浓郁、易剥皮的无籽优质柑橘将更受青睐，优质柑橘与普通柑橘的价差拉大，标准化、规模化发展将促使柑橘生产方式逐渐向优质、高效和绿色生产模式转变，科技创新是推动柑橘产业高质量发展的重要保障。一是加强柑橘种业"卡脖子"技术攻关，以高产、优质、无籽、易剥皮、深色泽、抗柑橘黄龙病、宜机化树形等为主要育种目标，不断培育具自主知识产权的优良品种，通过新品种更新迭代提高柑橘生产效益；二是加快标准化、省力化、智能化、减药减化肥用量的肥水一体化无害化等栽培环节的技术研发，不断提升单产和优质果率；三是促进信用社–供销社–合作社"三合一"、资源变资产–资金变股金–农民变股民的"三变"改革，尤其需要加大力度提升产业后端的商品化处理和储藏加工，特别是深加工等技术研发，推进规模化、统筹化、企业化和工业化发展步伐；四是加强病虫害特别是柑橘黄龙病实时监测预警和防控技术研发，提高灾害预警和综合防控技术水平；五是强化品牌认证和文化等环节建设，推进我国柑橘品牌国际化，持续推进柑橘博物馆、文化馆等科普环节的公益事业发展。

撰稿人：周常勇（西南大学柑桔研究所）
审稿人：王进军（西南大学）
　　　　周　彦（西南大学柑桔研究所）

第二节　柑橘病虫草害发生概况

一、发生种类

我国主要柑橘产区气候温暖湿润，柑橘物候期长，有害生物种类多，危害严重。目前我国柑橘生产上常见且有一定危害的病虫草害有 70 余种，本书罗列了 34 种病害、25 种虫害、12 种草害。危害最为严重的病害有检疫性的柑橘黄龙病、部分地方检疫性的柑橘溃疡病；局部区域中部分品种受害重的病毒类病害有柑橘黄脉病、柑橘茎陷点型衰退病、柑橘碎叶病、柑橘裂皮病等，以及真菌性病害柑橘褐斑病、柑橘急性炭疽病、柑橘黑点病、柑橘灰霉病、柑橘黑斑病、柑橘轮斑病、柑橘煤烟病、柑橘白癞病等，栽培实生甜橙或因密植导致湿度偏大的果园柑橘脚腐病、柑橘流胶病等危害偏重，部分南方省份有柑橘根结线虫病的发生；储藏期为害普遍的病害有柑橘青绿霉病、柑橘酸腐病、柑橘黑腐病、柑橘褐腐病等。危害严重的害虫有橘小实蝇、柑橘大实蝇、柑橘全爪螨、柑橘始叶螨、柑橘锈螨、潜叶蛾、褐色橘蚜、蓟马、柑橘粉虱，田间或设施栽培中普遍发生的有柑橘瘤瘿螨、侧多食跗线螨、红蜡蚧、矢尖蚧、棉蚜、黑刺粉虱、天牛、花蕾蛆、桃蛀螟、吸果夜蛾、叶甲类等；偏冷凉的极少地区有检疫性害虫蜜柑大实蝇的发生；部分害虫如柑橘木虱虽然不直接导致严重虫害，但传播柑橘黄龙病从而导致严重损失，传播病害的害虫还有褐色橘蚜、柑橘粉虱、潜叶蛾等。柑橘园杂草主要有牛筋草、稗、大白茅、小蓬草、一年蓬、鬼针草、喜旱莲子草、牛膝、木贼、龙葵、扛板归、乌蔹莓等。

二、发生区域

受全球气候变暖、耕作制度变化、品种交流频率加剧和抗药性上升等因素影响，柑橘主要病虫草害发生种类有所增加，田间主次关系部分有更替，发生区域受环境因素和柑橘类型/品种的影响较大。上述大部分柑橘病虫草害在各柑橘主产区均有发生，部分种类因区域气候和柑橘品种抗性导致发生分布差异。例如，柑橘黄龙病在我国 365 个县（区、市）有发生（依据农业农村部 2024 年统计数据），占全国柑橘种植行政区划县级数量的 1/3 强，广东、广西、福建、浙江、海南等地及江西南部、湖南南部普遍发生，云南、贵州、四川等地零星分布，长江上中游柑橘带和鄂西—湘西宽皮柑橘带暂无此病发生，但已逼近边沿，该病目前扩散至 29º29′N 的北缘地区，呈缓慢北移趋势，其媒介柑橘木虱的发生区域比柑橘黄龙病的发生面积要大不少，田间流行发生后者往往较前者晚 3～7 年。又如，柑橘溃疡病因发生普遍，2020 年已从《全国农业植物检疫性有害生物分布行政区名录》中移除，部分地区如重庆仍将其列为地方检疫性病害，目前该病在广东、广西、福建、湖南、江西、云南、海南等地发生较重，许多区域有零星分布，并随感病的晚熟柑橘特别是沃柑的推广而扩散。害螨、实蝇、粉虱、潜叶蛾、蚜虫等常年普遍偏重发生。局部区域一定时期暴发过的病害尚有柑橘急性炭疽病（如广东德庆）、柑橘褐斑病（重庆万州）、柑橘黄脉病（四川安岳）、柑橘砂皮病（浙江衢州）、柑橘轮斑病（陕西汉中和重庆万州）、柑橘茎陷点型衰退病（江西赣州）等。线虫病在华南产区及湖南、四川、福建等地分布较广，橘小实蝇在沿海省份及江西等地发生普遍，柑橘大实蝇主要发生于长江中上游的高山冷凉地区。最近十余年，柑橘褪绿矮化病、柑橘鳞皮病等病毒病害也有零星发生，推测这些病毒病害随国外材料引入时传入，但未导致严重问题。

三、为害程度

病虫草害是影响柑橘产量和品质的重要生物灾害，对柑橘产业的可持续发展构成了巨大威胁。据不完全统计，2002～2007 年重庆砍烧溃疡病病树和苗木 300 余万株；

2013～2018 年广西、江西赣州分别砍烧柑橘黄龙病病树 2000 万株、5000 万株以上，经济损失达数百亿元；2008 年，因柑橘大实蝇诱发"四川广元柑橘事件"发酵，造成全国柑橘滞销，导致经济损失近 200 亿元；2011～2018 年，柑橘褐斑病导致重庆万州 15 万亩红橘受害，柑橘急性炭疽病导致广东德庆 10 余万亩贡柑受害，加上储藏期真菌病害，导致腐损严重，此类真菌性病害每年导致的经济损失也达上百亿元。近十来年，因引种不慎导致病毒病传播、部分地区和企业受损惨重的案例时有发生，如四川安岳柠檬黄脉病流行、赣州某企业从湖北引种携带严重茎陷点型衰退病的脐橙接穗、广西某企业从泰国引种携带柑橘褪绿矮化病的红宝石柚接穗等，上千万株带病苗木进入田间种植后导致严重损失；各地因害螨、实蝇等导致的经济损失每年也在百亿元上下；全国因多类病虫害引发的果面损伤，严重影响了优质果率的提升，且特别影响出口创汇。

四、发生趋势

随着耕作制度改变、品种更换和全球气候变暖，特别是柑橘产业的迅猛发展，柑橘病虫草害发生为害规律也发生了很大变化，总体呈现出多发、频发和重发态势。柑橘黄龙病及其媒介柑橘木虱、柑橘溃疡病、害螨、实蝇、粉虱（传播柑橘黄脉病）仍是防控的重点和难点，部分地区如广西、浙江、湖南南部等地柑橘黄龙病呈重度流行态势，江西南部有反弹趋势；溃疡病呈进一步扩散流行态势。一些主要病虫害如实蝇、害螨、粉虱、柑橘砂皮病、柑橘黄脉病等呈逐年加重的趋势，局部有冻害区域易伴随柑橘树脂病、柑橘炭疽病、柑橘砂皮病、柑橘疮痂病、柑橘脚腐病等真菌和卵菌病害发生；局部区域的次要病虫害如柑橘褐斑病（偏重为害宽皮柑橘）、蓟马、天牛（偏重为害以枳橙作砧木的柑橘）有可能上升为生产上的主要病虫害，特别是部分流行区域过度依赖化学农药防治虫害，有可能导致生态失衡，带来更多害虫的主次转变问题；伴随晚熟柑橘面积的迅速扩大，冬季清园不及时或不彻底，柑橘炭疽病、柑橘树脂病等真菌病害的病原菌基数增加；部分企业、果农无序引种，以及频繁的种苗、接穗调运，特别是网购、快递等物流新业态的兴起，使检疫关口更难把控，造成柑橘褪绿矮化病等新病害时有发生，其流行风险加剧，防控形势面临更多新挑战。

五、绿色防控策略与技术

自 2003 年农业部颁布《优势农产品区域布局规划（2003—2007 年）》以来，柑橘产业迅猛发展，在科技攻关（科技支撑）计划、公益性行业（农业）科研专项、重点研发计划项目和国家自然科学基金重点项目等一系列国家重点科研项目支持下，在柑橘实蝇类害虫综合防治和柑橘无病毒良种苗木繁育体系建设等方面获得了 2 项国家科技进步奖二等奖、6 项省部级科技进步奖一等奖等，极大地推动了我国柑橘病虫害应用基础及应用技术的快速发展，显著提升了防控柑橘黄龙病、溃疡病、实蝇、害螨等柑橘重大病虫害的技术水平，实现了"有大病无大灾""有大虫无大害"的预期。由于对一些新发病虫害的发生规律研究不清，病虫害监测预警技术不完善，生产中盲目、随意用药，造成农药利用率低、残留超标，生态环境污染等问题。因此，应根据柑橘病虫害的类型、寄主、传播途径，以及所处的特殊生态环境，采取不同的策略和方法进行防控（周常勇，2020）。

1. 防控检疫性病虫害

针对柑橘黄龙病、蜜柑大实蝇，以及我国尚未发生的检疫性病虫害，应首先通过相关植物检疫部门依法依规严格检疫，并建立阻截带和缓冲带，实施监测预警，防止检疫性病虫害随苗木、接穗、果品调运等传入非疫区。一旦在非疫区发现检疫性病虫害，必须及时铲除以消除隐患。

2. 栽种无病苗木

通过茎尖嫁接或结合热处理的方式获得无病毒柑橘苗木，并进行繁育与推广，是从源头控制嫁接传染性病害的基本措施，特别是对防止非虫传病害为害、蔓延起决定性作用。

3. 加强栽培管理

加强果园肥水管理，因地制宜地增施有机肥，适量增施磷、钾、钙肥，控制氮肥。合理修剪，剪除并集中烧毁病虫枝、衰弱枝、枯枝、落果枝，改善果园通风透气条件，及时疏果，保持树体健壮，注意冬季清园、防冻、防涝等。

4. 化学、物理及生物防治

化学防治是柑橘病虫草害防控的重要措施，在进行化学防治时，应根据防治对象的发生规律，在其发生关键节点，提前施用高效、低毒、选择性药剂。在防治虫害时，还可根据其生物学特性，采用诱杀、性信息素、昆虫激素等进行防治。此外，寄生蜂、捕食螨等生物防治也已广泛应用于柑橘虫害的防控。

5. 其他措施

为规避虫传病害大流行的风险，在防治媒介昆虫的基础上，筛选具有交叉保护作用的弱毒株系，并与无病良种苗木培育相结合，对于从根本上解决虫传病害问题具有十分重要的意义。由于柑橘常规育种周期长、珠心胚和嵌合体严重干扰以及适宜的种质资源相对缺乏，经分子技术快速挖掘抗病虫相关基因，成为转基因和基因编辑定向改良柑橘品种的基础。我国利用上述技术已获得多个主栽甜橙品种的转基因抗溃疡病株系，并获得农业农村部颁发的农业转基因生物安全评价证书，批准进入中试阶段，其推广应用将在柑橘溃疡病防控中发挥重要作用。

近5年来，在国家重点研发计划项目支持下，大规模试验示范和推广应用绿色防控技术模式，防控柑橘黄龙病媒介柑橘木虱及实蝇、害螨等的化学农药用量大幅度降低，柑橘园生态环境得到明显改善。今后一段时期，需要继续深入贯彻"公共植保，绿色植保"的理念，进一步加强检疫监管，加大力度推广应用无病良种容器苗、构建智能化监测预警技术体系、多元化绿色防控技术模式及创新联防联控的体制机制，注重抓住主要病虫草害的防治关键期，兼顾保护好柑橘产业与生态环境，实现健康可持续发展目标。

撰稿人：周　彦（西南大学柑桔研究所）
　　　　周常勇（西南大学柑桔研究所）
审稿人：王进军（西南大学）

第二章

柑橘病害

第一节　柑橘黄龙病

一、诊断识别

（一）为害症状

柑橘黄龙病（Citrus Huanglongbing）是全球柑橘生产上具有毁灭性的病害之一。柑橘黄龙病的典型叶片症状是初期病树的黄梢和叶片的斑驳型黄化。发病初期，通常在树冠顶部出现 1 或 2 枝黄梢，典型黄梢症在夏秋季更易见到（图 2-1A）；随后，树冠其他部位陆续发病。黄梢的叶片有 3 种类型：斑驳型黄化、均匀型黄化、花叶型黄化。其中，斑驳型黄化是该病最典型的症状，主要表现为叶片从基部和侧脉附近开始变黄，逐渐扩大形成黄绿相间的不对称斑块（图 2-1B）；均匀型黄化一般多出现在初发病树的夏梢、秋梢上，叶片呈均匀性黄化（图 2-1C）；花叶型黄化一般出现在植株感病后期，从病枝上抽出的新叶表现叶脉青绿、脉间组织黄化的花叶症状，与缺锌症状相似，又称缺素型黄化（图 2-1D）。

柑橘黄龙病发病初期，根系多不腐烂；至叶黄化脱落较严重时，绝大多数病树的细根都已腐烂，腐烂细根的皮部与下层组织分离，用手极易剥落，露出木质部，腐烂比较严重的细根从土中挖出时，皮部即自行脱落；至发病后期，大根亦腐烂，腐根的皮部碎裂，并与木质部分离，木质部常变黝黑。柑橘感染柑橘黄龙病并表现症状后，一般在第二年开花早而多，但大多数花细小、畸形，花瓣多而短小肥厚，柱头突出于花瓣之外，颜色较黄，且容易脱落，常形成无叶花穗。发病初期果实一般不表现典型症状，当病害发展到一定程度后，果形变小，成熟较早，坐果率低，果皮粗且厚，无光泽，果皮与果肉紧贴不易剥离，果轴变歪，果汁少，食味酸苦，种子败育，将果柄小心摘除后，果蒂有橘红色的环印（正常的果蒂是浅绿色）。橘类在成熟期常表现为蒂部深红色，底部呈青色，俗称"红鼻果"（图 2-2A）；而橙类则表现为果皮坚硬、粗糙，一直保持绿色，俗称"青果"（图 2-2B）。叶片黄化通常与果实症状在同一年呈现，偶尔也有果实症状先出现、第二年才出现叶片症状的现象。

图 2-1　柑橘黄龙病为害症状（邓晓玲　拍摄）
A：新梢黄化；B：斑驳型黄化；C：均匀型黄化；D：花叶型黄化

图 2-2　红鼻果（A）和青果（B）（邓晓玲和郑正　拍摄）

（二）病原特征

在柑橘黄龙病嫁接传染性被证实以前，该病病原（因）一度被认为是水害、缺素、镰刀菌或线虫等；20 世纪 50 年代，林孔湘先生团队证实该病具有嫁接传染性，推测病原为病毒；70 年代中期，赵学源先生团队证实该病对土霉素和四环素敏感，推测病原为类菌质体；70 年代后期，柯冲先生团队利用电子显微镜观察到病原部分形态特征，推测病原为类立克次氏体；80 年代初，法国 Garnier 等依据柑橘黄龙病病原体内外膜间存在肽聚多糖层，认定其是一种寄生于韧皮部的革兰氏阴性细菌；该病原体横切片观察呈圆形、卵圆形或长圆形等不定型形态，大小为 50～600nm×170～1600nm；90 年代对病原体 16S rDNA 克隆测序，从分子水平上进一步证实该病病原为细菌（Bové，2006；赵学源，2017）。

目前大多数学者认为柑橘黄龙病是由专性寄生于韧皮部筛管细胞内的一种革兰氏阴性细菌所引起的，该细菌隶属于原核生物、变形菌门（Proteobacteria）α-变形菌纲（Alphaproteobacteria）根瘤菌目（Rhizobiales）根瘤菌科（Rhizobiaceae）中的韧皮部杆菌候选属（*Candidatus* Liberibacter），该病菌至今仍不能人工培养，科赫法则（Koch's postulates）未完成。目前，柑橘黄龙病病原细菌共发现 3 个种：亚洲种（*Candidatus* Liberibacter asiaticus，*C*Las）、非洲种（*Ca. L. africanus*，*C*Laf）、美洲种（*Ca. L. americanus*，*C*Lam）。由于目前对该病尚未完成科赫法则证病，所以在命名柑橘黄龙病病原属名时定为候选属（*Candidatus*）。其中，亚洲种流行分布最广，除亚洲外，亦流行至美洲多数国家和非洲少数国家，非洲种主要分布于非洲，美洲种仅限于巴西的圣保罗州和米纳斯吉拉斯州，且近年美洲种的发生率愈来愈低。

二、分布为害

（一）分布

自 Reinking 于 1919 年调查中国南方经济作物病害时发现并报告该病后，到目前为止已在亚洲、非洲、南美洲、北美洲、大洋洲的 40 多个国家相继报道有该病发生。在 1995 年以前，该病害在不同的国家和地区有不同的名称，在我国称为黄龙病或黄梢病（yellow shoot）、印度称为顶梢枯死病（dieback）、南非称为青果病（greening）、菲律宾称为叶片斑驳病（leaf mottle）、印度尼西亚称为叶脉韧皮部恶化病（vein phloem degeneration），而国际上一般称之为柑橘青果病（citrus greening）。直到 1995 年，在第 13 届国际柑橘病毒学家组织（International Organization of Citrus Virologists，IOCV）会议上，为纪念我国林孔湘教授在世界上首次证明该病害是一种嫁接传染性病害的原创性工作，将柑橘黄龙病（Citrus Huanglongbing，HLB）作为该病害的正式学名。柑橘黄龙病在我国发生历史长、分布广，严重影响我国柑橘产业的健康发展。20 世纪 50 年代该病害在广东潮汕地区、新会和广州市郊，福建龙溪地区和福州市郊以及广西柳城、融县、兴业、玉林等地流行（林孔湘，1956），半个多世纪以来，一度严重制约着广东、广西和福建三省（区）柑橘产业的发展；70 年代末，四川西昌地区及江西赣州地区也先后发现柑橘黄龙病；到 80 年代中期，柑橘黄龙病已在我国广东、广西、福建、海南、台湾产区广泛蔓延，并在浙江南部、湖南南部局部地区、贵州和云南部分地区相继发生。近年来，受全球气候变暖的影响，柑橘木虱的活动范围亦不断扩大，加之柑橘苗木及种质资源的频繁调运，柑橘黄龙病的发生有逐渐扩大的趋势。

柑橘黄龙病在世界范围内的发生为害也早有记载。除中国外，菲律宾（1921 年）、印度（18 世纪）、南非（1928 年）、泰国（1960 年）、印度尼西亚（1965 年）等也报道了该病害的发生（Bové，2006）。此后的许多年间，柑橘黄龙病只局限于亚洲、非洲以及介于亚非之间的阿拉伯半岛（Bové，2014）；2004 年，巴西圣保罗州暴发了柑橘黄龙病（Teixeira et al.，2005）；2005 年，在美国柑橘种植大州——佛罗里达州，首次报道了柑橘黄龙病的发生（Halbert，2005），至今已造成了数百亿美元的损失并几乎摧毁了佛罗里达州的整个柑橘产业；随后在美国的路易斯安那州（2008 年）、佐治亚州（2009 年）以及近年来在得克萨斯州（2012 年）和加利福尼亚州（Kumagai et al.，2013）先后发现了柑橘黄龙病。此外，在古巴、伯利兹、牙买加、墨西哥等国家或地区也发现了柑橘黄龙病（Wang and Trivedi，2013）。柑橘黄龙病已广泛分布于亚洲、非洲、南美洲、北美洲的 50 多个国家（Bové，2006；Wang and Trivedi，2013）。

（二）为害

柑橘黄龙病能侵染几乎所有商业栽培的柑橘品种，导致病树产量陡降、果实品质劣变，造成巨大的经济损失。柑橘树的经济寿命原来可达几十年乃至上百年，一旦受该病为害，其经济寿命则大大缩短。据不完全统计，在广东、广西、福建 3 个沿海省（自治区），累计有 4000 余万株病树因感染柑橘黄龙病被砍除。其中，1978 年，广东杨村华侨柑橘场由于柑橘黄龙病流行，全场砍掉 189 万株结果树和 22.4 万株幼龄树，柑橘产量从 1977 年的 2 万余吨降至 1982 年的 0.53 万 t；1992 年，广西柳州地区部分 10 余年生老果园的发病率高达 50%～90%，一些刚入盛产期的 6 年生果园发病率亦达 10%～20%，部分 4 年生幼龄果园发病率也有 5%～6%；钦州、玉林等地区，柑橘黄龙病的为害情况与柳州类似；桂林地区不少果园的发病率亦高达 50%～70%（范国成等，2009）；近期典型案例发生于江西赣州，2013～2018 年，我国最大的脐橙产区赣州市，因此病暴发而砍除病树近 5000 万株（Zhou，2020）。根据农业农村部发布的《全国农业植物检疫性有害生物分布行政区名录（2024 年版）》，全国 11 个省（自治区、直辖市）的 365 个行政县有柑橘黄龙病发生。

三、流行规律

（一）侵染循环

该病的初侵染源，在病区主要是田间病株，在新区则主要是带菌接穗和苗木（图 2-3）。已明确不能通过汁液摩擦、土壤和流水传病，种子一般也不能传病，但有个别报道种子存在极低的带菌率。在病原存在的条件下，病害可通过柑橘木虱在田间进行辗转传播，可使果园在发病后 3～4 年内达 70%～100% 的发病率。柑橘木虱终生带菌传病，但寿命较短。三龄以上若虫和成虫获毒时间短则 2～5 天，长则 30 天，一龄至二龄若虫不传毒，但有个别报道其可有极低的带菌率；循回期一般为 20～30 天，短的仅 1～3 天；传毒时间单头虫 2 叶期>5h，成株期 1～5 头虫/株为 7～14 天，20～60 头虫/株为 1 天；幼苗上的潜育期一般为 2～8 个月，用病芽嫁接苗木，3～5 个月可以发病，个别最长的嫁接后 6 年才发病。不同品种的传病率不同，椪柑、蕉柑、尤力克柠檬的传病率最高，甜橙次之，温州蜜柑则较低；不同时期嫁接传病率也有差异，11月至第二年4月的嫁接传病率高，可达70%～100%，5～7月的嫁接传病率低，一般为30%以下；不同组织嫁接传病率不同，用病芽、病枝段和病叶打孔圆片嫁接接种能传病，而用病皮接种不传病或传病率极低。

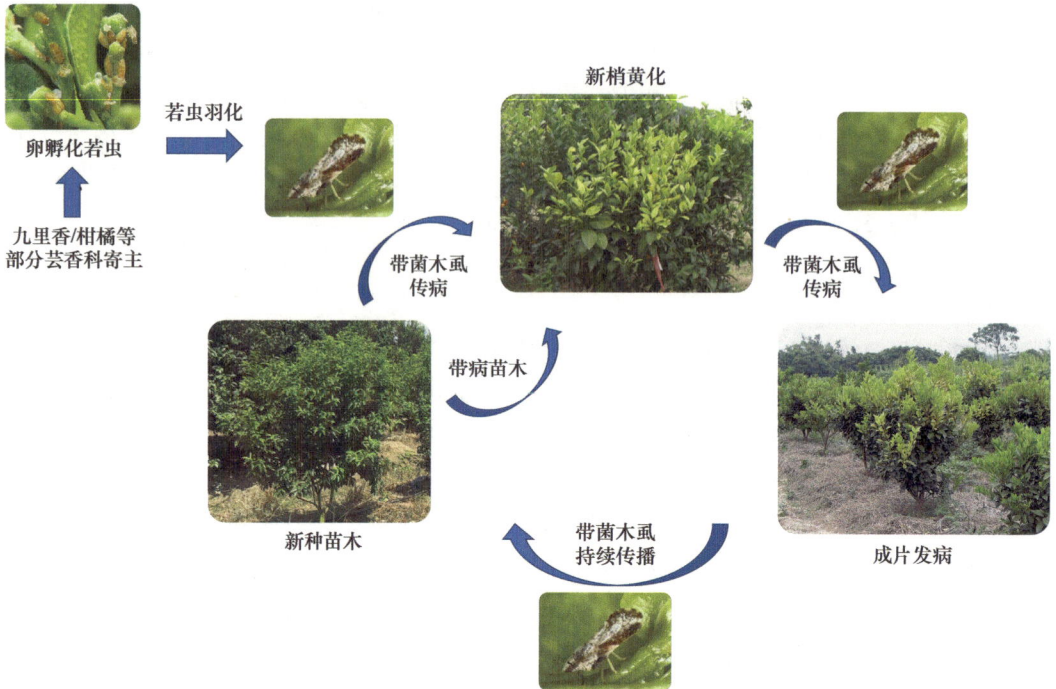

图2-3 柑橘黄龙病侵染循环示意图（郑正 绘制）

（二）流行因素

1. 病树（病苗）及介体昆虫的数量

病树（病苗）的存在及数量是柑橘黄龙病发生流行的首要因素。在有柑橘木虱发生的条件下，苗木带病率越高，果园柑橘黄龙病扩展蔓延及至毁灭的速度就越快。例如，一个新植柑橘园的苗木发病率超过5%，或者一个成年柑橘园发病率超过10%，柑橘木虱数量又较多，往往可在2～3年内使整个柑橘园严重发病从而丧失栽培经济价值。在无柑橘木虱发生地区，即使病树较多，病害也不会流行。果园所处地理纬度、海拔、山坡朝向等通过影响温度、光照等气候因子，从而影响柑橘木虱种群的建立及种群数量，因而间接影响柑橘黄龙病的发生和流行。

2. 柑橘种类和品种的抗（耐）病性

不同种类和品种的柑橘树在感病后的衰退速度有差异。椪柑、大红柑、福橘等橘类品种和柑类品种蕉柑较感病，幼龄树感病后一般在当年或下次梢期就会全株发黄，成年树感病后也往往在1～2年内迅速黄化衰退，基本丧失结果能力；温州蜜柑、金柑和柚类有一定耐病性，成年树感病后，在肥水管理较好的情况下，3～5年内还可维持一定的结果量。枳在田间无症状表现，但用作砧木品种时，并不增加接穗品种的耐病性。其他砧木品种如酸橘、红橘、樱檬（*Citrus limonia*）和酸柚等，其本身感病性较强，对接穗品种的耐病性无多大影响。

3. 树龄

在病区，幼龄树发病往往比老龄树严重，常常出现"先种后死，后种先死"的现象。这是由于幼树抽梢次数多，柑橘木虱在幼树上取食、产卵和传播病原的机会也比老树多，且因幼龄树树体较小，在一定数量的病原进入树体后，繁殖扩散至全株和在树体内达到一定浓度所需要的时间都比老树要短，幼龄树免疫力一般也比老树弱。老果园则由于封行密闭，通风透光程度较差，新梢少，不适于喜光照的柑橘木虱活动，故老果园发病多由边沿植株开始。

4. 栽培管理

栽培管理好的果园，柑橘树新梢抽发整齐，老熟快，柑橘木虱数量少，减少了传病的机会，因此果园发病较少、较慢。若栽培管理粗放，新梢抽发不整齐，老熟慢，或树冠稀疏，则有利于柑橘树在大丰产的当年或第二年严重发病。一方面丰产树自身消耗大，导致抗病力下降；另一方面大丰产年的气候条件对柑橘木虱越冬和春梢期的传病活动可能更为有利，加之丰产后管理存在滞后现象，因此果园往往在大丰产后严重发病。

四、防控技术

柑橘黄龙病目前在我国柑橘种植区域中35%的县域里存在不同程度的危害，除无病区外，其余可依据发生程度分为前沿扩散区、轻度流行区和重度流行区。对于防治，应采取分类指导原则，并加强科普宣传培训。其中，无病区宜采用非疫区建设等手段以杜绝或扑灭媒介柑橘木虱和柑橘黄龙病病源为前提，在前沿扩散区的重点产区宜设置阻截带以阻截或延缓媒介昆虫和病源的传入，这两类区域均应实施严格的植物检疫制度，严防该病的传入；在两类流行区，应以坚持三项基本措施（种植无病苗、大面积集中连片联防联控柑橘木虱、及时清除病树）为前提，树立"抓柑橘黄龙病防控为第一要务""抓柑橘黄龙病防控重要节点并兼治其他病虫以减轻环境压力"的意识，配合采用防风林隔离、大苗补栽、抹梢控梢和矮密早丰等栽培措施，从而达到绿色综合防控效果。限于篇幅，本部分对非疫区建设和阻截带建设不作详述。

（一）严格实行植物检疫制度

严禁病区苗木和接穗流入无病区和新区。新区从外地引种，应要求当地植物检疫部门出具证书，确保接穗或苗木无柑橘黄龙病时方可引入。柑橘苗木的生产和销售应实行生产许可证制度，凡无证销售的苗木，应一律按《植物检疫条例》处理。柑橘黄龙病的检测方法有田间症状诊断、指示植物检测、电子显微镜观察、血清学检测和分子生物学检测等。目前在生产上，大规模的调查一般以田间症状诊断为主；对采穗母本和苗木等需要快速鉴定，多采用聚合酶链反应（PCR）技术。

（二）建立无病苗圃，培育无病苗木

无病苗木的地点，最好选择在无柑橘黄龙病和无柑橘木虱发生的地区。例如，在病区或有柑橘木虱发生的地区建圃，则苗圃周围距离柑橘园应在 2km 以上，若有山岗、树林阻隔则更好。在建园之前，还应彻底清除圃内及附近的零星柑橘类植物及九里香和黄皮等柑橘木虱的寄主。近年，有的地区采用防虫大棚培育无病苗，克服了选圃的困难，管理和运输方便，是一种简便易行、效果好的办法。无病苗圃选用的砧木种子和接穗等繁殖材料，必须采自无病区或隔离条件较好的无病园的 8～10 年或以上品质优良、生长健壮、丰产的柑橘树，并应经过消毒处理后方可使用。长期坚持严格检疫是成功建立无病苗圃的关键措施之一。

1. 砧木种子的消毒

砧木种子的消毒普遍采用热处理法：将洗干净的砧木种子置于铁丝笼或纱布袋内，在 50～52℃ 热水中预热 5min，取出后立即投入 55～56℃ 热水中浸泡 50min。浸泡时热水要盖过种子 3cm 以上，水温要保持恒定，并经常搅动，使种子受热均匀。处理完毕，将种子取出并放入凉水中降温，然后摊开晾干，待种子表面无浮水时即可播种。在隔离条件下长成的幼苗可作砧木或接穗来源，长成的大树亦可作采穗母树。

2. 接穗的消毒

常用的接穗消毒方法有如下 3 种：①湿热空气处理法。用一加盖的木桶或金属桶作为消毒箱，箱高 55cm。箱内注入约 10cm 深的清水，四壁贴上湿马粪纸，箱底水内插入两个 300W 的加热器加温，箱内放一个高出水面与箱腔同大的铁丝网架，箱盖开一小孔并插入温度计，箱内装一小风扇以搅和空气，处理前先通电将空箱加热至 49℃，开动小风扇和调节控温仪使温度稳定，便可放入接穗。应选择生长充实、芽眼饱满、营养充足的无病枝条作为接穗，去叶时留下叶柄，倒置箱内可减少灼热伤害，接穗间彼此分离，保证受热均匀，待箱盖温度升至 49℃ 时开始计时，50min 后取出即可，采用此法处理可去除多种病原并兼治蚧螨类等害虫，但嫁接成活率一般仅为 20%～30%。②热水间歇处理法。先将接穗浸入 44℃ 温水中预热 5min，然后移至 47℃ 热水中浸泡 8～10min，取出用湿布包好，24h 后重复处理一次，如此重复处理 3 次，此法可明显提高成活率，且消毒效果显著。③药剂处理法。用 1000mg/L 盐酸四环素或青霉素 G 钾盐溶液浸泡枝条 2～3h，以软毛刷在 1% 洗衣粉液中逐条从基部顺向顶部洗刷，以免伤及芽眼，并可清除附于枝条表面的蚧螨类虫体、虫卵，刷完用清水漂洗干净，再用 50% 苯菌灵或 50% 多菌灵或甲基硫菌灵 800 倍液浸泡 30min 以杀灭疮痂病菌，清水漂洗干净后，用 700mg/L 医用硫酸链霉素加 1% 乙醇助剂浸泡 30min，以杀灭柑橘溃疡病菌，取出晾干，即可嫁接或储藏。上述工作应一气呵成，不能中断。

3. 茎尖嫁接脱毒

采集嫩芽，用 1% 次氯酸钠加少许吐温 20 在培养皿中进行表面消毒，然后在无菌条件和体视显微镜下，用消毒滤纸吸干表面多余水分，再用消毒好的微芽嫁接刀片切取带 2～4 个叶原基的 0.14mm 左右茎尖，嫁接于经试管播种和暗培养的砧木上，移入带滤纸桥和液体培养基的试管，在光照培养箱中进行培养，成活后再嫁接于盆栽实生苗上，最后经指示植物如蕉柑、椪柑、尤力克柠檬等鉴定，确证无病后培育成母本树，此法柑橘黄龙病脱除率可达 100%。

育苗过程中还应特别注意苗圃及周围地区柑橘木虱的发生动态，一旦发现苗圃内有柑橘木虱，应及时喷药彻底扑灭，如有生长异常的苗木，也应及时销毁。

（三）隔离种植

在病区，应避免在病果园附近建新园，新园距离病果园原则上愈远愈好，至少 2km，也可用非芸香科植物种植防护林带，阻隔介体昆虫迁移（图 2-4）。

图 2-4　福建永春天马农场生态隔离建园、病树动态更新、
全园快速灭杀柑橘木虱和矮密早丰栽培（张生才　拍摄）

（四）大面积集中连片防控柑橘木虱

此项措施是疫区防治柑橘黄龙病的最重要环节，要抓好以下 3 个时期：一是每年春芽萌动前，可结合冬季清园，加喷杀虫剂防除，可选用 22% 甲氰菊酯·三唑磷乳油 1000 倍液，杀死越冬后的柑橘木虱成虫；二是春梢期、夏梢期和秋梢期的新梢抽发期，根据柑橘木虱产卵期与柑橘梢期基本一致的特点，当芽长为 0.5～5.0cm 时，视虫口密度情况，连续施喷 1 或 2 次杀虫剂防除，春梢期选用 10% 吡虫啉可湿性粉剂 2000 倍

液，该药剂既能防治成虫、幼虫，又能防治蚜虫和粉虱；4 月下旬至 5 月上中旬夏梢期，可喷施 25% 噻虫嗪水分散粒剂 3000～5000 倍液，兼治矢尖蚧等介壳虫；秋梢期可选用 10.5% 吡虫啉可湿性粉剂 1000 倍液，或 1.8% 阿维菌素乳油 2500 倍液，兼治潜叶蛾、锈壁虱等，此外，20% 甲氰菊酯乳油 1000 倍液或 4.5% 高效氯氰菊酯乳油 1000 倍液对柑橘木虱成虫的防效亦较好；三是 9 月以后至第二年 1 月抽生的晚秋梢和越冬梢，须坚决抹除，切断柑橘木虱食物链从而取得防效，但在抹梢前须先施药，可选用上述药剂。

当柑橘木虱与其他病虫害同时发生时，可考虑复配相关的杀菌剂、杀虫剂。必须强调，药剂应交替轮换或混合施用，且同一种农药在同一年内施用不宜超过 2 次。

（五）及时挖除病树，更新果园

在未投产的新果园或轻病园，发病率＜5% 的，一经发现病株应立即挖除，并在挖除前全园喷布一次杀虫剂防控柑橘木虱，挖除病株后的空穴，可在第二年春季用石灰消毒后补种 2～3 年无病大苗。在发病较重的成年果园，发病率＞20% 的，部分果农存在不乐意挖除病树的现象，亦须先用上述杀虫剂之一治虫，以免带菌柑橘木虱传病，剪除病枝，到采果后再全株挖除，其空穴处不再补种新树，待大多数植株失去栽培经济价值后，实行全园淘汰，经 1～2 年后重新种植无病苗。

（六）配合应用矮密早丰等栽培技术以减损

以枳壳作砧木的甜橙、蕉柑、椪柑、温州蜜柑等，因株型矮化而适宜密植，在流行区每亩推行栽植甜橙、蕉柑、温州蜜柑 90～100 株，椪柑 110～120 株，沙田柚 60～70 株，经加强栽培管理可提高前期产量，中后期挖除染病株后仍可保持一定的种植密度，不至于明显影响产量，不失为减损的农业措施之一。

撰稿人：邓晓玲（华南农业大学植物保护学院）
审稿人：周常勇（西南大学柑桔研究所）
　　　　周　彦（西南大学柑桔研究所）

第二节　柑橘溃疡病

一、诊断识别

（一）为害症状

柑橘树感染柑橘溃疡病（citrus canker）后，落叶落果，影响树势和产量。果实发病，品质变劣，商品价值降低，且不耐储藏。苗木感病，生长受阻，叶片脱落，延迟出圃或不能出圃。除花柱和花瓣未见染病外，几乎所有有气孔分布的绿色组织都能染病。胚茎、真叶染病后很快死亡。典型症状为木栓化隆起的溃疡坏死斑。

1. 叶片症状

初于叶背出现黄色或暗绿色针头大小的油渍状斑点，随后向叶面、叶背逐渐隆起，成为淡黄褐色、近圆形的病斑（图 2-5A～C）。不久，病部表皮破裂，呈海绵状，隆起更显著，木栓化，表面粗糙，灰白色或灰褐色，继而病部中央凹陷，并呈现细轮纹，周围有黄色或黄绿色的晕环，在晕环的内侧常有褐色的釉光圆圈。后期病斑中央凹陷呈火山口状开裂。病斑直径 3～5mm，依品种不同而异。在甜橙和柚的品种上病斑较大，隆起明显；在酸橙、枳和宽皮柑橘类的品种上病斑较小，隆起不甚明显，病斑联合后形成不规则形大病斑。

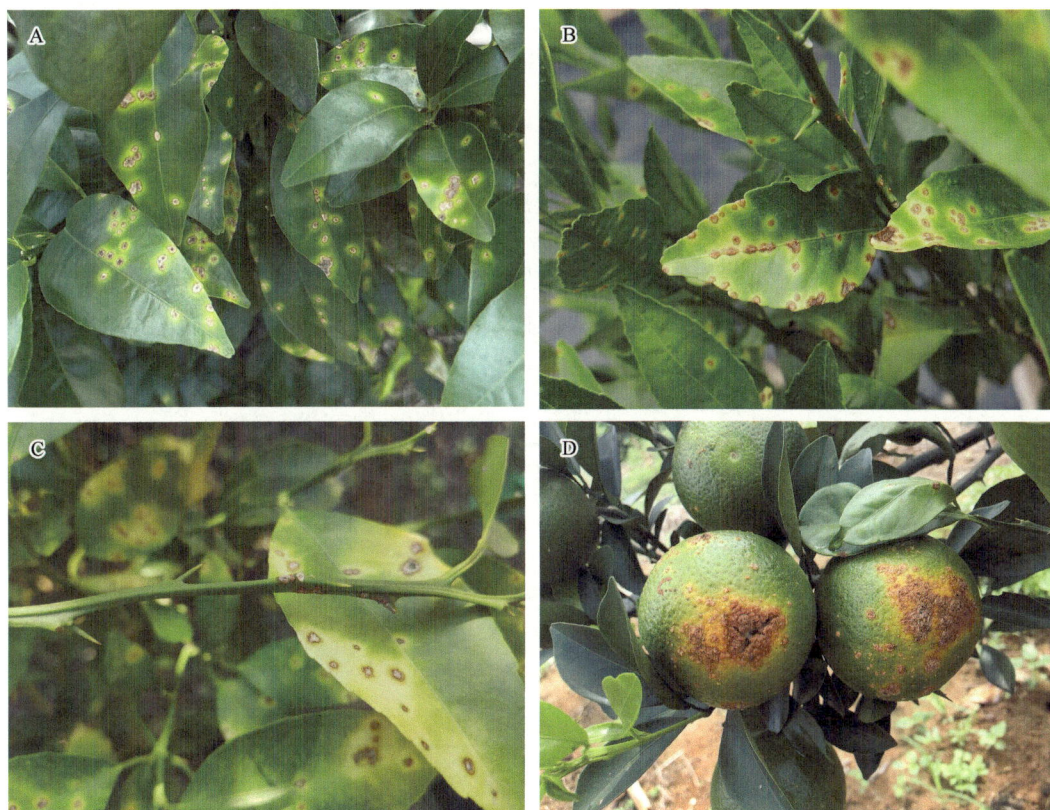

图 2-5　柑橘溃疡病为害症状（邓晓玲和郑正　拍摄）
A：叶片；B 和 C：叶片与枝条；D：果实

2. 枝梢症状

枝梢病斑与叶片上的基本相似，只是木栓化隆起和火山口状开裂比叶片上病斑更为显著，但周围无黄色晕环。当病斑环绕全枝时，枝梢干枯而死（图 2-5B 和 C）。

3. 果实症状

果实病斑较大，最大可达 12mm，且火山口状开裂隆起更加显著（图 2-5D）。有些品种未成熟的青果，病斑周围有暗褐色的釉光边缘，黄晕有或无，病斑只限于果皮上，果实品质变劣，严重时引起早期落果。

该病在干燥环境下不表现病症。在多雨潮湿的情况下，病斑上常有病原细菌的黏液溢出。

（二）病原特征

柑橘溃疡病病原为黄单胞菌属柑橘黄单胞菌柑橘亚种（*Xanthomonas citri* subsp. *citri*）（另有 2 个学名 *X. axonopodis* pv. *citri* 和 *X. campestris* pv. *citri* 亦常用）。菌体短杆状，大小为 1.5～2.0μm×0.5～0.7μm，两端圆，极生单鞭毛，能游动，有荚膜，无芽孢，革兰氏染色反应阴性，好气性；在马铃薯琼脂培养基上，菌落初呈鲜黄色，后转蜡黄色，圆形，表面光滑，周围有狭窄的白色带；在牛肉汁蛋白胨琼脂培养基上，菌落圆形，蜡黄色，有光泽，全缘，微隆起，黏稠；病菌发育温度为 5～36℃，最适温度为 25～30℃，致死温度为 49～65℃，适宜 pH 为 6.1～8.8，最适 pH 为 6.6；耐干燥，在室内玻片上能存活 121 天；在日光下晒 2h 死亡；耐低温，冷冻 24h 不影响其生活力，但不耐高温高湿，在 30℃、饱和湿度下，24h 后全部死亡；在田间，病叶上的病菌可存活半年以上，枝干上的病菌可长期保持活力。

该病菌主要为害芸香科的柑橘属、金柑属和枳属植物。酸草（*Trichachne insularlis*）也是该病菌的寄主。根据其对几种柑橘属植物的不同致病性，柑橘溃疡病菌至少可分为 3 个菌系（表 2-1）。

表 2-1　柑橘溃疡病菌 3 个菌系对 5 种柑橘属植物的相对致病性

寄主名称	A 菌系	B 菌系	C 菌系
甜橙 *Citrus sinensis*	+++	+	–
葡萄柚 *C. paradise*	++++	+	–
柠檬 *C. limon*	+++	+++	–
宽皮柑橘 *C. reticulata*	+	+	–
莱檬 *C. aurantifolia*	++++	++++	++++

注："+"表示致病力，数量越多，致病力越强；"–"表示无致病性

A 菌系（亚洲菌系）：在葡萄柚、莱檬、甜橙和柠檬上发病最重，并能侵染芸香科 19 个属和 1 个楝科植物，该菌能在 36℃条件下生长，对噬菌体 CP1 和 CP2 敏感。B 菌系：严重侵害墨西哥莱檬和柠檬，对其他柑橘属植物的致病力弱，36℃时不能生长，仅对噬菌体 CP2 敏感。C 菌系：在巴西只能侵染墨西哥莱檬，故又称为墨西哥莱檬专化型。我国广东、广西、四川、福建、江苏、台湾等地的柑橘溃疡病菌均属于 A 菌系。

此外，1984 年美国佛罗里达州柑橘苗圃中暴发的叶、枝、梢斑点病的菌株，主要发生在苗圃，故称为苗圃型柑橘溃疡病（简称 N 型），经血清学试验、质粒和染色体组 DNA 分检及噬菌体敏感性试验，它不属于 A 菌系、B 菌系、C 菌系。近年，墨西哥又分离出一个柑橘溃疡病菌的特异菌系。

二、分布为害

（一）分布

柑橘溃疡病最早期的证据是在英国皇家植物园中发现了 1830 年的印度标本和 1840 年的爪哇标本，推测柑橘溃疡病可能起源于亚洲的热带地区，如中国南部、印度尼西亚和印度。1915 年在美国的 Gulf 地区发现了柑橘溃疡病，随后在该地区大规模暴发，研究者认为该病害来自亚洲的一批带病苗木。Lee（1918）报道在野生山金柑（*Fortunella hindsii*）上发现了柑橘溃疡病，他推断该病害可能起源于中国南方。目前，人们普遍认为柑橘溃疡病起源于亚洲的热带地区。

随后，该病害相继出现在南非、澳大利亚、阿根廷、巴西、阿曼、沙特阿拉伯、留尼汪岛、美国和乌拉圭。目前，亚洲、中东、非洲、太平洋和印度洋诸岛、南美以及美国东南部的 30 多个国家和地区均有不同程度的柑橘溃疡病发生（Gottwald et al.，2002）。柑橘溃疡病主要分布在我国的广东、广西、福建、台湾、江西、浙江、江苏、湖南、湖北、贵州、四川等地，其中广东、江西、湖南、广西的病情较为严重，四川、湖北、重庆等省（直辖市）有零星分布。

（二）为害

柑橘溃疡病主要为害叶片、果实、枝梢和茎。在自然条件下，病原菌主要从气孔和伤口侵入。叶片和果实感染病害时，可以明显看到坏死的病斑隆起，首先会在叶片背部出现 4～10mm 水渍状或油渍状的圆形斑点，随后慢慢病变，表皮表面都可能因病原体引起的组织增生而破裂，叶面也会慢慢出现浅黄色海绵状隆起，逐渐变粗糙、表皮开裂及木栓化，病斑中央呈灰白色火山口凹陷（图 2-5）。枝条以幼嫩的夏梢最易感病，症状与叶片相似，但木栓化程度更大，茎秆上凸起的脓包会慢慢连在一起，使表皮沿着茎开裂（图 2-5）。果实被该病害感染时会出现较老的病斑并且伴随病斑中央凹陷，同时病斑的周围会出现黄褐色的晕圈，果实上凹陷的症状非常明显，但病斑不会穿过果皮（图 2-5）。该病害一旦在柑橘上暴发，将造成严重的经济损失，对柑橘产业和贸易发展带来长远的影响。1995～2000 年，美国柑橘产业受到了柑橘溃疡病的严重危害，大量病树被砍伐焚烧，当地经济受到了严重的影响。美国柑橘的主要栽培地区佛罗里达州在 20 世纪初期砍伐和焚烧感染柑橘溃疡病的柑橘树约 2000 万棵，直接经济损失超过 2000 万美元。

三、流行规律

（一）侵染循环

柑橘溃疡病病原菌的侵染循环如图 2-6 所示，潜伏在土壤、叶片、茎秆或者果实的病原菌借助风力和雨水到达健康的果树，通过气孔或者伤口入侵寄主叶片的叶肉细胞间隙，人为修剪或者其他机械损伤对树木造成伤口，也会导致病原菌入侵寄主，病原菌进入寄主植物内，慢慢形成病斑，最终从表面溢出并到达寄主表面，遇到风雨后又进行新一轮的侵染。柑橘溃疡病主要通过风雨传播，而潜叶蛾幼虫的取食加剧了其发病率和严重程度（Hall et al., 2010）。如果在病原菌存活的情况下，湿度与温度适宜，则病原菌浓度立马升高，侵染力增强。

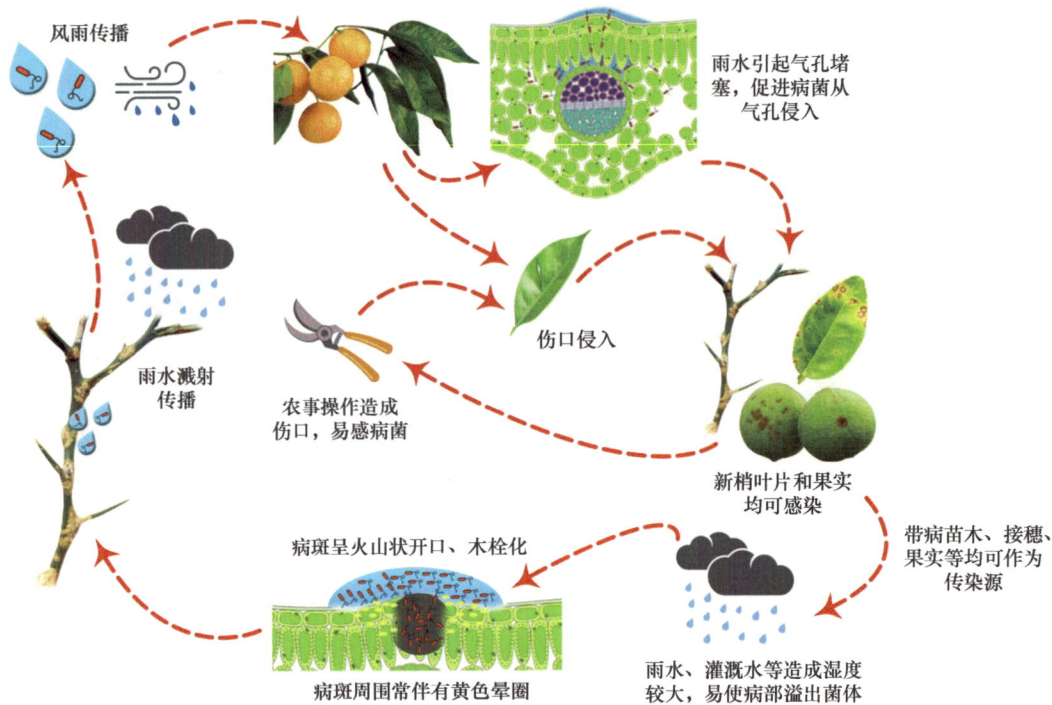

风雨传播

雨水引起气孔堵塞，促进病菌从气孔侵入

伤口侵入

雨水溅射传播

农事操作造成伤口，易感病菌

新梢叶片和果实均可感染

带病苗木、接穗、果实等均可作为传染源

病斑呈火山状开口、木栓化

病斑周围常伴有黄色晕圈

雨水、灌溉水等造成湿度较大，易使病部溢出菌体

图 2-6　柑橘溃疡病病原菌侵染循环示意图 [仿 Naqvi 等（2022）]

（二）流行因素

1. 气候条件

高温潮湿多雨是该病发生和流行的必要条件，病原菌生长发育和致病的最适温度为 25～30℃，在柑橘树生长期的温度都能满足发病要求，因此水湿条件就成为决定性因素，降雨有利于病菌繁殖和传播，新梢期降雨早而多时，发病就早且重。因此，该病在华南各省份发病较偏北的省份重，沿海地区台风暴雨多，这不仅有利于病菌吹溅传播，而且造成大量寄主伤口，有利于病菌的侵入，病害发生更重。此外，雨量的多少还与病斑的大小有关，春梢期气温低，雨量少，病斑较小，发病轻；夏梢、秋梢期高温多雨，则病斑较大，发病重。相反，干旱季节，病害则不发生或很少发生。

2. 寄主

柑橘不同种类和品种对柑橘溃疡病感病性的差异很大。一般甜橙和葡萄柚最感病，柑类次之，橘类较抗病，金柑抗病。我国最感病的品种有脐橙、夏橙、香水橙、改良橙、新会橙、柳橙、化州橙、印子柑、雪柑、刘勤光橙、沙田柚、文旦柚、葡萄柚、柠檬、枳、枳橙等；蕉柑、椪柑、瓯柑、温州蜜柑、茶枝柑、福橘、年橘、早橘、慢橘、乳橘、本地早、朱红、香橼等感病较轻；金柑、漳州红橘、南丰蜜橘、川橘等抗病性强。

柑橘品种的感病性还与表皮组织结构有密切关系。在自然条件下，气孔是病菌侵入的门户，不同种类和品种的叶片气孔分布密度及其中隙大小与感病性呈正相关。甜橙叶片气孔最多，中隙最大，最感病；橘类和温州蜜柑气孔少而小，比较抗病；柚的气孔数量和大小介于两者之间，为中度感病；而金柑的气孔分布最稀，中隙也最小，抗病性最强。此外，柑橘器官上油胞多的品种，如橘类和温州蜜柑单位面积上的油胞数比甜橙及柠檬多 1 倍以上，气孔数量相应较少，因而减少了病菌侵入的机会，故前者抗病性比后者强；金柑和川橘等表皮角质层丰厚，抗病性极强；枳的叶片及枝梢发病严重，而果实几乎不发病，主要是由于果皮表面密布短小茸毛，起到保护作用。上述形态学上的性状是寄主抗病性的基础（邹华松等，2018）。此外，寄主的抗病性还可能与其生理特性有关，故在抗病育种时应注意加以利用。

寄主的感病性还与寄主组织的老熟程度有关。柑橘溃疡病菌一般只侵染一定发育阶段的幼嫩组织，刚抽生的嫩梢、嫩叶和刚形成的幼果以及老熟的组织都不感病或不易感病。因为这些幼嫩组织器官的各种自然孔口尚未形成，病菌无法侵入；而老熟的组织已革质化，不再形成新的气孔，原有的气孔又处于老熟阶段，孔隙极小或闭合，病菌难以侵入。据广西华山农场 1982 年的资料，暗柳橙春梢萌芽后 35 天开始显症，随着枝梢伸长发病逐渐增加，40～60 天时枝梢停止生长，叶片尚嫩绿时气孔形成最多，孔隙也最大，故侵入率高，发病重，出芽后 60～70 天叶片老熟革质化，病菌侵入困难，发病基本停止。一般，甜橙夏梢、秋梢感染的始、盛、末期较春梢相应提前，分别为 7 天、16～32 天、49 天及 13 天、19～33 天、60 天，发病历期亦比春梢短。病菌入侵果实则与果径有关，幼果横径 5～6mm 即落花后 11～14 天为侵染初期；23～34mm 即落花后 49～66 天为入侵盛期；50mm 左右，花谢后 161 天时为入侵末期。果实着色后不再发病，其原因也与气孔发育过程有关。在一年中的发病盛期，叶溃疡为 6～8 月，果溃疡为 6～7 月，夏梢、秋梢发病率占全年总发病率的 98% 以上，是第二年新梢的主要初侵染源，为全年生长期中的防治重点。

此外，苗木和幼树生长旺盛，新梢重叠抽生，很不整齐，病菌侵入的机会多，故发病较严重；成年树和老龄树新梢抽发次数少，数量少，抽梢期整齐且较短，病菌侵入的机会少，故发病较轻；树龄越大，发病越轻。

3. 栽培管理

摘除夏梢和通过抹芽控梢、促使秋梢抽发整齐的柑橘园，病害显著减少；留夏梢和未控制秋梢生长的柑橘园，因抽梢期间正值高温多雨且梢期长，病害往往严重。合理施肥，增施钾肥，适当修剪，可以减少夏梢抽发和促使新梢抽发整齐，从而减少发病；偏施氮肥，特别是在夏至前后施用大量速效氮肥，会促发夏梢，新梢生长重叠，导致病菌反复侵染传播发病。果园不同品种混栽，由于抽梢期不一致，有利于病菌辗转传播，菌原积累，增加传染机会，也会使抗病的品种发病。此外，柑橘园中的潜叶蛾、凤蝶幼虫、恶性叶虫和华沟盾蚧等新梢害虫，不仅造成大量伤口，而且频繁传播病菌，极显著地加剧发病。

四、防控技术

鉴于我国各柑橘产区目前柑橘溃疡病普遍发生的实际情况，防治策略是逐步缩小该病的为害范围、减轻为害程度，保护新果区和无病区，改造老病区，进而达到根除该病的目的。一切防治工作都可以按下述 3 项原则来设计：限制病害蔓延，减少病害的自然发生机会，减轻已经发生的病害为害程度。共同的目标就是减少病害来源。

（一）限制病害蔓延

限制病害蔓延，尽可能消灭有病苗木和病树，培育无病苗木。

1. 种子、苗木消毒

1）种子消毒法：①热水消毒，参阅柑橘黄龙病防治；②药液消毒，可用 5% 高锰酸钾溶液浸泡 15min，或 1% 甲醛溶液浸泡 10min，浸泡后用清水洗净，晾干后即可播种。

2）苗木消毒法：未抽芽的接穗或苗木可用 49℃ 湿热空气分别处理 50min 或 60min，处理到预定时间后立即用冷水降温；已抽芽的苗木或接穗，在剪除病枝叶后可用 700mg/L 链霉素加 1% 乙醇助剂，浸泡 30～60min；此外，嫁接苗还可用 47℃ 热水间歇处理，每次 10min，24h 浸泡 1 次，连续 3 次效果更佳。

2. 建立无病苗圃，培育无病苗木

建立无病母本园，就地供应无病接穗，技术措施同柑橘黄龙病。

（二）减少病害的自然发生机会

减少病害的自然发生，可采取品种合理布局、加强栽培管理、种植防护林等措施。

1. 品种合理布局

在柑橘溃疡病常发区，适当选择抗病、耐病品种，但应避免感病的甜橙、柚类等品种与较抗病的柑橘类品种混栽。对于严重染病的甜橙等品种，可采用"多枝高接换种"法换接上较抗病的蕉柑和橘类等品种，新梢抽发后应经常清除新病枝叶，定期施药保护，并及时除治新梢害虫。

2. 加强栽培管理

科学施肥，增施磷、钾肥，不偏施氮肥，增强树势，提高抗性。避免在夏至前后施肥，以免促发大量新梢。对于幼年树和壮年树的夏、秋梢采用抹芽控梢法，使新梢抽发整齐，和成熟期一致，疏剪过密枝梢和病虫枝，通风透光，减少传染发病机会，并有利于喷药保护，做好修剪及果园卫生，在冬季或早春柑橘树抽梢前，结合修剪，彻底剪除病枝叶，清除园地落叶、残果和枯枝，集中烧毁，对于重病枝条应进行重剪，重新培养树冠，修剪后喷洒 0.8～1°Bé 石硫合剂清园。对于幼树主干病斑，可用利刃刮除，然后

涂抹1∶1∶（15～20）的波尔多液。在春、夏、秋梢期剪除病枝叶和病果，要在各次梢老熟后，选择晴天或阴天露水干后进行，以免交叉传染，所有用具都要消毒，对病苗圃可在冬季或早春发病前修剪病枝，就地烧毁病枝叶，加强护理，以免新梢再度染病，及时防治新梢害虫。

3. 种植防护林

种植非芸香科植物作为防护林或在上风向成片种植较抗病的品种，都可降低因风灾造成的发病率（Das，2003）。

（三）减轻已经发生的病害为害程度

适时地用药防治可显著减少病害发生。但喷药防治一定要在清除菌源的基础上进行，务必均匀周到细致地喷布冠层、枝、干，效果才好。苗木幼树以保梢为主，春梢在萌芽后25～30天，夏梢、秋梢在萌芽后10天左右，少数新梢自剪时喷洒1次药，连续喷施2或3次，10天左右1次；成年树以保果为主、护梢为辅，保果在花谢后10天、40天、60天各施药1次。暴风雨过后应及时补喷，以保护新梢、枝叶和果实。可供选用的药剂：20%噻菌铜悬浮剂500倍液；47%春雷霉素·王铜800～1000倍液，可兼治多种真菌性病害；30%氧氯化铜悬浮剂700倍液；70%络氨铜·锌600倍液，可兼治柑橘炭疽病、柑橘疮痂病和螨害；77%氢氧化铜干悬剂1000倍液，可与多种农药混用，兼治柑橘炭疽病、柑橘疮痂病、柑橘霜霉病；40%络氨铜水剂350倍液；15%铜氨合剂300倍液；20%叶枯唑可湿性粉剂500倍液；50%代森铵水剂600倍液；敌克松（敌磺钠）原粉800倍液，兼治柑橘炭疽病、柑橘疮痂病等。

撰稿人：邓晓玲（华南农业大学植物保护学院）
审稿人：周常勇（西南大学柑桔研究所）
　　　　周　彦（西南大学柑桔研究所）

第三节　柑橘疮痂病

一、诊断识别

（一）为害症状

柑橘疮痂病（citrus scab）是由柑橘痂囊腔菌（*Elsinoë fawcettii*）侵染引起的病害，主要为害幼叶、新梢和幼果（Chung，2011）。幼叶发病最初产生油渍状针头状小点，渐变为蜡黄色、灰白色至灰褐色，并木栓化，向叶背（时而也向叶面）呈圆锥状凸起，凸起部位的对应一侧呈漏斗状凹陷，发病早，病斑多时叶片扭曲畸形，甚至脱落；新梢发病症状与叶片类似，但木栓化程度更高，病斑更大，严重时，病斑密集成片，枝条短弱、扭曲；幼果谢花后不久即可发病，初生油渍状小点，后扩大，木栓化，形成黄褐色，渐变灰白至灰褐色的瘤状凸起斑点，严重时，病斑密集成片，幼果畸形，极易脱落，轻病果虽能继续发育，但病斑处果皮僵硬，膨大受阻，即便不脱落，成熟后的病果也表现为果小、皮厚、汁少、味酸、畸形，果皮留有痂皮状斑块（图2-7）。

图2-7　柑橘疮痂病为害症状（李红叶　拍摄）

A：琯溪蜜柚新叶症状，病斑向叶面凸起，对应的叶背凹陷；B：严重发病的温州蜜柑叶片，病斑密集，高度木栓化，叶片扭曲；C：发病的温州蜜柑幼果，病斑木栓化凸起；D：发病的椪柑幼果和叶片

有时，柑橘疮痂病易与柑橘溃疡病混淆，其主要区别是柑橘溃疡病的木栓化、凸起病斑更明显，并伴随着开裂，而柑橘疮痂病的病斑顶部不开裂。

（二）病原特征

柑橘痂囊腔菌隶属于子囊菌门（Ascomycota）座囊菌纲（Dothideomycetes）座囊菌亚纲（Dothideomycetidae）多腔菌目（Myriangiales）痂囊腔菌科（Elsinoaceae），主要以无性态形式存在，有性态仅在南美洲有报道（Bitancourt and Jenkins，1936）。子座圆形或椭圆形，直径0.3～1.0mm，起初鲜褐色或棕红色，后变为灰褐色，生于寄主表皮内下部，拟薄壁组织状；子囊座大小为38～106μm×36～80μm，囊层被深褐色，也呈薄壁组织状，子囊则生在囊层被下的浅色组织中，球形至卵形，直径为12～16μm。子囊孢子无色，长椭圆形，具有1～3个隔膜，中央分隔处收缩，大小为10～12μm×5～6μm，上半部粗短，下半部细长。分生孢子梗圆筒形，有1或2个隔膜，无色或暗色，大小为12～22μm×3～4μm。分生孢子单胞，无色，椭圆形或卵圆形，大小为 6.0～8.5μm×2.5～3.5μm。此外，在病斑上还可见暗色、纺锤形的分生孢子，病菌还能在细胞内产生菌丝，称为胞内菌丝或内生菌丝（intrahyphal hyphae or endohyphae）。

菌丝最适生长温度为 21℃左右，培养条件下菌丝生长很慢，气生菌丝极不发达，菌落呈垫状，肉桂色，无胶质物产生，但可产生红色或褐色色素，色素依菌株不同而存在差异，孢子形成、萌发和侵染的最适温度为 24～28℃，如果侵染的时间适度延长，在低于 24℃条件下仍能侵染（Agostini et al.，2003）。

柑橘疮痂病菌种群存在很多致病性变异体，侵染芸香科中的各种柑橘及其杂交柑橘。早在 1978 年 Whiteside 就注意到该病菌的致病性分化。根据在不同类型柑橘上的致病性测定，Timmer 等（1996）利用 6 种鉴别寄主进行致病性测定，报道柑橘痂囊腔菌至少可分成 4 个致病型：①佛罗里达宽寄主范围致病型（Florida broad host range，FBHR），能侵染柠檬、粗柠檬、葡萄柚、酸橙、宽皮柑橘及一些橘柚品种的叶和果实，以及甜橙果实，但不能侵染甜橙叶片；②佛罗里达窄寄主范围致病型（Florida narrow host range，FNHR），能侵染粗柠檬、印度酸橘和葡萄柚；③ Tyron 致病型，侵染柠檬、粗柠檬，也侵染印度酸橘，但不侵染酸橙；④柠檬致病型（Lemon），来自澳大利亚北部，只侵染粗柠檬。Hyun 等（2009）在 Timmer 等（1996）的工作基础上，进一步扩大菌株收集范围，又新增了可对 Jingeul（*Citrus sunki*）和克里曼丁橘致病的两种致病型。Hou 等（2014）对来自我国柑橘主产区 46 株柑橘痂囊腔菌菌株进行了致病性和多样性分析，发现了 11 个致病型和 10 个 ISSR 群组。可见，柑橘痂囊腔菌种群内存在复杂的多样性和致病性分化。

二、分布为害

（一）分布

除欧洲柑橘种植区外，柑橘疮痂病广泛分布于亚洲、非洲、南美洲、北美洲、澳大利亚和太平洋岛屿等有柑橘种植的国家和地区（https://www.cabi.org/isc/datasheet），因此，欧盟将柑橘疮痂病菌列为监管对象（https://www.eppo.int）。在中国，该病在各柑橘产区均有发生、为害（孟幼青等，2019）。

（二）为害

柑橘疮痂病主要为害宽皮柑橘、柠檬、葡萄柚、橘柚和杂柑。虽然柑橘疮痂病对产量影响有限，但严重影响果实的商品性，如果不加以控制，发病果实不仅品质不好，还因果皮病斑难以鲜销，或鲜销时价格大打折扣。

三、流行规律

（一）侵染循环

病菌以菌丝体在枝梢、叶片和果实的疮痂斑上越冬。第二年春季气温回升至 15℃以上，并且遇多雨高湿天气时，老病斑上的病菌产生分生孢子，借助雨水飞溅（也可能还有气流）传播至当年新生嫩叶、新梢及幼果，萌发后侵染发病。在新病斑上形成的分生孢子再经雨水传播进行反复再侵染，为害夏梢、秋梢和越冬梢，最后以菌丝体在病部越冬（图2-8）。病害的远距离传播靠带病的苗木、接穗引种和鲜果贸易。

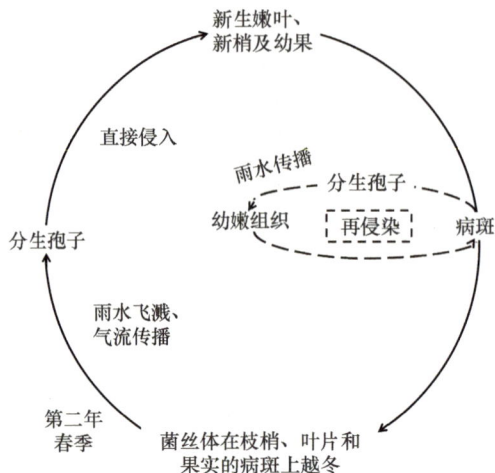

图 2-8　柑橘疮痂病病原菌侵染循环示意图

（二）流行因素

1. 柑橘种类抗病性

不同柑橘对柑橘疮痂病的抗性差异很大，一般来说，橘类最感病，柑类次之，而橙类较抗病。目前，生产上感病的柑橘种类有樱檬、柠檬、南丰蜜橘、椪柑、温州蜜柑、沙柑、克里曼丁橘、粗柠檬、酸橙、兰卜莱檬、香橼等；较感病的柑橘有沙田柚、琯溪蜜柚、文旦、葡萄柚、爱媛，以及坦普尔橘橙（Temple tangor，*C. reticulata* × *C. sinensis*）、橘柚杂交种（*C. paradisi* × *C. reticulata*）；而绝大多数甜橙品种、波斯柠檬（青柠檬）、田中莱檬则很少发病，金橘和莱檬则高度抗病。

2. 树龄和抗病性

柑橘疮痂病只为害幼嫩的组织，刚抽出而未展开的幼叶、嫩梢及刚谢花的幼果最易受害，刚萌芽的叶片最感病，萌芽后 7～10 天的叶片就具有抗病性，果实谢花后 2 个月内均感病，越小越感病，随着组织的不断老化，抗性逐渐增强。因此，相对于成年结果树，苗木和幼树生长旺盛，不断有新梢发出，发病机会增多，通常比成年结果树发病重。

3. 气候条件

病害发生的最适温度为 15～24℃，当温度达 28℃以上时很少发病，一般春梢较夏梢和秋梢发生严重。在温度满足的条件下，病害发生的严重程度主要取决于当年的降雨情况，春梢期如遇到阴雨连绵，该年份往往柑橘疮痂病发生严重，遇秋雨多，发病也重。此外，地势低洼、排水不良、易积水、雾重、易结露、露水不易散发的地块常因高湿时间持续长而易于发病。

4. 栽培管理

果园栽种过密，树冠交错，果园郁闭，通风不良，有利于病害发生；氮肥施用过多，新梢抽发不整齐，不易老熟，感病机会多，也有利于病害发生。

四、防控技术

1. 农业防治

培育和种植无柑橘疮痂病的苗木对于新种植区和新建果园至关重要。选择远离发病果园的地区建立苗圃，并在大棚中进行育苗，采集来自无病采穗母树的接穗来培育无病苗木；对于新建果园，应栽种无病苗木，杜绝病害在新建果园中的传播；对于疑似带病的苗木，应逐株检查并剔除带病苗木；对于外观健康的苗木，可用 70% 甲基硫菌灵可湿性粉剂 500 倍液浸泡 10～20min，再用清水冲洗后种植。合理施肥，促进新梢抽发整齐，缩短感病期。结合冬季修剪，剪除病梢、病叶并集中处理，萌芽前全面喷施 0.8～1.0°Bé 石硫合剂或 45% 晶体石硫合剂 150～200 倍液，或 0.8%～1.0% 等量式波尔多液杀菌，以减少初侵染源。

2. 化学防治

当春梢芽长 2～3mm、谢花 2/3 时，连续喷药 2 或 3 次，保护春梢和幼果。8 月下旬至 9 月，秋梢期如遇多雨低温，可在芽长 2～3mm 时喷药保护。我国登记用于防治柑橘疮痂病的有效药剂如下：①铜制剂类杀菌剂，如波尔多液、噻菌铜等；②苯并咪唑类杀菌剂，如甲基硫菌灵、苯菌灵等；③麦角甾醇合成抑制剂类杀菌剂，如烯唑醇、苯醚甲环唑、腈菌唑等；④甲氧基丙烯酸酯类杀菌剂，如嘧菌酯、吡唑醚菌酯等；⑤代森锰锌、百菌清和一些复配剂，如苯甲·嘧菌酯、肟菌·戊唑醇、吡唑代森联等（中国农药信息网，http://www.icama.org.cn）。常用药剂：80% 代森锰锌可湿性粉剂 600～800 倍液，25% 嘧菌酯悬浮剂 1500 倍液，70% 代森联干悬浮剂 500～700 倍液，10% 苯醚甲环唑水分散颗粒剂 2000～2500 倍液。

撰稿人：李红叶（浙江大学农业与生物技术学院）
　　　　焦　晨（浙江大学农业与生物技术学院）
审稿人：周常勇（西南大学柑桔研究所）
　　　　周　彦（西南大学柑桔研究所）

第四节　柑橘炭疽病

一、诊断识别

柑橘炭疽病（citrus anthracnose）是一种常见真菌病害，由多种刺盘孢属真菌

（*Colletotrichum* spp.）引起。它在全球范围内广泛分布，暴发时可对柑橘产业造成严重的经济损失（Sutton，1992；Cai et al.，2009；Phoulivong，2011）。

（一）为害症状

1. 叶片症状

叶片症状分为急性型（叶枯型）和慢性型（叶斑型）两种。急性型常在夏秋季节连续阴雨放晴后迅速发病，导致柑橘全株严重落叶，病斑多出现在幼嫩叶片的叶尖和叶缘，沿主脉"V"形扩展，病斑呈暗绿色水浸状后迅速扩展成黄褐色云纹状，病健交界模糊，呈圆形或不规则形，湿度大时，病斑上会密布浅红色粉状物，即病菌分生孢子堆；慢性型多发生在干旱季节，病叶脱落慢，病斑多位于老叶叶缘或伤口处，初为黄褐色，后中央变灰白色，稍凹陷，病斑上有黑色小点状分生孢子盘。病健交界明显，呈近圆形或不规则形（图2-9A和B）。

图2-9　柑橘炭疽病为害症状（李红叶和焦晨　拍摄）
A和B：叶部症状，注意病斑上的橘红色分生孢子堆；C：枝梢症状；
D：幼果果蒂发病引起落果；E：采前果梗枯死，延及果蒂并引起落果；F：落地病果

2. 枝梢症状

枝梢症状也可分为急性型和慢性型两种。急性型常在雨后高温季节突然发病，导致新抽嫩梢顶端从上而下萎蔫枯死，上有粉红色黏状分生孢子团；慢性型多在叶柄基部腋

芽处或伤口处发病，初为淡褐色椭圆形病斑，后变为梭形，稍凹陷，病斑扩展一圈后，枝梢上部随即坏死呈灰白色，上有黑色粒点状分生孢子盘（图2-9C）。

3. 果实症状

幼果发病，初为暗绿色油渍状不规则形病斑，后变为深褐色凹陷状，导致果实腐烂脱落或呈僵果挂在树上，大果症状包括干疤型、泪痕型和腐烂型。干疤型：病斑近圆形，黄褐色至深褐色，病部果皮革质或硬化，紧贴囊瓣，但一般仅限于果皮，囊瓣食之具异味。泪痕型：由落在果实上的病菌孢子堆顺着雨水流下，萌发侵染所致；病斑红褐色或暗红褐色，条点状微凹陷，似泪痕，与干疤型类似，泪痕斑大多局限在果皮表面，高温高湿时病斑蔓延至囊瓣。腐烂型：主要出现在储藏期，可由干疤型、泪痕型发展形成，但最常见的是由发病果梗蔓延形成，病斑红褐色，凹陷，外观干疤状，但囊瓣穿心状腐烂，柑橘果实表面普遍带菌，使用乙烯脱绿处理，常诱发柑橘炭疽病的严重发生。

4. 果梗症状

各类柑橘均可受害，尤其是果梗细长的椪柑更易发病，受害果梗渐变灰白色枯死，病斑蔓延至果蒂，使果蒂和萼片变褐枯死，果实脱落，随后果实自果蒂向下腐烂，果梗发病时田间不脱落的果实采收后病菌继续沿果梗扩展，引起储藏期的蒂腐（图2-9D～F）。

5. 花朵症状

雌蕊柱头变褐腐烂，引起落花。

6. 苗木症状

多在5～6月和9～10月多雨季节、离地面6～10cm处或嫁接口处开始发病，形成深褐色不规则形病斑，严重时病部以上枯死。

（二）病原特征

柑橘炭疽病在世界各柑橘产区都很常见，不同地区引起柑橘炭疽病的病原有所不同。刺盘孢属中多种真菌能够引起柑橘炭疽病，胶孢刺盘孢（*Colletotrichum gloeosporioides*）是其中的优势种，该属还包括博宁刺盘孢（*C. boninense*）、*C. brevispora*、*C. citri*、*C. constrictum*、果生刺盘孢（*C. fructicola*）、*C. godetiae*、*C. johnstonii*、喀斯特刺盘孢（*C. karstii*）、热带生刺盘孢（*C. tropicicola*）、平头刺盘孢（*C. truncatum*）等多种刺盘孢属真菌，与柑橘不同品种和不同部位的炭疽病相关（Peng et al.，2012；Huang et al.，2013a）。

刺盘孢属隶属于子囊菌门（Ascomycota）粪壳菌纲（Sordariomycetes）小丛壳目（Glomerellales）小丛壳科（Glomerellaceae）。病菌的生长最适温度为30℃，其分生孢子透明、单胞、壁薄、表面光滑，可分为直孢和弯孢两种类型，内部有时具油球，直孢型两端钝圆或稍尖，纯培养条件下子囊壳不常见，子囊一般内含8个子囊孢子，分生孢子和菌丝附着胞大多褐色，细胞壁较厚，为圆形、近椭圆形或棍棒形，边缘完整平滑或深裂或浅裂；分生孢子梗光滑，无色或褐色，有隔或无隔，呈丝状或筒状，基部分枝，产孢细胞大多圆柱状，无色，内生芽殖瓶梗式产孢；分生孢子盘着生在寄主植物表皮下，后期会突破寄主表皮呈扇状开裂，在培养基上有时会产生暗褐色或黑色菌核；在分生孢子盘和菌核中，可以见到褐色刚毛，刚毛表面光滑，底端膨大，顶端渐尖，通常具有1~7个隔膜（Sutton，1992；Peng et al.，2012）。

二、分布为害

（一）分布

柑橘炭疽病呈世界性分布，几乎遍布于高温多湿的热带和亚热带柑橘产区，包括美国、阿根廷、澳大利亚、巴西、日本、突尼斯、越南、中国及欧洲等（Huang et al.，2013a；Rhaiem and Taylor，2016；Wang et al.，2021），中国所有柑橘产区均有分布和为害。

（二）为害

柑橘炭疽病在柑橘采前和采后阶段均可造成严重危害，具有暴发性、流行性、为害时间长的特点，常常给果农造成严重的经济损失。该病原菌在柑橘生长期为害柑橘叶片、枝梢、花和果实等，导致大量落叶、落花、落果和枯梢，甚至整株枯死；潜伏带菌的果实在储藏期继续发病，并传染给健康果实，导致大量烂果、腐果，难以鲜销。

三、流行规律

（一）侵染循环

病菌以菌丝体和分生孢子的形式在染病的叶片、果实和枝条上越冬，第二年春季温度、湿度适宜时，越冬的菌丝产生分生孢子，借助风雨、昆虫或人为因素通过寄主表面的自然孔口或伤口侵入，也可直接侵入寄主内部，病菌入侵后可直接导致发病，也可以潜伏在寄主组织内部，当环境条件适宜时，尤其是寄主受不利气候影响、树势较弱时，迅速扩展为害（Timmer et al.，1998a）。

（二）流行因素

1. 品种及树势

现有的柑橘品种都不抗病，甜橙、椪柑、贡柑、柠檬等发病较重，树势强壮且抗病能力强，则发病轻或一时不发病，反之则发病重。

2. 气候条件

柑橘炭疽病菌属于弱寄生菌，在健康组织上一般不造成影响，不利气候往往会对寄主造成损伤，影响其生长发育情况，在高湿条件下，加速病害的发生，冬季冻害较重或早春低温多雨的年份发病较重，病菌喜欢高温多湿环境，故柑橘炭疽病虽然全年都可发生，但一般在春梢生长后期开始发病。

3. 栽培管理

栽培管理粗放、排水不良会导致树势衰弱，抗病能力下降，病害严重；不合理的施肥措施，特别是偏施复合肥、氮肥（如碳酸氢铵和尿素），会使枝梢变得脆弱，抗逆性差，病情加重；果园种植密度高且修剪不彻底，导致病组织残留，为病菌提供充足的菌源，有利于病害大规模流行；果园土壤贫瘠，缺乏肥料和水分，树势衰弱，同时挂果量又过大，极易引发果梗炭疽病，导致大量的采前落果。

四、防控技术

1. 农业防治

及时修剪病虫枝，并根据树势短截修剪以促发健壮秋梢。另外，修剪下来的病枯梢、落叶应清理出果园并集中销毁。增施有机肥、改良土壤，适量增施钾肥，避免过量施用氮肥，做好排灌，防止积水。在雨季及时进行排水，疏花疏果，控制合理的挂果量。

2. 化学防治

对于新梢受害严重的果园，在春梢萌发期和每次新梢抽生期需要喷药保护；对于老果园、采前落果和储藏期炭疽病严重的果园，坐果后，结合柑橘疮痂病、柑橘树脂病的防治，每隔 20 天左右喷药 1 次，连续喷施 3 次，尤其要重视梅雨季节的药剂防治，8 月下旬或 9 月初起，视降雨情况再喷药保护 2 次，以保护果梗和果实。可选用药剂：80% 代森锰锌可湿性粉剂 600 倍液，25% 咪鲜胺乳油 500～1000 倍液，50% 咪鲜胺锰盐络合物可湿性粉剂 1000～2000 倍液，10% 苯醚甲环唑水分散颗粒剂 2000 倍液，40% 腈菌唑水分散剂 4000～6000 倍液等（杨媚等，2013）。果实采收后、储藏前，使用次氯酸钠溶液洗果，然后采用杀菌剂抑霉唑、咪鲜胺或咪鲜胺锰盐和保鲜剂的混合液浸果，以清除和杀灭果面病菌，防止储藏期发病。如果在采果前 15～30 天对树冠喷洒 1 次甲基硫菌灵，则效果更佳。

撰稿人：李红叶（浙江大学农业与生物技术学院）
   焦　晨（浙江大学农业与生物技术学院）
审稿人：周常勇（西南大学柑桔研究所）
   周　彦（西南大学柑桔研究所）

第五节　柑橘褐斑病

一、诊断识别

（一）为害症状

柑橘褐斑病（citrus brown spot）也称柑橘链格孢褐斑病（citrus *Alternaria* brown spot，ABS），是具有产生特定毒素能力的链格孢属真菌（*Alternaria* spp.）侵染特定基因型柑橘引起的病害。病害发生贯穿整个柑橘生长期，而以新梢和幼果期为害最严重。幼叶发病，初生油渍状、褐色斑点，斑点周围黄色晕圈不明显（图2-10A），完全展开但尚未革质化的叶片发病，病斑常较大，近圆形或不规则形，深褐色，自中央渐变为灰白色，具明显的黄色晕圈，病斑常沿叶脉扩展，形成拖尾状的病斑（图2-10B），病叶极易脱落。革质化后的叶片发病，病斑周围的黄色晕圈常不明显，潮湿时，病斑表面可见墨绿色稀疏霉层，即病菌的分生孢子；新梢发病，症状与叶片类似，病斑为深褐色不定形凹

图2-10　柑橘褐斑病为害症状（李红叶　拍摄）

A：叶片早期病斑；B：叶片上的病斑沿叶脉扩展；

C：幼果上的病斑，一种为凹陷型病斑，另一种为木栓化痘疮状病斑；D：成熟果实上的病斑

陷，当病斑扩大、环绕枝梢1周时，病斑以上新梢变褐枯死。幼果在花瓣刚脱落时即可受害，呈黑褐色凹陷的小斑点，以近果柄部位居多，病果很快脱落；膨大期至成熟期果实发病，典型病斑为近圆形，深褐色，中央渐变为灰白色，凹陷，严重时深入囊瓣，病斑外围有明显的黄色晕圈（图2-10C和D），发病果实大多提前脱落。此外，果实和枝梢上还可产生灰白色、木栓化、微隆起的痘疮状病斑，病斑常开裂，有时用指甲刮之易脱落（图2-10C）。

（二）病原特征

柑橘褐斑病菌隶属于子囊菌门（Ascomycota）座囊菌纲（Dothideomycetes）格孢腔菌目（Pleosporales）格孢腔菌科（Pleosporaceae），产孢方式为内壁芽生孔生式，产孢梗延生方式为合轴式。分生孢子梗从基质或靠近基质的气生菌丝上长出，单生或数根簇生，直立，分隔，但不分枝，一般比菌丝粗，色泽较菌丝深，从基部到顶部由深褐色渐变淡褐色。分生孢子单生或短链生，倒棍棒形、倒梨形或近椭圆形，初生较小，隔膜较少（0～4个），色泽较浅，无喙，老熟分生孢子深褐色，具纵横隔膜3～7个，大小为6.9～13.9μm×24.1～44.8μm，平均为10.9μm×31.6μm，顶端有明显的假喙，喙柱状或锥状。

病原菌的生物学特性：在马铃薯葡萄糖琼脂（PDA）培养基上，菌落灰色至橄榄色或青褐色，平均生长速率为11.5mm/d，基内菌丝和气生菌丝均发达，无色或淡褐色，后变为不同程度的褐色，分隔，多分枝，在25℃光下培养5天后转入黑暗条件再培养5天，即可观察到大量分生孢子的产生。

多基因联合系统发育分析证实国际上引起柑橘褐斑病的链格孢菌至少有3个种，即互隔链格孢（*A. alternata*）、盖森链格孢（*A. gaisen*）、棉链格孢（*A. gossypina*）。引起中国柑橘褐斑病的病原有2个种，即互隔链格孢和盖森链格孢，而在美国佛罗里达州则是互隔链格孢和棉链格孢（Huang et al.，2015a；张斌等，2020）。引起柑橘褐斑病的链格孢菌具有一个共同的特征，即产生对特定基因型柑橘（主要是橘类）有毒性的寄主专化性毒素——ACT（*A. citri* toxin 的缩写），因此这类病菌也称为互隔链格孢橘致病型（*A. alternata* pathotype tangerine）和盖森链格孢橘致病型（*A. gaisen* pathotype tangerine）（张斌等，2020）。研究发现编码ACT合成的基因分布在一条或两条非必需染色体上（Wang et al.，2019；Gai et al.，2021）。

二、分布为害

（一）分布

柑橘褐斑病于1903年在澳大利亚的皇帝柑（Imperial）上首次被报道，随后相继在美国、南非、以色列、土耳其、西班牙、巴西、阿根廷、秘鲁、希腊、伊朗等多个国家的柑橘产区被发现。在中国，该病害直到2010年才首次被正式报道（Wang et al.，2010），此后在广东、广西、重庆、浙江、湖南、四川、贵州等地陆续被报道。

（二）为害

柑橘褐斑病菌主要为害一些橘类品种，以及这些橘与柚或与橙的杂交种柑橘，也轻微为害葡萄柚，引起落叶、枯梢和落果，后期感染不脱落的果实也因果面病斑而难以鲜销，影响产量和经济效益。在极度感病品种上，可发生春梢几乎全部枯死脱落、果实全部落光而绝收的情况。例如，在2006～2008年广东贡柑上的柑橘褐斑病曾一度被认为是急性炭疽病，病害造成德庆贡柑大面积失收而砍树毁园，柑橘褐斑病已成为制约贡柑效益的一大因素。2007～2010年，重庆万州红橘暴发柑橘褐斑病，造成大幅减产甚至绝收（陈昌胜等，2011）。除品质和效益原因外，重庆、四川红橘的快速淘汰与柑橘褐斑病的难以控制不无关系。2011年，浙江温州、丽水瓯柑暴发柑橘褐斑病，造成大面积瓯柑落叶枯梢、落果，从此瓯柑产业一蹶不振（黄峰等，2012）。在西班牙瓦伦西亚，为防治柑橘褐斑病每年喷药至少7次，多的达12次，国际上许多园艺性状俱佳的品种也因柑橘褐斑病而被淘汰（Vicent et al.，2000，2007）。

三、流行规律

（一）侵染循环

病菌主要在发病的叶片上越冬，第二年开春后，随着气温回升，病斑上开始产生分生孢子。产生的分生孢子随风力传播至嫩叶、新梢等幼嫩组织，开始新一轮的侵染。分生孢子主要在成熟的发病叶片上形成，在幼叶、枝梢和果实上产生的较少。成熟叶片上的病斑形成10天后即可产孢，病斑产孢可持续50天。分生孢子的侵入和症状显现取决于寄主的感病性、环境条件和菌株的毒性。当孢子落到感病品种的幼嫩叶片，适宜温度为20～29℃，表面具水膜或接近饱和湿度时，分生孢子很快萌发，在侵入前即释放ACT，毒素进入细胞后，短时间内（1h）即可引起细胞质膜结构损坏、细胞电解质渗漏和细胞死亡，大约8h内即可完成侵染，24h内即观察到病斑。随后，病斑上再度产生分生孢子，进行再侵染，条件适宜时，再侵染不断发生并加重病情。待冬季气温下降，果实采摘和叶片老熟时，病菌在老病斑上越冬。

（二）传播规律

病菌的近距离（果园内）传播主要通过风力。通常在降雨、喷灌或结露后放晴，田间相对湿度发生激烈变化时会导致孢子的释放和传播，着陆感病组织的分生孢子遇湿后即可萌发侵染。因此，只要有敏感的寄主组织和充足的水分条件，一年四季都能发生柑橘褐斑病感染（Timmer et al.，1998b）。例如，以色列等地中海地区日夜温差大，夜间极易结露，白天出太阳后湿度迅速下降，适合病菌在早晨释放传播，夜间产孢和孢子萌发，即便萌发不多，也极有利于柑橘褐斑病的发生。病害的远距离传播则主要通过带病的繁殖材料，如苗木和接穗等的贸易与交流。

（三）流行因素

1. 品种抗病性

柑橘褐斑病菌主要为害一些橘类，以及与这些感病橘类杂交而来的杂交柑橘品种，也能轻微为害葡萄柚。在国外，曾经报道丹西红橘（Dancy）、日辉杂柑（Sunburst）、明尼奥拉橘（Minneola）、奥兰多橘柚（Orlando）、诺瓦杂柑（Nova）、李橘（Lee）、默科特橘（Murcotts）、福琼橘（Fortune）和诺滨孙橘（Robinson）等品种为感病品种。在我国，已经明确的感病品种有红橘、瓯柑、椪柑、贡柑、八月橘、默科特橘、塘房橘、爱媛、沃柑、甜橘柚、金秋砂糖橘、天草等。马水橘和紫金春甜橘也可能轻微感病。抗病的宽皮柑橘包括温州蜜柑、克里曼丁橘、南丰蜜橘、本地早橘、砂糖橘、柳叶橘（Willowleaf）等；其他抗性柑橘还包括橙类、柚类和柠檬、香橼等。

2. 病菌的致病性

互隔链格孢是一个庞大的种群，部分分支可以产生寄主专化性毒素，这些毒素是决定致病力的重要因子。柑橘褐斑病菌产生的毒素称为ACT，编码毒素的基因位于非必需染色体的毒素基因簇中。针对感病柑橘，ACT的毒性很高，当浓度达到2×10^{-8}mol/L时，1h内即可造成叶脉坏死。ACT的主要作用位点是敏感寄主的细胞质膜，导致质膜凹陷和电解质流失（Kohmoto et al.，1993）。

3. 气象条件

病菌侵染的最适温度为27℃，温度高于32℃侵染很少发生，因此在我国大多数橘区，柑橘褐斑病主要发生在春季，夏季高温时病害发生会受到抑制，秋季气温下降时，如遇多雨，病害可再度流行。病菌孢子的产生需要充足的水分或高湿条件，分生孢子的释放需要雨滴的冲刷或湿度急剧下降。在果园，分生孢子通常在雨后释放，此时感病组织表面具充足的水分以满足其萌发。因此，在温度适合发病的春秋季，柑橘褐斑病的发生与降雨的关系密切，降雨多，特别是晴雨天交替频繁，极有利于病害的发生。但在半干旱地区，露水就足以引发此病害。例如，在以色列和西班牙等地中海半干旱产区，柑橘落花之后，通常降雨量较少，但由于该地区早晚温差大，夜间露水充沛，晨间湿度变化大，虽白天干燥，也能很好地满足病原菌孢子的形成、释放、萌发和侵染，柑橘褐斑病是该地区感病品种上最重要的病害（Solel and Kimchi，1998；Dewdney and Timmer，2013）。

4. 栽培条件

新建果园的菌源主要来自苗木和邻近发病果园，使用带病苗木，在患病果园附近创建新果园，则新果园发病的风险很大。地势低洼、排水不良、种植过密、修剪不当、果园和树冠内通风不良、雨后湿度不易排放，有利于柑橘褐斑病的发生。在带病果园中使用喷灌也有利于病菌的传播，氮肥施用过多或过度修剪，极易促进新梢萌发和延缓新梢的老熟，增加感病风险。冬季或早春清园时若未及时剪除病梢、清理并销毁果园的落叶，则会导致园内病原群体基数庞大，增加当年病害流行的风险。

四、防控技术

1. 农业防治

尽可能选用抗病品种，培育和种植无病苗木。适当稀植，感病品种尽量使用滴灌，做好果园开沟排水，合理修剪，尽可能降低果园内湿度，保持树冠内的通风透光。科学施肥，避免偏施氮肥，适当增施磷、钾肥以提高植株抗性，促进新梢抽发整齐和快速成熟，缩短感病期。结合冬季和早春的修剪，剪除带病枝梢，扫除落叶，深埋或移出果园，集中处理，以减少初侵染源（李红叶等，2015）。

2. 药剂防治

在美国佛罗里达，推荐使用的杀菌剂主要有铜制剂、福美铁和甲氧基丙烯酸酯类杀菌剂，如嘧菌酯等；而在南非和地中海国家，代森锰锌和三唑类也是防治柑橘褐斑病的重要杀菌剂。在我国，尚无登记用于柑橘褐斑病防治的杀菌剂，建议从登记用于柑橘黑点病（砂皮病、树脂病）、疮痂病和炭疽病的杀菌剂中遴选，如77%硫酸铜钙可湿性粉剂400~800倍液、80%代森锰锌可湿性粉剂600~800倍液、70%代森联水分散剂500~700倍液、25%嘧菌酯悬浮剂800~1500倍液等甲氧基丙烯酸酯类杀菌剂、10%苯醚甲环唑水分散剂700~1500倍液等三唑类杀菌剂。也可选用代森锰锌或甲氧基丙烯酸酯类杀菌剂和三唑类杀菌剂的混配剂，或直接使用厂家生产的混配剂，如30%唑醚·戊唑醇悬浮剂2000~3000倍液、60%唑醚·锰锌水分散剂1000~1500倍液、75%肟菌·戊唑醇水分散剂4000~6000倍液等。试验表明：琥珀酸脱氢酶抑制剂类杀菌剂对柑橘褐斑病具有较好的防治效果，除上述药剂外，还可选择18.4%氟酰羟·苯甲唑悬浮剂1700~2500倍液等喷雾。病菌对甲氧基丙烯酸酯类和琥珀酸脱氢酶抑制剂类杀菌剂极易产生抗性，为延缓病菌群体抗药性的产生，建议一个生长季使用次数不能超过4次，而且不能连续使用。

杀菌剂使用的时间、间隔期、次数应根据不同品种的抗病性和感病性、当季的气候条件以及果园历年病害发生情况（菌源基数）灵活掌握。对于易感品种，历年柑橘褐斑病发生严重的果园第一次喷药必须在刚萌发时进行，之后根据天气情况，间隔7~10天再施药1次。保果，以谢花期（大概2/3花瓣脱落时）最为关键，其后根据天气情况，间隔7~10天再喷施1次，到6月中下旬果实生长减慢，具有一定的抗性，日均气温升高至30℃以上，不利于病菌侵染时可停止施药。入秋后，气温下降，如遇秋雨绵绵，还需选择晴天喷药保护，以防再度发病而落果。不同地区、不同年份因气候条件的差异需要对喷药方案进行调整。在我国的浙江产区，春梢、夏梢和秋梢期均可发病，以春梢和幼果期发病最重，也是防治的关键期。其中春梢期第一次施药最为关键，如果此时没有及时施药，春梢发病严重，积累的菌源过多，后期的防治将非常困难（李红叶等，2015）。

撰稿人：李红叶（浙江大学农业与生物技术学院）
　　　　焦　晨（浙江大学农业与生物技术学院）
审稿人：周常勇（西南大学柑桔研究所）
　　　　周　彦（西南大学柑桔研究所）

第六节　柑橘黑点病

一、诊断识别

（一）为害症状

柑橘黑点病（citrus melanos）又称砂皮病（sandpaper-like），主要病原为柑橘间座壳（*Diaporthe citri*），可以为害柑橘幼果、新叶及新梢，形成黑色小点。新叶及新梢受害初期表面产生褐色凹陷斑点，周围有黄色晕圈，后期黄色晕圈消失，转为黑色凸起小点，叶面具有砂纸质地，严重感染的叶片皱缩呈浅绿色或黄色。在果实表面症状轻微时产生黑色或红褐色凸起的散生小点，侵染严重时小点聚集连成片状病斑（图2-11）。柑橘黑点病在世界各柑橘产区普遍发生，是韩国、日本、新西兰和美国佛罗里达等柑橘产区的主要病害之一。在我国，柑橘黑点病在各柑橘产区普遍发生，尤其是在老产区、老果园、果实生长季多雨且易发生冻害和日灼的果园发生最为严重。

图 2-11　柑橘黑点病为害症状（李红叶　拍摄）
A、B 和 D：叶部症状；C：幼果症状；E：枝条症状；F 和 G：果部症状

（二）病原特征

柑橘间座壳（*Diaporthe citri*）隶属于子囊菌门（Ascomycota）粪壳菌纲（Sordariomycetes）间座壳目（Diaporthales）间座壳科（Diaporthaceae）。柑橘间座壳可进行有性生殖和无性繁殖，分别产生子囊孢子和分生孢子。分生孢子以黄色或白色奶油滴状物从分生孢子器上释放，分为 α 和 β 两种类型，其中只有 α 型分生孢子能够萌发，α 型分生孢子透明，单胞，呈长椭圆形或梭形，包含两个油球，大小为 7.0～10.2μm×2.4～4.2μm；β 型分生孢子细长，透明，单胞，呈丝线状，通常一端弯曲呈钩状，另一端较钝，大小为 27.7～37.8μm×1.1～1.7μm。子囊孢子产于子囊壳内部子囊中，子囊壳近球形或圆锥形，壳壁近革质，褐色或黑褐色，单生、散生或聚生，深埋在寄主病组织中。子囊多个，短圆柱形或梭形，一个子囊内含 8 个椭圆形或纺锤形的子囊孢子，双胞，透明，细胞隔膜处有轻微收缩，内含 4 个油球，大小为 12.4～14.0μm×3.2～3.6μm（Huang et al.，2013b；Udayanga et al.，2014）。

在 PDA 培养基平板上培养时，菌落呈白色，菌丝层平伏，可产生黄绿色色素沉积，菌丝的生长适宜温度约为 28℃。在枯枝上产生分生孢子器的适宜温度为 24～32℃，最佳温度为 28℃，低于 20℃会使得产生的分生孢子器明显减少；产孢的适宜温度也为 24～32℃，在 5℃时虽然数量显著减少，但仍能产孢。在 5～20℃时 80% 以上的分生孢子具有侵染活性，孢子活力随温度升高而下降，高于 30℃时仍有活性的孢子低于 20%（Mondal et al.，2004，2007）。此外，病菌分生孢子侵染的最适温度为 24～28℃，其次为 20℃，高于 32℃时侵染将受到抑制，持续 24h 及以上的湿润能最大程度地促进病原菌侵染（Agostini et al.，2003）。另有研究认为，柑橘间座壳的较适培养条件是接种于 PDA 培养基并置于 25℃左右、光照/黑暗（12h/12h）交替培养，可产生大量 α 型分生孢子及少量 β 型分生孢子。此外，在 PDA 培养基中添加柑橘枝干能有效促进 β 型分生孢子的产生（陈国庆等，2010；Huang et al.，2013b）。

二、分布为害

（一）分布

柑橘黑点病分布地区广泛，几乎所有柑橘生产国均有发生，包括中国、美国、韩国、新西兰等（Udayanga et al.，2014；Guarnaccia and Crous，2018；Chaisiri et al.，2022）。在中国的主要柑橘产区，包括浙江、福建、湖南、四川、广西、湖北、广东、江西、上海、重庆等地均有分布（Huang et al.，2013b；Xiong et al.，2021）。

（二）为害

柑橘间座壳对包括宽皮柑橘、甜橙、葡萄柚、柚和柠檬等在内的主要栽培种类都有危害，是影响柑橘外观品质最重要的一种病原真菌。侵染发生后，果实表面形成隆起黑点或成片病斑，尽管不影响果肉品质，但会破坏柑橘果实的表面美观性，进而降低柑橘的销售价值和经济效益，发病严重的果实在鲜果市场中难以销售。幼嫩的柑橘果实、叶片和枝条易被柑橘间座壳侵染，但叶片一旦完全展开就能抵御病菌；果实在花瓣掉落后 12 周左右会逐渐产生抗性（Arimoto et al.，1982）。有研究认为果实的感病期主要是落花后 5～8 周，当甜橙果径达 3.8cm 或葡萄柚果径达 6.3cm 时则抗病（Winston et al.，1927）。而来自日本和中国台湾的资料显示，果实自坐果后至转色前均感病，越早感染，所形成的小黑点突起越明显，而后期感染所形成的小黑点突起不明显（佐佐木笃，1965；蔡竹固和庄再扬，1989）。以往我国报道的喷药试验和果园病情增长动态系统观察也支持果实坐果后至转色前均感病的观点（姜丽英等，2012；刘欣等，2018；蒋飞等，2022）。

三、流行规律

（一）侵染循环

柑橘间座壳生活史的大部分阶段均在果园内的枯枝和腐烂的树皮中完成。病菌在枯死腐烂的枝干、枝梢中生长，形成分生孢子器或子囊壳，产生分生孢子和子囊孢子，在分生孢子器内的分生孢子成熟后，遇降雨或露水即可吸水膨胀、胶化，从分生孢子器的孔口泌出，经雨水飞溅传播，子囊壳内的子囊孢子成熟后则可从子囊壳内弹射释放到空气中，再经气流传播，因此其传播距离相对于分生孢子的传播距离更远，分生孢子和子囊孢子着陆于潮湿具水膜的新梢、叶片及果面后萌发并侵入植物细胞。由于新生组织的活力较强，病菌的入侵诱导寄主产生防御反应，分泌植保素等抗菌物质以杀死入侵的病菌，致使被侵染细胞及周围少量细胞褐变坏死，外围细胞重复分裂形成愈伤组织，此后在坏死细胞和愈伤组织之间形成周皮，限制病菌的进一步扩展。因此，观察到的红褐色至黑褐色的凸起小点不是病菌的繁殖体，而是由坏死细胞、愈伤组织和周皮组成的结构，是柑橘表皮细胞对病菌侵染刺激产生防御反应而形成的抵御病菌继续扩展的机械屏障组织（Arimoto et al.，1982，1986a，1986b）。枯枝和腐烂枝干上产生的分生孢子与子囊孢子可不断侵染枯枝及腐烂枝干，以及果园正常修剪下来的枝梢，也可以从冻伤、日灼伤、害虫为害和修剪后的剪锯口侵入，进行营养生长后再繁殖产生大量的分生孢子和子囊孢子，成为病害的侵染源（图 2-12）。过去通常认为果园分生孢子较子囊孢子更常见，其在病害循环中具有更为重要的作用。研究发现，柑橘间座壳虽然为异宗配合真菌，但两种交配型在果园、单株橘树、单个果实或单片叶片的空间尺度上都以不偏离 1∶1 的比例存在，其种群性质更接近有性孢子侵染形成的种群，推测子囊孢子在病害循环中具有重要的作用（Xiong et al.，2021）。

（二）流行因素

1. 果园的枯枝和伤口数量

柑橘黑点病在田间多为整个果园连片发生，枯枝越多的果园则发病越严重，柑橘黑点病菌需要在枯枝中生长繁殖及越冬，枯枝越多越有利于病原菌的繁殖和传播。柑橘间座壳在枯枝上可产生大量分生孢子，随雨水或灌溉水传播到健康的果实或叶片上进行侵染（Gopal et al.，2014）。由于大枝修剪、冻害、其余病虫害等因素造成的伤口容易受到柑橘黑点病菌的侵染，因此果园的枯枝和伤口数量是影响柑橘黑点病发病的重要因素。

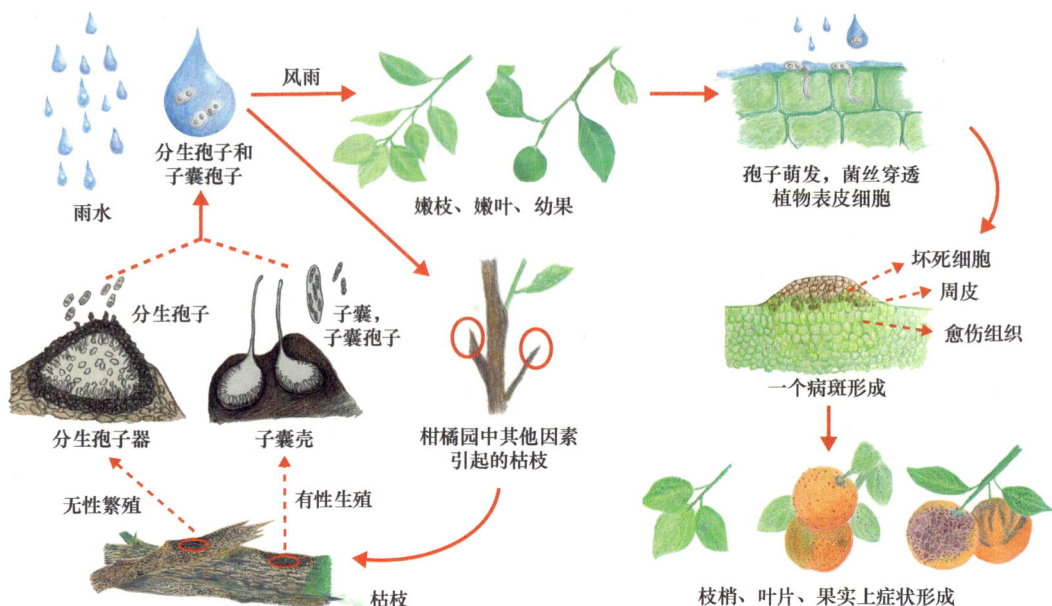

图 2-12　柑橘黑点病病原菌侵染循环示意图（刘欣，2017）

2. 气候条件

柑橘黑点病菌的侵染会受到气候条件尤其是湿度的极大影响，病菌分生孢子器、分生孢子形成和释放传播，以及子囊壳和子囊孢子的形成均需要雨水，分生孢子和子囊孢子的萌发侵入需要表面具高湿或具水膜的条件，因此，降雨和基质表面的湿度制约病害的发生及流行。在实验室条件下，24～28℃时，柑橘黑点病发病最严重；在较低或较高的温度下，保湿的时间要足够长，病原菌才能成功侵染叶片；而在最适温度范围内，叶片保湿时间 4h 时侵染程度较小，8～16h 的程度中等，当叶片保持 24h 及以上的湿润时，才能达到最高水平的侵染程度。在田间研究中，若每周叶片湿润持续时间高于 80h，平均气温大于 22℃，则柑橘黑点病发生的严重程度会急剧增加（Agostini et al.，2003）。因此在较温暖的柑橘产区，降雨多的年份柑橘黑点病的发生会更为严重。

四、防控技术

由于几乎没有对柑橘黑点病具有较高抗性的柑橘品种，因此对柑橘黑点病的防治主要在减少果园枯枝、保护伤口和及时喷药保护等方面进行。

1. 农业防治

加强栽培管理以减少柑橘园内的枯枝数量，定期修剪，及时清除果园内的枯枝。加强对其他病虫害的防控，预防冻害和日灼，保护修剪伤口免受病菌感染。

2.化学防治

可选用已登记农药：①甲氧基丙烯酸酯类药剂（如嘧菌酯和吡唑醚菌酯）；②多位点有机硫杀菌剂（如克菌丹、氟啶胺、代森锰锌）；③复配剂（如唑醚·戊唑醇、肟菌·戊唑醇、唑醚·锰锌）；④铜制剂（如氢氧化铜、波尔多液）。田间实验研究显示，代森锰锌类杀菌剂能有效防治柑橘黑点病。80%代森锰锌可湿性粉剂600倍液与0.25%~0.50%矿物油乳油复配使用具有一定的增效作用。此外，0.2%代森锰锌与0.1%石蜡油混合可提高代森锰锌的耐雨水冲刷性，从而提高对柑橘黑点病的防治效果。建议代森锰锌的喷施时间从落花2/3时开始，之后根据天气情况，间隔约20天喷施1次，通常施药4或5次；而在降雨频繁的年份，施药可以增加1或2次（黄振东等，2011a；Yi et al.，2014；刘欣等，2018；Choi et al.，2021）。

对于常规果园，柑橘黑点病的防治主要针对果实，而发病严重的果园，枝梢也需保护。保护枝梢在新梢萌发展叶期进行。针对结果树，夏梢和秋梢的防治一般结合保护果实进行，需要防治的是春梢，通常在春梢萌发期结合柑橘疮痂病的防治喷施1或2次上述杀菌剂。对于高接换种果园，除春梢外，夏梢和秋梢，特别是秋梢也需要保护。柑橘黑点病药剂防治重在保护，杀菌剂在病菌侵染前使用比侵染后使用的效果更好，雨前使用比雨后使用的效果好。

撰稿人：李红叶（浙江大学农业与生物技术学院）
　　　　焦　晨（浙江大学农业与生物技术学院）
审稿人：周常勇（西南大学柑桔研究所）
　　　　周　彦（西南大学柑桔研究所）

第七节　柑橘黑斑病

一、诊断识别

（一）为害症状

柑橘黑斑病（citrus black spot）是由柑橘叶点霉（*Phyllosticta citricarpa*）侵染引起的病害，主要为害柑橘果实，发病严重的果园也可见老叶及枝梢发病。症状一般开始为轻微凸起的红褐色小病斑，后逐渐发展成圆形、凹陷、中心灰色、边缘突出、呈砖红色至棕褐色的坏死病斑。而在果实上的发病症状可分为以下3种类型：①硬斑型（hard spot）是最常见的类型，病斑近圆形，直径3~10mm，中间凹陷处坏死组织灰色，常可见黑色微凸起的分生孢子器，边缘呈砖红色至深褐色，微隆起，外缘有明显的绿色晕圈（图2-13A）；②假黑点型（false melanose），病斑相对小很多，直径1~3mm，轻微凸起，棕褐色至深棕色（图2-13B）；③毒性型（virulent spot）也称毒斑型，病斑早期为不规则黑星型，凹陷型病斑呈红色，后逐渐发展合并成毒性型病斑，毒性型病斑可在果实表面继续扩展，由棕色变成褐色（图2-13C），老的病部表面呈革质，扩展病斑上常可见大量黑色分生孢子器（图2-13D）。硬斑型一般发生在果实转色至收获前，通常向阳面果实发病较早且较重；假黑点型常发生在未转色果实上，不产生分生孢子，假黑点型会在后期发展成为硬斑型；毒性型一般发生在果实采收后期严重感病的成熟果实上，也可在果实采后发生。尽管柑橘黑斑病主要影响果皮外观，不会引起果肉腐烂，但在严重发病的果园，会引起大量落果，导致柑橘严重减产。

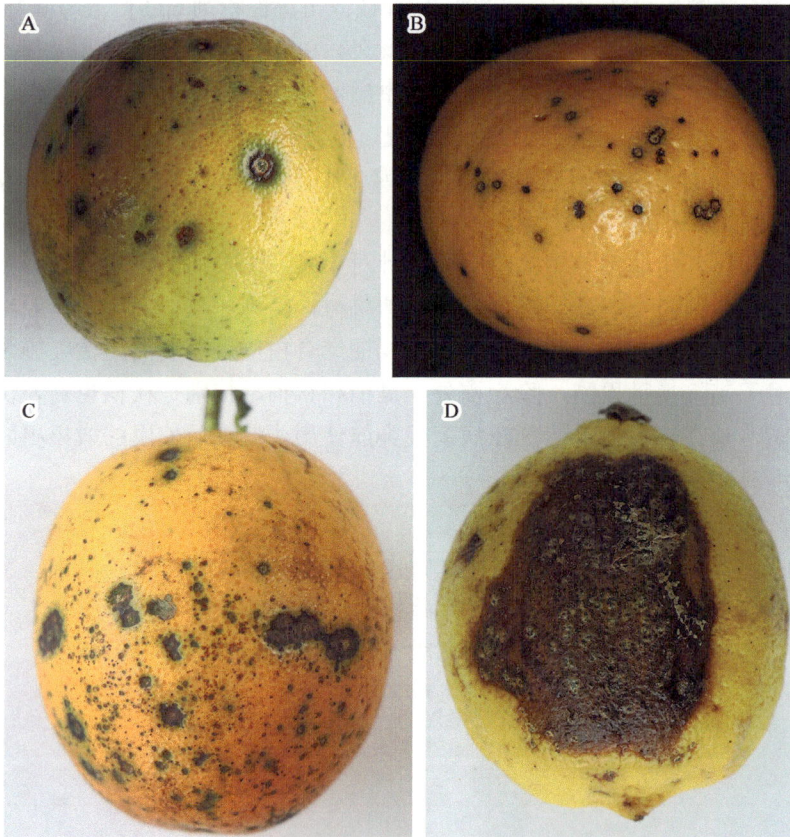

图2-13　柑橘黑斑病为害果实的症状类型（王文　拍摄）
A：硬斑型；B：假黑点型；C：毒性型早期；D：毒性型后期

（二）病原特征

柑橘叶点霉（*Phyllosticta citricarpa*）隶属于子囊菌门（Ascomycota）座囊菌纲（Dothideomycetes）葡萄座腔菌目（Botryosphaeriales）叶点霉科（Phyllostictaceae）。子囊壳并不常见，一般在腐败的枯枝落叶上产生，在适宜的温度和干湿交替的环境下，成熟的子囊壳可经气流长距离传播。无性态在成熟果实、叶片及病死枯梢上均可产生。分生孢子器呈黑色，聚生，表生或凸起，直径大约为250μm，分生孢子成熟后从分生孢子器中释放，常在顶端形成液滴状无色分生孢子团。制作切片，可观察到分生孢子梗近柱状或桶形，大小为10～20μm×4～7μm，末端产孢细胞近圆柱形或似短桶形，光滑，透明，大小为7～12μm×3～4μm；分生孢子无隔，透明，椭球形至倒卵球形，一端渐尖，表面粗糙，有水滴状斑点，大小为10～14μm×6～8μm，常由带顶端附属物的黏膜鞘包被，黏膜鞘无色透明，厚 1～2μm，附属物向一端延伸，向先端逐渐锐尖，大小为5.0～17.0μm×1.0～1.5μm。

病原菌生物学特性：菌丝最适生长温度为 27℃。在燕麦琼脂（oat agar，OA）培养基上室温培养 14 天，菌落平展，呈灰橄榄绿色，边缘逐渐变浅绿色至灰色，气生菌丝稀疏，菌落外圈培养基形成黄色晕圈。

二、分布为害

（一）分布

柑橘黑斑病主要分布在亚热带夏季降雨气候的柑橘种植区（https://gd.eppo.int/taxon/GUIGCI/distribution）。19 世纪末期澳大利亚新南威尔士的夏橙上首次报道柑橘黑斑病（Benson，1895），之后在非洲、亚洲、美洲等许多柑橘种植区相继报道了该病害的发生，近年来在地中海气候的突尼斯等国家也发现了该病害（Boughalleb-M'Hamdi et al.，2020）。在欧洲国家仅在枯枝落叶中分离到该病原，但并未观察到发病柑橘。目前欧洲及美国仍将其列为入境有害生物（https://www.eppo.int；https://www.aphis.usda.gov）。在中国，柑橘黑斑病在广东、广西、江西、四川、重庆、云南、浙江等柑橘产区均有发生。

（二）为害

柑橘叶点霉可为害除柚之外的大部分柑橘品种，其中对柠檬危害最明显，晚熟甜橙如夏橙次之，对早熟甜橙如哈姆林及大部分宽皮柑橘的为害程度中等，对葡萄柚亦可形成危害（Miles et al.，2019）。

柑橘棕斑病（citrus tan spot）与柑橘黑斑病的症状极为相似，过去也被统称为柑橘黑斑病，其病原菌一直被认为是柑橘叶点霉。Wulandari 等（2009）对亚洲"黑斑病"病原菌的形态、培养特性及保守序列的分子特征进行了研究，发现其病原菌生物学及分子特征明显区别于其他柑橘上报道的叶点霉。因此，将其独立出来命名为亚洲柑橘叶点霉（*P. citriasiana*），并将柚树上表现的病害命名为柑橘棕斑病，以区别于其他柑橘上的黑斑病。Wang 等（2012）和 Zeng 等（2021）对中国柑橘黑斑病进行了系统调查，研究结果也支持了这一发现，在中国仅在柚上发现了亚洲柑橘叶点霉，未发现柑橘叶点霉。

三、流行规律

（一）侵染循环

病原一般在枯枝落叶中越冬，有性孢子仅在枯枝落叶中产生，而分生孢子可在带病的果实、叶片及枯枝落叶中产生（图 2-14），产生的子囊孢子及分生孢子均可在春季落花后，作为初侵染源直接侵染果实及叶片，5 月谢花后幼果期是病原侵染的最佳时期，病原在 24～48h 持续湿润环境下可完成侵染，侵染成功后病原菌会在果皮中潜伏数月，直至高温干燥的果实成熟期才表现出病症，通常 8 月下旬至 10 月上旬为果实发病高峰期。

图 2-14　柑橘黑斑病病原菌生活史示意图（Guarnaccia et al.，2019）

（二）传播规律

病菌可以同时产生空气传播的子囊孢子和水传的分生孢子，并通过它们侵染寄主，受害的部位包括叶、嫩枝和最常见的果实。病部的分生孢子器可以通过雨水短距离扩散分生孢子，在树冠范围内自上而下传播，而子囊孢子则是在落叶上的假囊壳中产生，并通过成熟的假囊壳（适宜的温度及一段时间的干湿交替过程）弹射出去，最远距离不超过 25m。考虑到这两种方式的传播距离都相对较短，因此处于潜伏期的染病繁殖材料被认为是跨地区传播的主要来源（图 2-14）。

（三）流行因素

1. 柑橘种类抗病性

针对柑橘叶点霉，绝大多数宽皮柑橘、甜橙、柠檬易感病，柚、酸橙、澳指檬存在抗性或者免疫。而抗性品种与感病品种杂交的子代抗性会出现分离，即有些继续保持抗性，有些则失去抗性变得易感（Miles et al.，2019）。

2. 树龄和抗病性

树势衰弱的植株易发病，果实对该病的抗性并不会随着果实增大而增强，相反整个果实生长期对柑橘黑斑病病原的感病程度都相似，而树势衰退的柑橘容易在反季节开花，出现新老果重叠，老果上产生的分生孢子将会成为新果的侵染源。此外，营养不良的树更容易感病且发病更早（Frare et al.，2019）。

3. 气候条件

高温有利于病害发生发展，降雨有利于子囊孢子的释放，在澳大利亚等大部分病害分布区，总降雨量与病害严重程度呈正相关，且柑橘黑斑病主要分布于亚热带夏季降雨地区，表明气候尤其是温度和降雨对病害流行至关重要。

4. 栽培管理

树冠郁闭，通风不良，湿度过大，有利于病原菌的侵染，凋落物堆积有利于培养初侵染菌源。

四、防控技术

1. 农业防治

种植无病苗，加强果园管理，控制果树密度，修剪并清除枯枝病叶或加速枯枝落叶的分解，控制初侵染菌源。加速果树下凋落物分解的方法：施用硫酸铵（42kg/亩）或者尿素（14kg/亩），如施用硫酸铵应注意控制土壤酸碱度；若果园设有微喷灌装置，可增加微喷灌次数，每周 5 次，持续一个半月，加速果园的凋落物分解；另外，还可在凋落叶上施用生石灰或碳酸钙（165kg/亩）。上述 3 种方法均可加速果园的凋落物分解，但石灰法与施氮法不可同时使用。

2. 化学防治

在柑橘落花后 15 天内进行喷药保护幼果，以后每隔 10～15 天喷 1 次，连续喷施 3 或 4 次。例如，4 月雨水充足，建议从 4 月开始施用杀菌剂。可用药剂：10% 苯醚甲环唑水分散粒剂 1000～2000 倍液，50% 咪鲜胺可湿性粉剂 1500 倍液，25% 嘧菌酯悬浮剂 1000～2000 倍液，40% 氟硅唑乳油 6000 倍液，80% 代森锰锌可湿性粉剂 600 倍液，77% 氢氧化铜可湿性粉剂 800 倍液等。

撰稿人：焦　晨（浙江大学农业与生物技术学院）
　　　　李红叶（浙江大学农业与生物技术学院）
审稿人：周常勇（西南大学柑桔研究所）
　　　　周　彦（西南大学柑桔研究所）

第八节　柑橘轮斑病

一、诊断识别

（一）为害症状

柑橘轮斑病（citrus target spot）是我国柑橘产区发现的一种毁灭性病害，2006年首次报道于我国柑橘种植的最北缘陕西省城固县（Zhu et al.，2012）。该病主要为害柑橘叶片、枝梢和果实，发病后常引起大量落叶、枯梢、落果等。叶片受害，叶面初期产生红褐色斑点，后随病斑逐渐扩大，变成近圆形红褐色病斑，病斑中部渐变为灰白色，略微凹陷，病斑边缘有油渍状晕圈。后期病斑中央密生黑褐色茸毛状小点，呈轮纹状规则排列。严重时，多个病斑联合成大斑，发病叶片易脱落，直至整株落叶。枝梢受害，病斑症状与叶片上的相似，初期病斑呈红褐色小点，略微凹陷；病斑逐渐扩大成圆形、椭圆形或梭形。随着气温的逐渐升高，病斑较多的叶片干枯脱落，病斑少的叶片病斑部位不再扩大，逐渐变成灰白色并穿孔。枝干一旦发病，树皮就变成红褐色至暗褐色，木质部也会因病菌侵染变褐。果实受害，病斑症状亦与叶片类似，产生圆形或近圆形褐色病斑，中间稍凹陷，后期病斑中央密生黑褐色小点（图2-15）。

图2-15　柑橘轮斑病为害症状（杨宇衡　拍摄）

A：叶片病斑；B：枝干病斑；C：木质部侵染；D：果实病斑；E：整株落叶。箭头所示为发病部位

（二）病原特征

病原菌为柑橘假叶埋盘菌（*Pseudofabraea citricarpa*，异名柑橘拟隐孢壳菌 *Cryptosporiopsis citricarpa*），隶属于子囊菌门（Ascomycota）柔膜菌目（Helotiales）皮盘菌科

（Dermateaceae）（Zhu et al.，2012；Chen et al.，2016）。该病菌分生孢子盘表生或埋生于病部，大部分形成于叶面，单生或合生，黑褐色，开口较窄，没有刚毛。分生孢子梗多单胞，偶尔有 1 个分隔，不分枝，无色。分生孢子单胞，无色，偶尔有 1 个分隔，产生于分生孢子梗顶端，形状多变，圆柱形至腊肠形、弯月形，其弯曲度不等，基部钝圆或平截，顶端多钝圆或稍尖，内含颗粒物。20℃条件下人工培养可产生黑色菌核（图 2-16）。

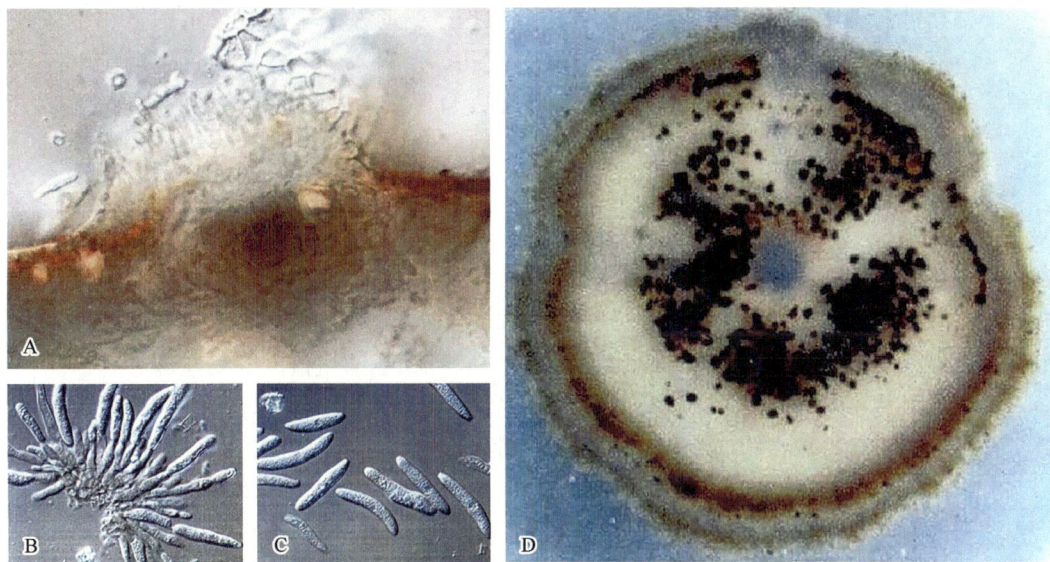

图 2-16 柑橘假叶埋盘菌形态特征（朱丽 拍摄）
A：叶片上的分生孢子盘；B：分生孢子梗；C：分生孢子；D：培养基中产生的黑色菌核

二、分布为害

（一）分布

据报道，柑橘轮斑病在陕西省汉中市的城固县、洋县、汉台区，以及安康市汉滨区等地相继发生为害。该病害目前正逐步向南、东南扩展。2018 年 12 月中旬至 2019 年 3 月，重庆市万州区报道，部分柑橘产区突然暴发该病，发生面积达 8900 余亩，造成当地柠檬树大量感病，损失严重（徐永红等，2020）。2020 年冬季，湖北宜昌地区的温州蜜柑也有该病的发生（Xiao et al.，2020）。以上信息表明，该病害未来极有可能继续扩散至邻近柑橘优势产区乃至南方柑橘产区。

（二）为害

该病害为害主栽品种温州蜜柑（以兴津、宫川最为严重）、金柑等。

三、流行规律

（一）侵染循环

该病菌主要以分生孢子或菌丝体在寄主幼嫩组织体内（当年春梢和叶片）潜育越

夏。冬季低温诱导发病，引起初侵染。病斑处形成的分生孢子盘产生大量分生孢子，引起再侵染。柑橘轮斑病菌侵染速度快。一般 12 月中下旬开始发病，第二年 1 月达到发病高峰，3 月中下旬至 4 月初结束侵染，病叶干枯脱落。

（二）传播规律

干枯病叶落地吸湿（水）后，病斑上的分生孢子盘萌发产生大型分生孢子和小型分生孢子，随风雨传染，从寄主幼嫩组织气孔、皮孔、伤口入侵，寄主的感病期集中在冬季和早春季节。当环境温度＞28℃时，分生孢子发育停滞，病菌在寄主组织内潜育越夏，无症状，越夏时间为 3 月至 11 月底。

（三）流行因素

柑橘轮斑病的发生与低温高湿密切相关，其中冬季低温是对柑橘轮斑病菌分布影响最大的环境因素。柑橘树势衰弱、树龄偏高或受冻害时易受病原侵染（徐永红等，2020）。此外，阴坡果园、排水不良、地势低洼、管理粗放的柑橘园容易发病。

不同品种柑橘对柑橘轮斑病的抗性存在明显差异。以温州蜜柑、椪柑、金柑、冰糖橘、朱红橘及柠檬等较易感病，柚类等品种抗性较强（陈泉等，2022）。

四、防控技术

防治柑橘轮斑病应根据病情和气象条件，采取培壮树势、抗寒栽培、药剂保护等综合防控措施。

（一）培壮树势

1. 提干扩冠

对发病柑橘园采取提高主干、扩大冠幅和高度等措施，适当扩大单株体积，培壮树势。

2. 培肥改土

采取增施有机肥、种植绿肥、中耕除草等措施，增加土壤有机质，改变土壤团粒结构，提高土壤肥力，改善土壤通透性，促进根系生长。

3. 适产适销

推行适产、稳产、优质生产管理理念，采取花前复剪、疏花疏果等措施，以利于恢复树势，增强树体抗寒能力和抗病虫能力。

（二）抗寒栽培

1. 适地适栽

选择小气候良好、背风向阳的浅山坡地、丘陵进行建园，防止发生低温冻害和霜冻。

2. 控梢促壮

强化新梢管理，采取"疏春梢、控夏梢、促秋梢"等措施，以培养足够数量的早秋梢结果母枝为目标，同时加强肥水管理，使其及早木质化，及时抹除晚秋梢，增强抗寒性和抗病性。

3. 树干涂白

采用生石灰 5kg、石硫合剂原液 0.5kg、食盐 0.5kg、植物油 0.1kg、水 20kg，混合配制成涂白剂，冬夏两季进行枝干涂白，防冻防晒，保护树干，减少伤口，杜绝侵染。

（三）药剂保护

1. 农业防治

对于发病柑橘园，春季气温回升后及时清除园内病枝落叶及修剪的枝叶，进行集中烧毁，以减少病菌基数。同时采用石硫合剂进行全园喷雾，要求树冠、主干及地面喷雾要彻底。

2. 化学防治

3 月中旬至 4 月中旬是柑橘轮斑病菌分生孢子由落地病腐叶向春梢嫩叶、嫩枝传播入侵的关键时期。当春梢芽长 5cm 左右时，选用咪鲜胺或苯醚甲环唑喷 1 次，间隔 10 天后再喷施 1 次，避免新叶、嫩梢感染。发病初期及时进行喷药防治，选用戊唑醇、咪鲜胺、代森锰锌等药剂进行全园喷雾，每隔 2 周喷施 1 次，连续喷施 2 或 3 次，保护树体、防止再侵染。

撰稿人：杨宇衡（西南大学植物保护学院）
审稿人：李红叶（浙江大学农业与生物技术学院）
　　　　周　彦（西南大学柑桔研究所）

第九节　柑橘脚腐病

一、诊断识别

（一）为害症状

由卵菌门（Oomycota）疫霉属（*Phytophthora*）多个种的病原菌侵染引起的柑橘脚腐病（citrus foot rot）是一种为害柑橘主干、根颈部及根部的土传病害，引起基部皮层腐烂。植株感病初期，病部树皮呈褐色、湿腐状，常伴有褐色胶液渗出，树皮腐烂，有酒糟气味。病斑继续扩展可为害木质部，使木质部变色腐烂。严重时病部树皮干裂脱落，木质部外露。条件适宜时，病菌向下蔓延至根部，侵染主根、侧根甚至须根，引起根腐（图 2-17）。

图2-17　柑橘脚腐病为害症状（付艳苹　拍摄）

（二）病原特征

在我国，已报道可以为害柑橘的疫霉病原菌有柑橘褐腐疫霉（*P. citrophthora*）、烟草疫霉（*P. nicotianae*）、棕榈疫霉（*P. palmivora*）、辣椒疫霉（*P. capsici*）、掘氏疫霉（*P. drechsleri*）、柑橘生疫霉（*P. citricola*）等（成家壮等，2004；朱丽等，2011）。其中，以柑橘褐腐疫霉引起的柑橘脚腐病较为常见。

柑橘褐腐疫霉孢子囊形态变异极大，有卵形、不规则形、倒梨形、长椭圆形、近圆形、椭圆形等，大小为36～105μm×18～40μm（平均为57μm×30μm），长宽比为1.2～3.0（平均为1.9）。孢子囊通常具乳突1或2个，明显或不明显（朱丽等，2011）（图2-18）。生长适宜温度为10～38℃，最适温度为25～28℃。

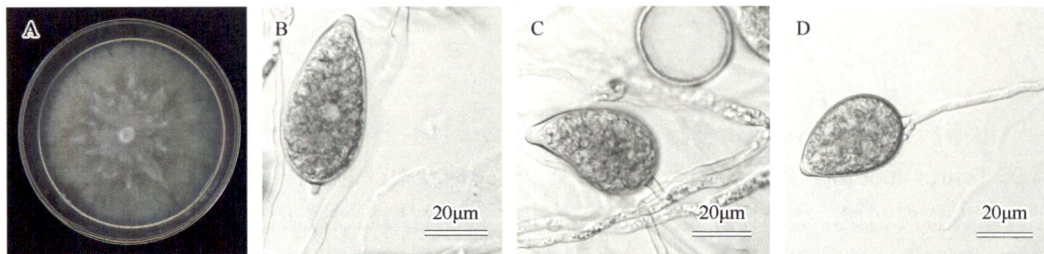

图2-18　柑橘褐腐疫霉的菌落（A）与孢子囊（B～D）（龙复涵　拍摄）

二、分布为害

柑橘脚腐病是世界各柑橘产区的常见病害,在我国各柑橘产区均有发生,以西南柑橘产区最为严重。染病树主干基部和根皮层腐烂,造成树势衰弱,产量下降,严重时导致整株死亡。一般柑橘园发病率为5%~10%,严重时可达30%~50%。

三、流行规律

病原菌在发病柑橘树主干基部病斑内以菌丝体越冬,或者以菌丝体或卵孢子随病残体遗留土壤中越冬。第二年气温回升,果园湿度大或降雨增多时,柑橘脚腐病病斑中的菌丝体继续为害健康组织,同时不断形成孢子囊,释放游动孢子,游动孢子经水流从植株根颈部伤口侵入或直接侵入。

柑橘脚腐病的发生与降雨、气温、柑橘品种、树龄、土壤条件,以及栽培管理等密切相关。田间柑橘脚腐病于春季地温高于15℃时开始发生,随着降雨增多,病害逐渐加重;秋雨多时会出现第二个发病高峰期。柑橘品种不同,抗病性差异显著,甜橙、柠檬、金橘类易感病,枳、酸橙、枳橙和枳柚的抗病能力较强。柑橘脚腐病的发生随树龄增大而加重,一般10年以下的柑橘树发病少,结果过多的壮年树、衰弱树及老树发病较多。土壤黏重板结、排水不良则发病重。

四、防控技术

柑橘脚腐病的防治采取"预防为主,综合防治"的方针,以选用抗病砧木为基础,对病树采用靠接换砧、加强栽培管理和及时药剂防治的综合措施。

1. 农业防治

选用枳、酸橙、枳柚等对柑橘脚腐病具有较强抗性的砧木品种。砧木嫁接口离土面距离一般应高于30cm。苗木定植时不宜过深,使易感病的接穗部分远离地面,以减少感病机会。果园生产操作中避免损伤主干和根部,避免果园郁闭,及时清沟排水,降低果园湿度,注意树干害虫防治。柑橘脚腐病暴发时应及时摘除树上未脱落的病果,清理落地病果,集中烧毁,减少病原菌数量。对于已经染病的植株,可以选用抗病砧木进行靠接换砧。

2. 化学防治

在每年春季和秋季柑橘脚腐病易发期,尽早发现、尽早治疗。将病株主干基部发病组织刮除,在伤口处涂药保护,15~20天1次,连续2或3次,或者选用乙膦铝、甲霜灵等药剂进行浇根处理,均可有效防治柑橘脚腐病。

撰稿人:付艳苹(华中农业大学植物科学技术学院)
审稿人:周　彦(西南大学柑桔研究所)

第十节　柑橘树脂病

一、诊断识别

柑橘树脂病（citrus resinosis）主要指由柑橘间座壳（*Diaporthe citri*）和一些以毛色二孢属（*Lasiodiplodia*）为代表的葡萄座腔菌科（Botryosphaeriaceae）等真菌侵染柑橘枝干、枝梢所引起的病害，因发病初期病部往往有胶液流出，所以也称枝干流胶病（branch gummosis）。

（一）为害症状

枝干发病，常表现流胶、干枯和枯梢 3 种症状类型。

1. 流胶型症状

多发生在枝干分权处或受冻的部位，初期病斑皮层组织呈红褐色腐烂、松软，流出初为无色、很快氧化变褐色的胶液，有臭味（图 2-19A）。当条件不适宜时，病势发展减缓，腐烂皮层干枯下陷，病斑周缘形成愈伤组织，以致病健交界处开裂，随后腐烂的皮层组织剥落，露出木质部，而周边组织隆起（图 2-19B）。为害严重时可引起整个枝干，甚至整树枯死（图 2-19C）。

2. 干枯型症状

病部皮层红褐色，干枯略下陷，微有裂缝，但不立即脱落（图 2-19D），病健交界处也有一条明显的隆起界线。在适温和高湿条件下，干枯型可转化为流胶型，而高温干燥时，流胶型可转化成干枯型。不论是流胶型还是干枯型，病菌都能透过皮层进入木质部，受害木质部呈浅灰褐色，在病健交界处有一条黄褐色至黑褐色的痕带（图 2-19E），切片观察可见导管内有褐色胶体和菌丝，最终导致导管系统受堵和损坏，进而引起受害枝干或树体的死亡（图 2-19F）。在坏死的树皮上可见许多初埋生在表皮下，后露出的黑色小粒点（图 2-19G），此为病菌的分生孢子器，在潮湿条件下小黑点上分泌出淡黄色或乳白色的胶质分生孢子团或卷须状分生孢子角。后期在同一病斑上可见黑褐色牛角状或毛刺状凸起的子囊壳。分生孢子器内产生的分生孢子和子囊壳所产生的子囊孢子都是病害的重要侵染体。

3. 枯梢型症状

生长衰弱的枝梢、采果后的果把或上一年晚秋梢和冬梢极易受冻而枯死，着陆和潜伏在这些枝梢组织中的病菌在枝梢枯死后很快生长，并向健康组织扩展，引起自上而下的枯死并渐变灰白色，病健交界处常有少量树脂渗出。严重时可使整个枝条枯死，表面可密生大量的红褐色或黑褐色小点，即病菌的分生孢子器。这种枯枝也是当年发病的重要侵染源。

图 2-19　柑橘树脂病为害症状（李红叶和肖小娥　拍摄）

A：枝梢流胶；B：主干初始发病，水渍状病斑；C：枝干分杈处流胶，开裂；D：主干开裂；
E：削开表皮，可见病健交界明显；F：枯枝上形成子实体；G：整个大枝枯死

（二）病原特征

引起柑橘树脂病的病原真菌种类较多，主要是柑橘间座壳，该病菌为害柑橘果实、枝梢、叶片，引起柑橘黑点病，为害柑橘成熟果实从而引起柑橘褐色蒂腐病。有关该病菌的形态特征和生物学特性可参见"柑橘黑点病"部分。

研究发现，除柑橘间座壳外，多种葡萄座腔菌科真菌也可引起柑橘树脂病，这些真菌包括葡萄座腔菌属（*Botryosphaeria*）、色二孢属（*Diplodia*）、小穴壳属（*Dothiorella*）、新格孢腔菌属（*Neodeightonia*）、新壳梭孢属（*Neofusicoccum*）和毛色二孢属（*Lasiodiplodia*），其中以假可可毛色二孢（*Lasiodiplodia pseudotheobromae*）最为常见，致病性也最强（Xiao et al.，2021a）。

毛色二孢属子囊座黑棕色至黑色，单腔室，假囊壳壁厚，具孔口。拟侧丝透明，有隔。子囊棍棒状，双层壁，具厚的内膜和发育明显的顶端腔室，内含 8 个子囊孢子。子囊孢子不规则双行排列，初始无色，无隔，成熟后呈棕褐色。分生孢子着生在子座内，子座埋生或半埋生，球形，分散或聚集，黑棕色，单室或多室，壁深棕色，拟薄壁组织厚壁。分生孢子梗短，通常退化为产孢细胞。产孢细胞透明，光滑，圆柱状至近梨形，

全壁芽生式产孢。分生孢子近圆形，初始无色，无隔，成熟后具1个隔，棕褐色，表面有纵向条纹，厚壁。

二、分布为害

柑橘间座壳在全球柑橘种植区广泛分布（Timmer et al.，2000；Gomes et al.，2013；Guarnaccia and Crous，2018）。葡萄座腔菌科真菌在全球多个国家的柑橘产区被报道，如苏里南、埃及、美国、意大利、巴西、墨西哥等（Alves et al.，2008；Abdollahzadeh et al.，2010；Adesemoye et al.，2014；Linaldeddu et al.，2015；Coutinho et al.，2017；Bautista-Cruz et al.，2019；Berraf-Tebbal et al.，2020）。在中国柑橘产区，葡萄座腔菌属在湖南、陕西、上海和浙江被报道，色二孢属在陕西被报道，小穴壳属在重庆、湖南、浙江被报道，毛色二孢属在重庆、福建、广西、江西、陕西、浙江等地均有发现，新格孢腔菌属和新壳梭孢属在浙江柑橘产区被报道（Xiao et al.，2021a）。

柑橘树脂病严重削弱树势，不仅降低产量和品质，还极大地影响柑橘树的寿命。

三、流行规律

（一）侵染循环

病菌以菌丝体、分生孢子器、子囊壳或子座在病枯枝和病树干上越冬，越冬期间遇温湿度适宜，病菌在病部也可继续扩展为害，而且病菌能产生分生孢子进行侵染，但集中侵染发生在春季、夏季和秋季。每当雨后，果园病枯枝上的分生孢子器即可涌出大量的分生孢子，经雨水冲刷后，随水滴流动、飞溅而扩散，气流，特别是降雨时刮风，以及昆虫等媒介的活动都可能造成分生孢子的传播。在干旱条件下，分生孢子无法释放。子囊壳主要发生在深度腐烂的枝干树皮上。子囊孢子成熟后，从子囊壳或子囊座中弹射出来，经气流传播扩散。着陆至幼嫩的枝梢、叶片和果实上的分生孢子和子囊孢子在有适宜的自由水或高湿度时即能萌发，从伤口侵入枝梢或枝干。病菌也能侵染果园正常修剪下来枯死后的枝梢、枝干，在这些材料上腐生，继而产生分生孢子器和子囊壳，成为新生组织的侵染源。

（二）流行因素

1. 气象因素

严寒冰冻冻裂枝干和高温阳光直射晒伤枝干是诱发柑橘树脂病的主导因素，而冻伤比晒伤对柑橘树脂病的发生更有利。柑橘树脂病菌均为弱寄生菌，枝干冻伤或晒裂后，一方面，为病菌的侵入创造途径，而且这些死亡组织为刚着陆的病菌提供良好的生长基质；另一方面，冻伤削弱了树势，降低了树体抗病力，有助于病菌入侵后的扩展蔓延。通常，柑橘树脂病在易发生冻害的地区和冬季或早春发生过多次低温冻害的果园发生严重，柑橘树脂病的流行与之前是否发生过冻害密切关联。

2. 栽培管理

栽培管理粗放，肥水不足或施肥不及时，偏施氮肥，特别是冬季低温前修剪过重，容易发生冻害。修剪过重，枝背暴露在外，易遭太阳暴晒，晒裂枝干从而有利于病菌侵染。干旱、排水不良和挂果过多也导致树势衰弱、加重发病。蛀干害虫为害引起的伤口，修剪、高接换种造成的机械伤口，以及其他农事操作造成的伤口也是病菌入侵的途径，如果没有及时进行保护处理，将加重发病。

四、防控技术

1. 适地适栽，加强栽培管理，避免树体受伤和及时伤口保护

选择适宜柑橘生长的地区和立地条件良好的地块种植，宜机化建园，确保后续可及时高效喷药。在易发生冻害的地区，果实采收后进行轻剪，剪除枯枝和晚秋梢，并普遍喷施一次杀菌剂，以保护果梗剪口和修剪伤口，避免病菌由此入侵。萌芽前再进行一次修剪，剪除多余的枝梢和冻死的枝梢，喷药保护伤口，并将剪除的枝梢及时带出果园，烧毁、粉碎堆放沤制后施回果园，或短截整理后覆盖，以减少侵染源。在易发生冻害的地区和品种上，低温来临前需做好培土，树干刷白或稻草绑缚，树冠盖遮阳网，在干旱年份还需采取及时灌水等防寒保暖措施，寒潮过后，及时喷药保护伤口，以防病菌从伤口侵入，喷药时特别重视针对枝干的喷施。若有明显裂口可涂刷伤口保护剂（有效成分有甲基硫菌灵、抑霉唑、噻霉酮等），或将乳胶漆混合高于常规用药浓度10倍的70%甲基硫菌灵可湿性粉剂制成药液进行涂刷。涂白剂也可自制，配方为：生石灰5kg、石硫合剂原液0.5kg、食盐0.5kg、植物油0.1kg、水20kg，混合配制成涂白剂，冬夏两季，特别是晒裂和冻裂后进行枝干涂白，防冻防晒，保护树干，减少伤口，杜绝侵染。

合理修剪，避免过度修剪带来的枝干暴露从而易遭冻害和日灼，大枝修剪时，不留桩（丫杈）采用斜锯，保证锯口平整，锯后伤口涂抹保护剂进行保护，高接换种留下的伤口也要涂抹保护剂进行保护，或采用保鲜膜包扎，避免病菌从伤口侵入。修剪下来的枝梢需及时清除出果园。

合理施肥，开沟挖穴深施，控制合理的挂果量，及时采收，以维持合理的树势。

2. 刮治涂伤

有条件时，开春后及时检查果园，对刚发生柑橘树脂病的枝干，及时彻底刮除病组织，并在伤口涂抹保护剂进行保护。刮治涂伤需要在发病初期进行，此时病菌尚未深入木质部，操作容易，见效快。

3. 喷药保护

针对柑橘树脂病，喷药保护的最佳时期应该是受冻或晒裂及修剪后，喷药保护伤口，避免病菌的侵染。此外，生长期结合对果实叶梢病害的防治，喷布枝干，以杀灭部

分病斑上的病菌。

撰稿人：李红叶（浙江大学农业与生物技术学院）
　　　　肖小娥（浙江大学农业与生物技术学院）
审稿人：周常勇（西南大学柑桔研究所）
　　　　周　彦（西南大学柑桔研究所）

第十一节　柑橘灰霉病

一、诊断识别

（一）为害症状

柑橘灰霉病（citrus gray mold）也称葡萄孢诱导的果面伤（*Botrytis*-induced injury），是由灰葡萄孢（*Botrytis cinerea*）引起的真菌性病害（朱丽等，2012）。灰葡萄孢的分布和寄主范围非常广泛，在长期潮湿和低温环境下，可为害柑橘的花、果、枝梢和叶片等部位，引起腐烂，但以为害花瓣，引起花瓣腐烂，腐烂花瓣黏附幼果而引起果皮损伤从而引起落果或果面疤痕，影响果实外观品质带来的损失最大。灰葡萄孢诱导的果面伤在柠檬上比较常见（Fullerton et al.，1999；王自然等，2021a）。开花期间如遇连续阴雨天，被灰葡萄孢侵染的花瓣初生水渍状褐色小点，随着病情的发展病斑逐渐扩大，导致整个花瓣变褐色、腐烂，长满灰黄色霉层（分生孢子和分生孢子梗）（图2-20A）。发病的花瓣不易脱落，与幼果紧贴，其菌丝也转向为害幼果，致使幼果产生水渍状凹陷的斑点，发病严重的幼果很快脱落。随着气温的回升，不落的幼果病斑部位细胞出现木栓化，形成褐色、不规则凸起斑点或斑块（图2-20B和C），这些斑块局限于表皮，不深入果皮内部，随着果实膨大而增大，形成所谓的"花斑果"（朱丽等，2012；李文宝等，2019；王自然等，2021a）。通常，花斑果的内在品质不受影响，但外观品质和销售价格显著下降。成熟果实受害产生褐色水渍状腐烂，表面着生灰色霉层，失水后干枯变硬，会引发柑橘大量落果；枝梢受害后常枯萎、凋零；叶片上的病斑遇潮湿天气呈水渍状、软腐状，干燥后呈淡褐色半透明状。

（二）病原特征

柑橘灰霉病病原菌灰葡萄孢隶属于子囊菌门（Ascomycota）锤舌菌纲（Leotiomycetes）柔膜菌目（Helotiales）核盘菌科（Sclerotiniaceae）。灰葡萄孢属于死体营养型病菌，分布广，为害物种范围大（Choquer et al.，2007；朱丽等，2012）。灰葡萄孢可以产生大量的灰色菌丝体和长形有分枝的分生孢子梗。分生孢子梗顶生膨大呈头状的产孢细胞，上面着生卵形分生孢子，单胞成簇，多无色或灰色；分生孢子梗和成熟的分生孢子类似串珠状葡萄穗。适温潮湿有利于分生孢子的形成、释放和萌发侵入。灰葡萄孢通常可以产生黑色、坚硬、扁平和不规则形的菌核。

图 2-20　柑橘灰霉病为害症状（朱丽　拍摄）

A：发病花瓣包裹着幼果，表皮密生灰褐色霉层；B～D：受害果皮出现木栓化凸起

二、分布为害

灰葡萄孢属于死体营养型病菌，分布广，寄主多。柑橘灰霉病在各地果园中时有报道，特别是在花期遇到长时间的低温潮湿天气，或者在比较封闭的果园，花瓣感染灰葡萄孢发生病害的概率就会增大。

三、流行规律

灰葡萄孢以菌核、分生孢子或菌丝体在土壤中或者病株上越冬、越夏；灰葡萄孢可以耐受低温，7～20℃均可以产生大量的分生孢子，主要通过气流传播；第二年春季条件适宜时，如果温度为 20～30℃，相对湿度超过 90%，或者花瓣表面覆盖水膜，则极易发病；柑橘花期，如果天气晴朗干燥，则发病较轻或不发病；如果遇到寒流，连日低温阴雨，果园通风不良，土壤黏重，枝叶过密，湿气较重，则容易引起病害的发生和流行。同时管理比较粗放，施肥不足，果树机械损伤、虫害多的果园发病也较重。该病害有两个明显的发病期：第一次在 4 月上中旬至 5 月上旬（开花前至幼果期），主要为害花及幼果，造成大量落花、落果；第二次在果实开始着色至成熟期，遇到合适天气也容易出现灰霉病害（图 2-21）。

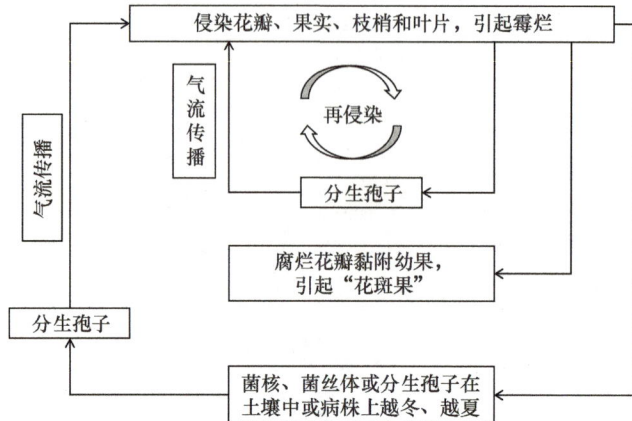

图 2-21　柑橘灰霉病病原菌侵染循环示意图

四、防控技术

1. 农业防治

做好果园的科学管理工作是防治柑橘灰霉病的基础。合理密植、合理修剪，连续阴雨时，及时做好果园开沟排水工作，确保果园和树冠内的通风透光，便于雨后水汽能够及时蒸发。谢花期，择时摇动树枝，促使花瓣脱落，以减少花瓣黏附果实而诱发果面伤。

2. 化学防治

在冬季清理果园时结合其他病害的防治，可以喷施石硫合剂等药剂进行清园，以减少初侵染源。一般年份，在花露白后、开放前喷施 1 次，谢花期再喷施 1 次进行防治。可选用的药剂：25% 嘧菌酯悬浮剂 1500 倍液（黄振东等，2011b）、70% 代森锰锌可湿性粉剂 600 倍液、50% 啶酰菌胺水分散粒剂 1200～1500 倍液、20% 噻菌铜悬浮剂 500 倍液、2.5% 腈菌唑乳油 1000 倍液、45% 咪鲜胺乳油 1500 倍液等（陈国庆等，2014；王自然等，2021b）。

撰稿人：李红叶（浙江大学农业生物技术学院）
　　　　焦　晨（浙江大学农业生物技术学院）
审稿人：周　彦（西南大学柑桔研究所）

第十二节　柑橘脂点黄斑病

一、诊断识别

（一）为害症状

柑橘脂点黄斑病（citrus greasy and yellow spot）也称脂斑病（greasy spot）或黄斑病（yellow spot），主要是由多种平脐疣孢（*Zasmidium* spp.）引起的真菌病害，主要为害柑橘的叶片和果实，有时也为害枝梢。病害会引起落叶，削弱树势，影响果实膨大，降低产量和品质，严重时可引起整株树的死亡（张凤如和殷恭毅，1987）。症状通常在侵染后3～4个月出现，因柑橘种类的抗病性和侵染时期不同而表现出多样性。对于高度敏感的品种，如柠檬（*Citrus limon*）和粗柠檬（*C. jambhiri*）的常见症状为扩展状黄斑；而抗性较强的品种，如葡萄柚（*C. paradisi*）、宽皮柑橘（*C. reticulata*）、甜橙（*C. sinensis*），则通常表现为凸起状黑褐色脂斑（Mondal and Timmer，2006）。根据症状特征不同，可分成脂点黄斑型、褐色小圆星型和混合型。①脂点黄斑型：叶背产生针头大小的褪绿小点，对光透视呈半透明状，随后斑点凸起，形成淡黄色疱疹状的小粒点，随着菌丝在叶片组织内扩展，细胞肿胀开裂，颜色逐渐由黄色变成棕褐色至黑褐色，形成边缘呈油渍状的油脂状病斑。相应的叶片区域褪绿，呈现边界不清的黄色斑驳，后期还会形成褐色至黑褐色疱疹状的凸起斑点。②褐色小圆星型：初期叶片表面出现赤褐色细小的近圆形斑点，后扩展成直径1～3mm的圆形或近圆形病斑。病斑中央呈灰褐色，逐渐变为灰白色，凹陷，边缘则红褐色隆起。在潮湿条件下，病斑中央可见茸毛状小粒点。褐色小圆星型常见于秋梢叶片。③混合型：在同一叶片上同时发生脂点黄斑型和褐色小圆星型。混合型多见于夏梢叶片（图2-22）。

图 2-22　柑橘脂点黄斑病为害症状（焦晨　拍摄）
砂糖橘上的脂点黄斑型（A：叶面，B：叶背）；沙田柚叶背上的褐色小圆星型（C）

果实受感染后，病菌通过皮孔侵入，一般在侵染后3～6个月出现不同的症状，常见的有黄斑型和脂斑型。①黄斑型：在7～8月即可出现黄色、大小不等、边界不清的斑块，随果实发育逐渐加深，严重时多个病斑融合成大斑。采收储藏后，病斑逐渐变成淡紫色，最终变为褐色并凹陷。②脂斑型：最初出现在果实表皮的油腺之间，呈针头状，紫色，随后扩大成小褐色斑点，多个斑点融合形成不规则油腻微凸的斑块。有时，脂斑周围的植物细胞保持绿色的时间相比其他细胞更长，即使使用乙烯处理也无法使其脱绿。

（二）病原特征

近年来，随着柑橘脂点黄斑病研究的深入，许多尾孢菌（cercosporoid）相继从病斑中分离出来（Huang et al.，2015b；Abdelfattah et al.，2017；Aguilera-Cogley et al.，2017）。然而，目前为止，只有柑橘灰色平脐疣孢（*Z. citri-griseum*）经过科赫法则的验证，并被确定为柑橘脂点黄斑病的病原菌（Fisher，1961；张凤如和殷恭毅，1987；Aguilera-Cogley et al.，2017）。

柑橘灰色平脐疣孢隶属于子囊菌门（Ascomycota）座囊菌纲（Dothideomycetes）球腔菌目（Mycosphaerellales）球腔菌科（Mycosphaerellaceae）。病菌为异宗配合，子囊孢子是病害的主要侵染源，假囊壳产生于腐败的落叶中，并不产生于活体叶片病斑上。假囊壳丛生，近球形，黑褐色，具孔口，直径为65～86μm，高80～96μm。子囊呈倒棍棒状或长卵形，成束着生在子囊果基部，大小为31.2～33.8μm×4.7～6.0μm。子囊孢子呈双行排列于子囊内，双胞，无色，长卵形，一端钝圆，一端略尖，大小为10.4～15.6μm×2.6～3.4μm（Aguilera-Cogley et al.，2017）。分生孢子梗产生在由子囊孢子萌发的表生菌丝上，单生，直立，近圆柱形，直或微弯，分隔0～4个，初无色，后变淡黄褐色，顶部色浅或无色，顶端及亚顶端有孢子着生疤痕2～6个，梗大小为13.0～20.8μm×2.6～3.9μm，梗壁偶尔有微疣；分生孢子多数圆柱形，少数倒棍棒形，直或弯曲，无色至淡黄褐色，表面有瘤状凸起，分隔0～9个，多数单生，少数为2或3个链生，孢子基部有明显的脐，大小为13.0～52.0μm×2.3～2.9μm。柑橘灰色平脐疣孢生长缓慢，在PDA培养基上生长3周后形成直径约为2cm的深绿色菌落，其最适生长温度为26.8℃，假囊壳形成的最适温度为28℃。

Huang等（2015b）从中国的发病果实和叶片中还分离出其他3种平脐疣孢菌，分别为果生平脐疣孢（*Z. fructicola*）、果实平脐疣孢（*Z. fructigenum*）、印度尼西亚平脐疣孢（*Z. indonesianum*）。但该研究并未观察到上述3种平脐疣孢菌的有性态，也未能完成科赫法则的验证。Aguilera-Cogley等（2017）对巴拿马和西班牙的柑橘脂点黄斑病样品进行分析，发现仅有巴拿马的样品可以分离出柑橘灰色平脐疣孢，而西班牙的样品则并未分离到该菌株。病斑组织的扩增子测序结果也证明，柑橘灰色平脐疣孢并非意大利西西里柑橘脂点黄斑病的病原，丰度较高的属为柱隔孢属（*Ramularia*）、球腔菌属（*Mycosphaerella*）、壳针孢属（*Septoria*）（Abdelfattah et al.，2017）。这些结果说明柑橘脂点黄斑病的病原可能因地区而不同。

此外，在日本的甜橙和宽皮柑橘上还报道了一种症状类似脂斑、称之为拟脂点黄斑病的病害，其病原为一种掷孢酵母（*Sporobolomyces* sp.），可引起叶背气孔坏死，散布褐色细小疱疹状凸起斑点（Furuya et al.，2012）。

二、分布为害

（一）分布

柑橘脂点黄斑病最早于 1915 年在美国佛罗里达和古巴被发现，并呈现出全球性分布，至少影响了 14 个种植柑橘的国家和地区，包括美国、墨西哥、中国、日本、意大利、澳大利亚、南非等。在中国，柑橘脂点黄斑病在各个柑橘产区都有发生为害的记录（张凤如和殷恭毅，1987；Mondal and Timmer，2006）。

（二）为害

柑橘脂点黄斑病主要引起冬季和早春大量落叶，影响树势和果实膨大，从而影响产量。在佛罗里达有记录，柑橘脂点黄斑病造成甜橙减产 25%，葡萄柚减产 45%；在温暖潮湿的加勒比海和中美洲，其造成的危害更大。此外，发病果实的外观品质严重下降，影响其鲜销，在病害严重发生区甚至死树毁园。

三、流行规律

（一）侵染循环

病原菌在病叶或落叶上越冬，并在病叶腐败过程中形成假囊壳。在春、夏季遇到由降雨或灌溉等引起的干湿交替过程，子囊孢子会成熟并吸水膨胀，从假囊壳中弹射而出，借助风雨传播至叶片。在潮湿的环境条件下，子囊孢子在叶片上萌发形成附着胞，并从叶背的气孔侵入叶肉组织。病菌侵入前在叶片表面有一个很长的附生期，侵入的定植过程也非常缓慢，因此潜伏期长，通常需要经过 45～60 天后才会出现症状。叶片感染主要发生在夏季雨季，症状通常在秋季或冬季出现，冬季气温温暖有利于病害发展。在冬末春初，感病叶片容易过早脱落（Mondal and Timmer，2006）。

（二）流行因素

1. 品种抗性

不同柑橘品种对柑橘脂点黄斑病的抗病性具有显著差异。其中，柠檬和柚最感病，病斑往往呈黄色扩散状；葡萄柚次之，宽皮柑橘和甜橙较为抗病，病斑发展受到限制，呈黑褐色凸起状。

2. 树龄和抗性

在相同栽培条件下，老龄树发病重，幼龄树和成龄树发病轻。这主要是由于老龄树的抗病性较弱，且树龄长的果园往往病原菌的积累相对更多，更容易发生病害流行。

3. 气候条件

病菌最适生长温度为 25～30℃，假囊壳形成的最适温度为 28℃。同时，假囊壳的形成和子囊孢子的成熟需要多轮的干湿交替，成熟的子囊孢子也需要在高湿条件下萌发形成附着胞并侵染叶片。因此，适宜的温度和雨水、喷灌带来的高湿环境是病害发生的必要条件。1970 年，Whiteside 在美国佛罗里达州果园发现 6 月和 7 月是子囊孢子产生的高峰期。由于近年来频繁的浇灌措施（每周喷灌 2 或 3 次），加速了假囊壳和子囊孢子的成熟，佛罗里达州果园柑橘脂点黄斑病菌子囊孢子的释放高峰提前到 4 月和 5 月（Mondal and Timmer，2006）。在我国，尚未有关于柑橘脂点黄斑病菌子囊孢子释放动态的研究。

4. 栽培管理和害虫为害

管理粗放，肥水不足，不及时清理枯枝落叶，无施药保护措施，挂果量过大，树势太弱，是病害流行的重要原因。

害虫为害能够促进柑橘脂点黄斑病的发生。Thompson（1948）发现使用杀螨剂对螨害进行控制，可有效减少柑橘脂点黄斑病的发生。Whiteside（1974）的试验表明，喷施蔗糖等营养物质可以促进病菌在叶片表面的生长，进一步加重病害的发生。因此，可以推测来自蚜虫、粉虱、粉蚧等昆虫的蜜露可能为柑橘脂点黄斑病菌提供营养，从而促进病害的发生。

四、防控技术

1. 农业防治

春季发病严重的柑橘园，应及时清除病落叶，集中深埋或烧毁，以减少病菌对春梢和果实的侵染；对于秋季发病严重的果园，在采摘后结合翻耕施肥的时机，将病叶掩埋于土中，减少来年春梢的侵染源，从而减轻病害的发生。此外，地面撒施石灰有助于促进叶片腐烂，减少侵染源。施用尿素可产生氨气，杀死病菌，减少侵染源。同时，合理施肥增强树势和抗病性。多施有机肥，避免偏施氮肥。增施含铁、锌和锰元素的叶面肥，可减轻病害；有条件时，在冬季或早春结合施肥，翻耕土壤，以促进新根生长。合理密植和修剪，注意开沟排水，以保持果园和树冠内的通风透光，使雨后能及时排放湿气，创造不利于病菌孢子萌发的环境。加强对锈螨、蚜虫、粉虱等害螨（虫）的防治，对减轻该病害的发生具有重要作用。

2. 化学防治

病菌孢子萌发后并不立即侵入寄主组织，而是在叶背进行较长时间的附生生长，这为药剂防治提供了良好的条件。通常使用 1～3 次常规杀菌剂即可达到良好的防治效果。对于发病轻微的果园，可在 5 月下旬至 6 月中旬喷施 1 次药剂，以保护春梢；对于发病程度一般的果园，可在 7 月中旬再喷施 1 次；历年发病严重的果园，可在 8 月中旬再进行 1 次喷药。在喷洒药剂时，应尽量将其喷洒到叶背。有效药剂：75% 百菌清可湿性粉剂 800～1000 倍液，80% 代森锰锌可湿性粉剂 600～800 倍液，10% 苯醚甲环唑水分散粒剂 2000～2500 倍液，25% 吡唑醚菌酯悬浮剂 2500 倍液等。此外，矿物油对柑橘脂点黄斑病具有良好的防治效果，可以在配制好的药液中添加，浓度建议为 0.3%～0.5%。需要注意的是，避免高温干旱季节使用矿物油，以免发生药害。

撰稿人：李红叶（浙江大学农业与生物技术学院）
　　　　焦　晨（浙江大学农业与生物技术学院）
审稿人：周常勇（西南大学柑桔研究所）
　　　　周　彦（西南大学柑桔研究所）

第十三节　柑橘煤烟病

一、诊断识别

（一）为害症状

柑橘煤烟病（citrus sooty mold）又称煤病、煤污病或烟霉病。病菌在叶片、枝梢及果实表面形成似烟煤一样的菌丝层。最初在叶片、枝梢或果实表面出现灰黑色的小霉斑或暗褐色小霉点，之后扩大形成茸毛状黑色或暗褐色霉层（图 2-23，图 2-24），并散生黑色小点，即病菌的闭囊壳或分生孢子器。刺盾炱属（*Chaetothyrium*）的霉层似黑灰，多在叶面发生，煤层较厚，绒状，用手擦时可成片脱落；煤炱属（*Capnodium*）的煤层

图 2-23　柑橘煤烟病树体受害状（陈洪明　拍摄）

为黑色薄纸状，易剥离或在干燥条件下自然脱落；小煤炱属（*Meliola*）的霉层分布不均，呈放射状小煤斑，散生于叶片两面和果实表面，常有数十个至上百个小斑，其菌丝产生吸胞，牢牢附在寄主表面，不易剥落。严重发生时，全株大部分枝叶变成黑色，影响光合作用，树势下降，开花少，果品差。

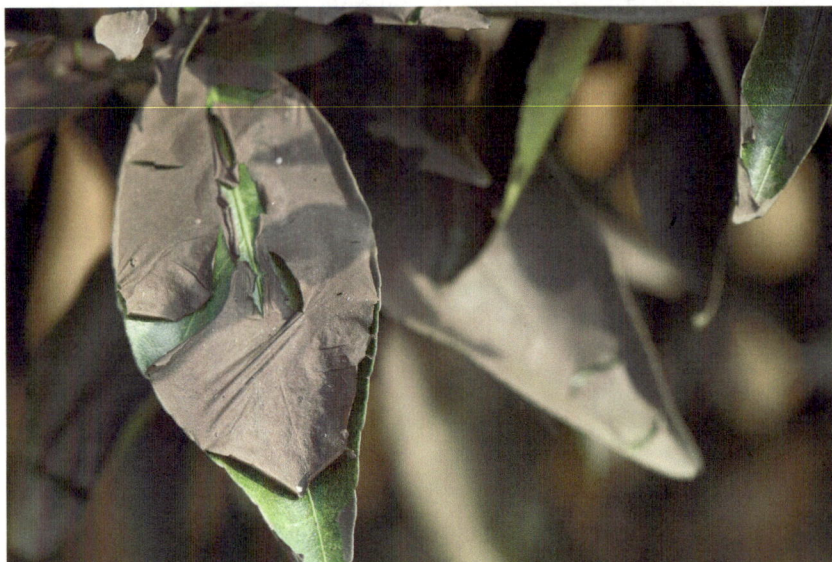

图 2-24　柑橘煤烟病叶片受害状（周彦　拍摄）

（二）病原特征

柑橘煤烟病病原菌种类多达 10 余种，形态各异，主要有柑橘煤炱（*Capnodium citri*）、刺盾炱（*C. spinigerum*）、巴特勒小煤炱（*Meliola butleri*）3 种。菌丝体均为暗褐色。有 1 个或多个分隔，具横隔膜或纵横隔膜，闭囊壳有柄或无柄，闭囊壳壁外有附属丝或无附属丝，具刚毛。

中国常见的柑橘煤烟病病原菌有巴特勒小煤炱、山茶小煤炱（*Meliola camelliae*）、柑橘煤炱、烟色煤炱（*Capnodium fuliginodes*）、田中煤炱（*Capnodium tanakae*）、爪哇刺煤炱（*Chaetothyrium javanicum*）、沃尔特盾炱（*Capnodium walteri*）（肖倩莼等，2000；金方伦和周光萍，2009）。

巴特勒小煤炱的菌丝体呈褐色，厚壁，有规则地分枝。有隔菌丝具附着枝，附着枝一般由 2 个细胞组成，顶端细胞膨大，紧贴寄主上，并产生侵入丝侵入寄主细胞，产生吸器。闭囊壳在菌丝体上表生，球形，直径为 130～160μm，暗色，由 2 层或多层厚壁、比较大的细胞组成，无孔口，上部有黑色刚毛数根，下部有菌丝体相连。子囊椭圆形或卵形，蒂端略弯，壁易消解，大小为 50～66μm×30～50μm。子囊孢子 2 或 3 个，长圆形至圆筒形，有 4 个横隔，大小为 35～42μm×14～18μm。

柑橘煤炱的菌丝体为丝状、暗褐色，有分枝，以蚧类、粉虱和蚜虫分泌物为生。先由菌丝缢缩成念珠状，后彼此分割形成褐色、表面光滑、大小为 10～20μm×7～9μm 的分生孢子。分生孢子器筒形或棍棒形，群生于菌丝丛中，顶端圆形，膨大，暗褐色，大小为 300～355μm×20～30μm，其膨大部内生分生孢子，成熟后自裂口处逸出。分生孢子椭圆形或卵圆形，单胞，无色，大小为 3.0～6.0μm×1.5～2.0μm。子囊壳球形或扁球形，直径为 110～150μm，壳壁膜质，暗褐色，顶端有孔口，表面生刚毛。子囊长卵形或棍棒形，大小为 60～80μm×12～20μm，内生 8 个子囊孢子，双列。子囊孢子褐色，长椭圆形，砖格状，具纵横隔膜，大小为 20.0～25.0μm×6.0～8.0μm。

刺盾炱的菌丝体为念珠状、外生、暗褐色，有分枝，孢子多型。分生孢子器筒形或棍棒形，群生于菌丝丛中，顶端圆形，膨大，暗褐色，大小为 136.9～335.0μm×25.9～45.5μm，其膨大部内生分生孢子，成熟后自裂口处逸出。分生孢子椭圆形或卵圆形，单胞，无色。子囊壳球形或扁球形，直径为 143.0～214.5μm，壳壁膜质，暗褐色，表面生刚毛。子囊长卵形或棍棒形，大小为 42.9～85.8μm×14.3～22.2μm，内生 8 个子囊孢子，双行排列。子囊孢子无色，长椭圆形，两端略细，具 3 个横隔，大小为 7.4～18.5μm×3.7～6.0μm。

二、分布为害

（一）分布

柑橘煤烟病在世界上分布较广，在北美、欧洲、澳大利亚、东南亚、毛里求斯、夏威夷、南非、留尼汪岛、巴基斯坦、印度都有报道。在中国柑橘产区也普遍发生。

（二）为害

柑橘煤烟病在柑橘枝叶和果实表面覆盖一薄层暗褐色或稍带灰色的霉层（图 2-23），严重阻碍柑橘树的光合作用，导致树势衰退。严重受害时，植株开花少，果实小，品质下降。

三、流行规律

（一）侵染循环

柑橘煤烟病菌以菌丝体、子囊壳或分生孢子器在病部或病落叶上越冬。第二年春季，萌发出的子囊孢子或分生孢子随风雨或昆虫进行传播，散落在粉虱、介壳虫或蚜虫等害虫的分泌物上，以此为营养，进行繁殖发展，引起发病。

（二）传播规律

柑橘煤烟病全年都可发生，5～9 月发病最严重。介壳虫、蚜虫、粉虱等害虫分泌的"蜜露"是诱发柑橘煤烟病的先决条件。粉虱、介壳虫、蚜虫防治不力的柑橘园，柑橘煤烟病发生严重。种植过密、通风不良、荫蔽潮湿及管理不善的柑橘园发病重。

四、防控技术

农业防治是基础，化学防治是关键，采取先治虫、后防病的防治策略。

1. 加强田间管理

对柑橘树进行适当修剪，促进通风透光。合理施肥，切忌多施用氮肥。施用有机肥，提高植株抗病能力。

2. 切断病原传播途径

柑橘收获后及时清理、销毁病残体，切断其越冬病原和媒介昆虫，减少发病率。

3. 化学防治

在落花后 1 个月内，每隔 10～15 天喷药 1 次，重点防治介壳虫、蚜虫、粉虱等刺吸式口器害虫。可用 95% 机油乳剂 200～300 倍液，或 99% 矿物油 200～300 倍液、松脂合剂 8～10 倍液、80% 代森锰锌可湿性粉剂 600 倍液进行防治。已经发生柑橘煤烟病的果园，可在冬春清园期喷施 50% 福·异菌可湿性粉剂 800 倍液、40% 克菌丹可湿性粉剂 400 倍液、0.5∶1∶100 的波尔多液、70% 甲基硫菌灵可湿性粉剂 600～800 倍液。

撰稿人：唐科志（西南大学柑桔研究所）
审稿人：周　彦（西南大学柑桔研究所）
　　　　周常勇（西南大学柑桔研究所）

第十四节　柑橘白粉病

一、诊断识别

（一）为害症状

柑橘白粉病（citrus powdery mildew）主要为害嫩叶、嫩梢，以及幼果，引起落叶、落果及新梢枯死，受害部位覆盖一层白粉，故称白粉病。嫩叶受害后，正反两面呈白色霉斑，大多近圆形，外观疏松，由中心向外扩展，霉层下的叶片组织最初呈水浸状，较正常叶色略深，以后逐渐失绿呈黄斑，严重时病斑扩大到整个叶表以致叶片枯萎。叶片老化后，白色霉层转为浅褐色，叶片扭曲畸形。嫩梢发病后逐渐扩展到整个枝条，布满白粉，新叶生长受到抑制，不能展开，严重时嫩梢顶端畸形，并逐渐萎蔫枯死。幼果受害后白色霉层逐渐扩展到整个果实。病果小、味酸，失去食用价值，严重时脱落（图 2-25）。

（二）病原特征

病原菌有性态为柑橘纤粉孢（*Fibroidium tingitaninum*），隶属于子囊菌门（Ascomycota）锤舌菌纲（Leotiomycetes）柔膜菌目（Helotiales）纤粉孢属（*Fibroidium*）（郑放等，2022）。无性态为半知菌亚门（Deuteromycotina）粉孢属（*Oidium*）的柑橘粉孢菌，主要以分生孢子扩散蔓延。

图 2-25　柑橘白粉病为害症状（蒋元晖和冉春　拍摄）

病原菌菌丝表生于叶片或嫩枝，成熟后产生大量分生孢子。分生孢子梗褐色，2 或 3 个隔膜，大小为 32.5～50.0μm×5.0～7.0μm，顶端着生分生孢子。分生孢子长椭圆形或桶形，大小为 42.5～22.5μm×20.0～12.5μm，单胞，链生。分生孢子萌发芽管单边侧生、无二叉分枝，分生孢子生长后产生吸器。

二、分布为害

（一）分布

柑橘白粉病在美国、印度、斯里兰卡、越南、菲律宾和中国有发生。中国主要分布于华南和西南柑橘产区，在福建、云南、四川等低山温凉多雨区发生严重，广西局部地区砂糖橘受害较重。

（二）为害

柑橘白粉病主要为害成年树的幼嫩枝叶和幼果，严重时引起大量落叶、落花、落果，枝条干枯，影响树体生长，降低产量。在云南建水和福建永春、闽侯一带，夏梢受害后凋萎枯死，使树冠骨干枝无法形成，是该地区柑橘上危害最严重的病害。

三、流行规律

（一）侵染循环

病菌以菌丝体在病部越冬，第二年 4～5 月春梢抽长期产生分生孢子，借助风雨飞溅传播，在水滴中萌发侵染。菌丝侵入幼叶及幼果，外菌丝扩展、为害并产生分生孢子。春、夏、秋 3 次抽梢期都可受害。雨季或潮湿气候下病害易流行。

（二）传播规律

柑橘白粉病可为害多个柑橘栽培品种，其中，以椪柑、红橘、四季橘、甜橙、酸橙，以及葡萄柚受害较重，温州蜜柑发病较轻，金柑未见发病，白柚及文旦柚较为抗病。

分生孢子适合低温生长，15～20℃时萌发率最高，低于10℃以及高于30℃时分生孢子萌发受到抑制。适合孢子萌发的相对湿度为85%～100%，相对湿度95%时萌发率最高。因此，低温及高湿的季节适合柑橘白粉病的发生。病菌分生孢子借助气流传播，病源下风方向的果园发病较为严重。潮湿条件下柑橘白粉病容易发生，在雨季之后常猖獗流行。柑橘白粉病的发病适温为18～23℃。该病于5月上旬开始发生，树冠中央徒长嫩枝首先发病，随后夏梢及幼果陆续染病。我国多数地区在6月中下旬达到发病高峰。在云南建水一带整年均可发生，四川主要在夏、秋季发生。山地果园种植在北坡的植株比南坡发病严重。偏施氮肥、种植过密、树冠郁蔽、阴湿果园发病较重。幼果、植株下部及内部枝梢最易染病。

四、防控技术

1. 农业防治

增施磷、钾肥和有机质肥料，控制氮肥用量，做好干旱季节灌水和雨季排水，使梢、叶、果健壮，以增强树势，提高抗病力。合理修剪，使树冠通风透光。结合冬季修剪，及时剪除病枝、病叶和病果。其他季节剪除受害徒长枝，并集中销毁。

2. 化学防治

冬季喷施 2°Bé 石硫合剂清园，春季柑橘萌芽期喷施 0.5～0.8°Bé 石硫合剂预防。在发病初期喷施 25% 粉锈宁可湿性粉剂 1500～2000 倍液或 40% 达科宁可湿性粉剂 600 倍液后，再隔半个月喷施 1 次，防治效果良好。此外，还可选用 70% 甲基托布津可湿性粉剂 1000 倍液等。

撰稿人：唐科志（西南大学柑桔研究所）
审稿人：周　彦（西南大学柑桔研究所）
　　　　周常勇（西南大学柑桔研究所）

第十五节　柑橘立枯病

一、诊断识别

（一）为害症状

柑橘立枯病在田间常见 3 种症状。

1.典型的青枯症状

病苗靠近土表的基部缢缩、褐变，以及腐烂，叶片凋萎不落，形成青枯病株，该症状的发生率最高，占73.2%。

2.枯顶

幼苗顶部叶片染病，产生圆形或不定形淡褐色病斑，并迅速蔓延，至叶片枯死，形成枯顶病株，此症状的发生率占15.5%。

3.芽腐

感染刚出土或尚未出土的幼苗，使病芽在土中变褐腐烂，形成芽腐，此症状的发生率占11.3%（图2-26）。

图2-26 柑橘立枯病为害症状（李太盛 拍摄）

（二）病原特征

柑橘立枯病的主要病原菌是担子菌门（Basidiomycota）伞菌纲（Agaricomycetes）丝核菌属（*Rhizoctonia*）立枯丝核菌（*R. solani*）。另有报道，子囊菌门（Ascomycota）链格孢属（*Alternaria*）互隔链格孢（*A. alternata*）也可引起苗期立枯病（郑放等，2022）。立枯丝核菌在PDA培养基平板上的菌丝初期无色，后变褐色，直径为12～14μm。菌丝有横隔，往往形成直角分枝，分枝基部略缢缩。老菌丝常呈一连串的桶形细胞，桶形细胞的菌丝最后交织成菌核。菌核无定形，大小不一，直径为0.5～10.0mm，浅褐色、棕褐色至黑褐色。菌丝能抵抗不良的环境条件。

二、分布为害

（一）分布

柑橘立枯病是柑橘幼苗期的重要病害，几乎遍及全世界柑橘产区，在我国柑橘产区普遍发生。

（二）为害

主要引起种子在播种、出苗过程中大量感病而死亡。

三、流行规律

（一）侵染循环

立枯丝核菌主要以菌核及菌丝体在土壤中或病残体上越冬。当环境条件适宜时，菌丝体侵染寄主幼苗，形成发病中心，不断蔓延，进行再侵染。

（二）流行因素

1. 柑橘种类抗病性

不同种类的柑橘幼苗对柑橘立枯病的抗病性存在差异。柚、枳，以及枸头橙的抗病性较强；酸橘、红橘、摩洛哥酸橙、粗柠檬、香橙、金柑、甜橙、柠檬均感病。此外，病情有随苗龄增长而减弱的趋势，一般柑橘幼苗出土呈现 1 或 2 片真叶时开始发病，当苗龄 60 天以上时，不易感病。

2. 气候条件

高温多湿是柑橘立枯病发生的基本条件，一般在 5～6 月大雨或绵雨之后突然晴天，容易造成柑橘立枯病的大发生。

3. 土壤性质

土质黏重，排水不良，透气性差，有利于柑橘立枯病的发生。

四、防控技术

1. 设施育苗

柑橘立枯病传播范围有限。优先推荐使用温网室等设施育苗，在人工可控制温湿度环境下进行育苗工作，推广无菌土营养袋、营养钵育苗等技术，可大大降低该病害的发生和为害。

2. 苗圃地选择

若条件有限，必须选择露地进行育苗工作，则选择地势高、排灌方便、土质疏松的肥沃砂壤土育苗。在土质黏重的苗圃地，应事先掺砂改土，精细整地，雨后及时松土。在苗床打垄整床时，将筛过的腐殖土均匀地混拌在苗床 15cm 表土层中。苗圃地采用旱–旱轮作或水–旱轮作，也可采用不同种类作物轮作。

3. 土壤消毒

播种前 20 天整地后用 95% 棉隆粉剂，以每平方米 30～50g 的用药量，混合适量细土，均匀撒于土面，与土壤翻拌均匀后泼水、踏实，封闭 20 天后再松土，以备播种。也可采用 40% 甲醛 200 倍液、15% 噁霉灵水剂 800 倍液、70% 丙森锌可湿性粉剂 600 倍液、25% 咪鲜胺乳油 500 倍液、80% 代森锰锌可湿性粉剂 500 倍液等药剂，稀释喷淋土壤，都能有效预防播种期间的立枯病。

4. 药剂防治

当幼苗长出 3 片真叶时，可喷施 70% 敌磺钠（敌克松）可溶粉剂 500 倍液或 50% 多菌灵可湿性粉剂 500 倍液进行预防性防治，每周 1 次，连续 3 次。发病期间，减少喷药间隔时间，每隔 5 天喷施 1 次，连续喷施 3 次，注意药物的交替使用。当发生柑橘立枯病时，将病株拔除，并将病株周围 50cm 左右的土壤清理出去，用药对周围其余苗木进行灌根，灌根深度达 10cm，以杀灭根部立枯病菌，灌药浓度要适当提高，以防柑橘立枯病蔓延。由于敌磺钠在日光下易分解，喷药时间最好选在阴天或傍晚。

撰稿人：李太盛（西南大学柑桔研究所）
审稿人：周　彦（西南大学柑桔研究所）
　　　　周常勇（西南大学柑桔研究所）

第十六节　柑橘衰退病

一、诊断识别

（一）为害症状

柑橘衰退病（citrus tristeza disease）由柑橘衰退病毒（*Citrus tristeza virus*，CTV）侵染柑橘引起。柑橘衰退病在我国田间主要分为以下两种类型：①速衰型衰退病，发生在以酸橙、香橼作砧木的柑橘上，引起植株凋萎，新梢停止生长，叶片干枯，逐渐脱落，果小，结果多，植株逐渐衰退。中国因不使用或少使用酸橙、香橼砧木，速衰型衰退病发生极少。②茎陷点型衰退病，该病害与使用的砧木品种无关，主要发生于莱檬、葡萄柚、橘橙（沃柑、不知火等）、香橙、大部分柚类（琯溪蜜柚、凤凰柚等），以及某些敏感的甜橙（锦橙、纽荷尔脐橙等）品种上。病株木质部表面出现棱形、黄褐色大小不等的陷点，导致枝条易折断、植株矮化、树势减弱、果实变小、品质降低。某些 CTV 强毒株已对我国某些柚、甜橙、杂柑的生产构成障碍（图 2-27）。

图 2-27　柑橘茎陷点型衰退病为害症状

A：柑橘衰退病引起的枝条充胶易折断（周常勇　拍摄）；B：纽荷尔脐橙枝条上的茎陷点症状（周彦　拍摄）；C：伦晚脐橙枝条上的茎陷点症状（周彦　拍摄）；D：赣南早脐橙枝条上的茎陷点症状（周彦　拍摄）；E：沃柑枝条上的茎陷点症状（周彦　拍摄）

（二）病原特征

CTV 为长线形病毒属（*Closterovirus*）成员，病毒颗粒细长弯曲，包装于 2000nm×11nm 螺旋对称的线形病毒粒体中，螺距为 315～317nm，每圈螺旋由 815～1010 个蛋白亚基构成。病毒基因组是由 19 296 个核苷酸构成的正义单链 RNA 链（+ssRNA），是目前已知基因组最大的植物病毒（Karasev et al.，1995）。CTV 分离株在 3′ 端具有较高的同源性（大于 97%）。虽然 CTV 分离株在 5′ 端的同源性不足 70%，但是几乎所有的 CTV 分离株在其核苷酸的二级结构上表现出了较高的保守性，并且在 CTV 核苷酸二级结构上出现的非补偿性突变往往伴随着致死突变的出现（Ruiz-Ruiz et al.，2006）（图 2-28）。

CTV 的基因组含有 12 个开放阅读框（open reading frame，ORF），能够编码 17 种分子量为 6～401kDa 的蛋白。与长线形病毒科的其他成员一样，CTV 也具有两种外壳蛋白（CP 和 CPm）。其中，CP 约占总外壳蛋白的 97%，包裹着病毒的大部分区域；CPm

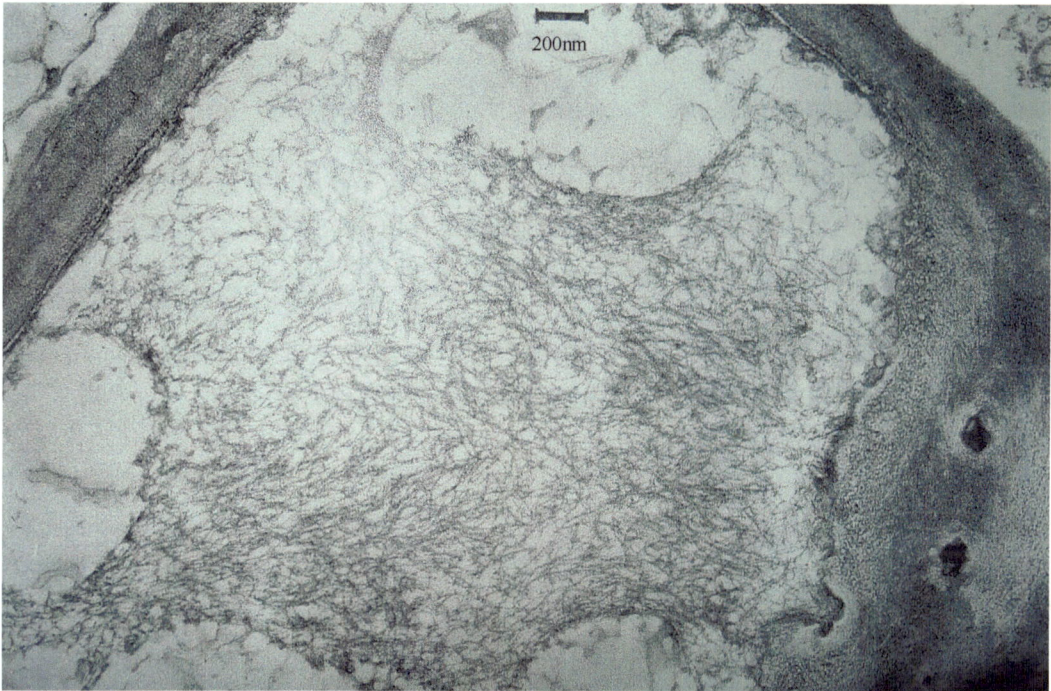

图 2-28　柑橘衰退病毒在细胞中的分布（周常勇　拍摄）

仅包裹病毒的 5′ 端，参与了病毒与褐色橘蚜食窦表皮的结合（Febres et al.，1996）。在 CTV 颗粒的组装和移动过程中，除 CP 外，还需要 p6、p65 和 p61 蛋白的参与（Tatineni et al.，2010）。p61 和 p65 蛋白也与 CTV 的蚜传能力有关。在 CTV 3′ 端的 ORF 中，p20 与内含体的形成有关（Gowda et al.，2000）。p23 编码的 RNA 结合蛋白调控 CTV 复制过程中正义链和负义链 RNA 的比例，并与苗黄型症状的产生，以及病毒与寄主的互作有关（Albiach-Martí et al.，2010）。p23、p25，以及 p20 蛋白还可以抑制本生烟中的基因沉默（Lu et al.，2004）。*p33*、*p18*、*p13* 基因是决定 CTV 能否系统侵染柠檬、葡萄柚、克里曼丁橘等柑橘品种的关键因素（Tatineni et al.，2011）。近年来的研究还发现，p33 蛋白与交叉保护现象有关，且具有效应子的功能，可诱导寄主活性氧的积累，以及细胞程序性死亡等的防御反应（Bergua et al.，2014；Sun and Folimonova，2019）。p20（S^{107} 变为 G^{107}）和 p25（G^{36} 变为 D^{36}）上单个氨基酸的突变可加快病毒在本生烟上的侵染，在 p65（N^{118} 变为 S^{118}，S^{158} 变为 L^{158}）上两个氨基酸的突变可进一步提高 CTV 系统侵染大翼莱檬的能力（Chen et al.，2021）。

在 CTV 复制过程中，除了 5′ 端的基因可被直接翻译，3′ 端 10 个基因的合成都需要有相同 3′ 端的亚基因组 RNA（sgRNA）作为 mRNA 的参与，并且越靠近 3′ 端，基因的表达量越相应增加，但 *p25* 的表达量高于更靠近 3′ 端的 *p13* 和 *p18*。此外，3′ 端基因的表达量还受转录起始位点+1 移码、基因上游调控元件的种类，以及基因上游是否存在非翻译区（NTR）等因素的影响（Folimonova，2020）。

二、分布为害

（一）分布

柑橘衰退病在世界各地分布十分广泛，超过 60 个国家和地区有该病害发生的报道，几乎覆盖了世界上所有的柑橘产区。美国、巴西、委内瑞拉、塞浦路斯等国以速衰型衰退病的发生为主，在澳大利亚、南非、西班牙、以色列等国以茎陷点型衰退病的发生为主（Catara et al.，2021）。柑橘衰退病在中国的分布极其广泛，由于长期使用枳、酸橘、红橘、红橡檬、枸头橙等抗病或耐病砧木，并且主要种植耐病的宽皮柑橘，所以速衰型衰退病仅在中国云南宾川、建水等局部地区因使用香橼砧木而有过发生（周常勇，1997）。茎陷点型衰退病是中国柑橘产业面临的主要问题，曾在四川、重庆等地危害严重（周常勇，1997；周常勇和杨育龙，1998）。20 世纪 80 年代末，随着中国柑橘产业结构调整力度的加大，以及 21 世纪以来实施的柑橘产业优势区域规划，柚类、橘橙和甜橙的比例得到较大幅度的提高，导致中国江西、湖南、广西、云南等地脐橙、橘橙、柚类上茎陷点型衰退病为害加剧（周常勇等，2013；张兴铠等，2022）。

（二）为害

柑橘属（*Citrus*）、枳属（*Poncirus*）、金柑属（*Fortunella*）以及芸香科柑橘近缘属木橘属（*Aegle*）、拟硬皮橘属（*Aeglopsis*）、*Afraegle*、酒饼簕属（*Atalantia*）、樱桃橘属（*Citropsis*）、黄皮属（*Clausena*）、沙橘属（*Eremocitrus*）、*Hespertusa*、美莉橘属（*Merrillia*）、指橘属（*Microcitrus*）、单叶藤橘属（*Pamburus*）、榆橘属（*Pleiospermium*）、菲律宾木橘属（*Swinglea*）的部分植物是 CTV 的自然寄主（Bar-Joseph et al.，1989）。在实验室条件下，CTV 还可侵染本生烟和西番莲属（*Passiflora*）的某些种（Bar-Joseph et al.，1989；Ambrós et al.，2011）。速衰型衰退病发病后，植株逐渐衰退、凋萎，甚至死亡。茎陷点型衰退病发病后，果实变小、品质变劣，以及产果期大幅缩短。20 世纪 30 年代至今，衰退病在世界范围内至少毁灭了 1 亿株柑橘树，至今仍严重威胁着世界上以酸橙作砧木的柑橘，以及对茎陷点型衰退病敏感的柚类、葡萄柚、橘橙和某些甜橙的安全生产（Catara et al.，2021）。

三、流行规律

（一）传播规律

柑橘衰退病主要通过带病苗木、嫁接和多种蚜虫进行传播，汁液摩擦接种的成功率很低（Bar-Joseph et al.，1989）。此外，在实验室条件下，CTV 还可以通过两种菟丝子（*Cuscuta subinclusa* 和 *C. americana*）进行传播（Bar-Joseph et al.，1989）（图 2-29）。

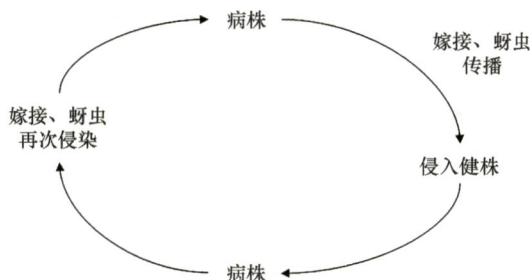

图 2-29　柑橘衰退病毒侵染循环示意图

（二）流行因素

1. 品种敏感性和毒株致病力

柑橘不同品种间感病性差异明显，品种感病性和毒株的致病力是决定衰退病流行范围和程度的基本条件。枳及其杂种，金柑和粗柠檬的抗性强。大多数柠檬和宽皮柑橘比较耐病；脐橙、伊予柑和夏橙等比较感病；酸橙、琯溪蜜柚、葡萄柚、佩拉甜橙、墨西哥莱檬及橘橙等对柑橘衰退病高度敏感。

2. 媒介昆虫

多种蚜虫以非循环型半持久方式传播柑橘衰退病。其中，褐色橘蚜（*Aphis citricida*）的传毒能力最强，可有效传播 CTV 的多个株系；棉蚜（*A. gossypii*）和绣线菊蚜（*A. spiraecola*）的传毒能力较弱，但因其在田间的发生量大，因此也是柑橘衰退病的重要传播媒介；豆蚜（*A. craccivora*）、橘二叉蚜（*A. aurantii*）和桃蚜（*Myzus persicae*）也可传病，但其传播能力很弱（Bar-Joseph et al.，1989）。通常蚜虫在病株上取食 30min 后就可以获毒，并具有传毒能力；随着取食时间的延长，蚜虫的传毒能力也随之增加，取食24h 时，达到最大传毒能力；但获毒前对蚜虫进行饥饿处理，不能增加其传毒能力；获毒蚜虫在健康植株上取食 24h 后就丧失了传毒能力（Bar-Joseph et al.，1989）。蚜虫的传毒能力与蚜虫的地理分布无关，蚜虫的发育阶段、虫口数目，毒源植物和接种植物的种类，环境条件，以及虫体中的病毒含量等都会影响蚜虫的传毒效率（Broadbent et al.，1996；Liu et al.，2019）。

3. 环境条件

环境条件不仅影响蚜虫的发生与传毒，而且影响病害的潜育期。通常高温、高湿不利于柑橘衰退病的发生与传播，气候凉爽更有利于病害流行。

四、防控技术

1）采用枳、枳橙等抗病或耐病品种代替酸橙、香橼作砧木防治速衰型衰退病。
2）使用无病苗木并通过严格防治蚜虫来防治茎陷点型衰退病。

3）运用交叉保护技术，即在无病毒柑橘上预免疫接种有保护作用的弱毒株。

撰稿人：周　彦（西南大学柑桔研究所）
审稿人：周常勇（西南大学柑桔研究所）

第十七节　柑橘黄脉病

一、诊断识别

（一）为害症状

柑橘黄脉病病原为柑橘黄化脉明病毒（*Citrus yellow vein clearing virus*，CYVCV）。柠檬、酸橙、早熟温州蜜柑等敏感类型发病后，叶脉黄化、脉明，叶片反卷、皱缩，严重时叶片脱落，树势衰弱、产量下降。叶片老熟后黄化症状消退并转绿，但对光看黄脉依然明显，春梢、秋梢症状明显，夏梢症状会减弱甚至消失。琯溪蜜柚、邓肯葡萄柚和甜橙上的春梢表现为轻微黄化和脉明症状，但随着叶片的老熟，症状逐渐减轻（Zhou et al.，2017）。其他柑橘类型多为潜症带毒。CYVCV 在尤力克柠檬、温州蜜柑、粗柠檬、琯溪蜜柚、沃柑叶片上的为害症状，如图 2-30 所示。CYVCV 在豇豆、菜豆、葡萄等非柑橘属植物上引起叶片黄斑、花叶和坏死（Alshami et al.，2003；Önelge et al.，2011；Afloukou and Önelge，2020）。

图 2-30　柑橘黄脉病为害症状（周彦　拍摄）
A：尤力克柠檬；B：温州蜜柑；C：粗柠檬；D：琯溪蜜柚；E：沃柑

（二）病原特征

CYVCV 为柑橘病毒属（*Mandarivirus*）成员，病毒粒子大小为 13～14nm×670～700nm（图 2-31）。病毒基因组全长为 7529 个核苷酸，含有 6 个开放阅读框（ORF）（Loconsole et al.，2012a）。其中，ORF1 大小为 4950nt，编码与病毒复制相关的多聚蛋白，包含甲基转移酶、AlkB 蛋白区域、病毒解旋酶和依赖 RNA 的 RNA 聚合酶 2 结构域。ORF2、ORF3 和 ORF4 编码的复合蛋白 TGB（TGB1、TGB2、TGB3）与细胞间运动有关，参与调控病毒在宿主体内的胞间移动。ORF5 编码大小为 32kDa 的病毒外壳蛋白（CP），具有沉默抑制子的功能，对促进病毒侵染具有重要作用（Rehman et al.，2019；Bin et al.，2022）。ORF6 与 ORF5 部分重叠，编码一个与正义单链 RNA 病毒核酸结合的 23kDa 蛋白。该蛋白具有核酸结合蛋白的保守结构域。CYVCV 序列高度保守，不随地理位置和寄主的变化而发生明显改变（Zhou et al.，2017）。

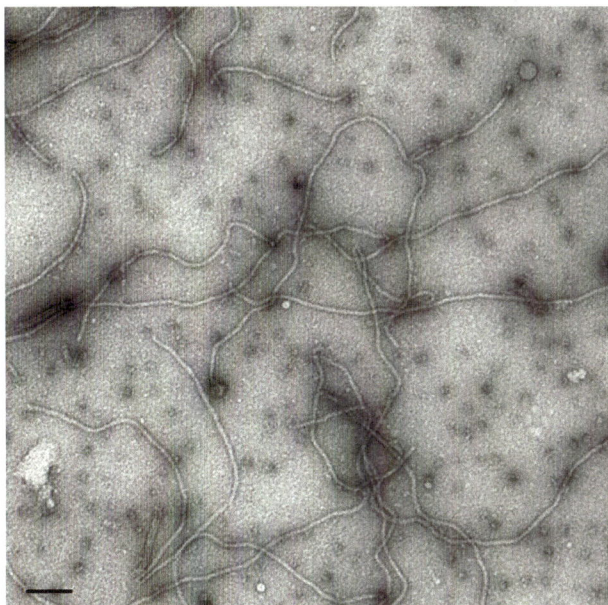

图 2-31　柑橘黄化脉明病毒在细胞中的分布（马丹丹　拍摄）

二、分布为害

（一）分布

柑橘黄脉病是一种新的柑橘病毒类病害，1993 年首次在巴基斯坦被发现（Catara et al.，1993）。随后相继在印度、土耳其、伊朗、美国加利福尼亚和意大利暴发（Önelge，2002；Alshami et al.，2003；Hashmian and Aghajanzadeh，2017；Sun and Yokomi，2023；Cinque et al.，2024）。中国于 2009 年首次在云南瑞丽的尤力克柠檬上检测出该病（Chen et al.，2014）。目前在中国云南、重庆、四川、广西、广东、湖南、浙江、江西、福建、贵州、湖北、陕西等柑橘产区均有发生。

（二）为害

柑橘黄脉病可侵染柑橘属的多种植物，其中以柠檬、酸橙和早熟温州蜜柑最为感病，严重时柠檬减产超过 50%。

三、流行规律

柑橘黄脉病的长距离传播主要依靠带毒的接穗和苗木。柑橘黄脉病还可通过柑橘粉虱（*Dialeurodes citri*），以及豆蚜（*Aphis craccivora*）、绣线菊蚜（*A. spiraecola*）、棉蚜（*A. gossypii*）等多种蚜虫进行传播（Önelge et al.，2011；Zhang et al.，2018；Afloukou et al.，2021）。此外，沾染带病毒汁液的嫁接刀或修枝剪也是重要的传播途径（Zhang et al.，2019a）。目前有报道在豇豆（*Vigna unguiculata*）、菜豆（*Phaseolus vulgaris*）、辣椒（*Capsicum annuum*）、藜麦（*Chenopodium quinoa*）、锦葵（*Malva sylvestris*）、龙葵（*Solanum nigrum*）、野芥（*Sinapis arvensis*）和葡萄（*Vitis vinifera*）上检测出了 CYVCV，因此上述植物可能也是柑橘黄脉病潜在的传播途径（Önelge et al.，2011；Afloukou and Önelge，2020）（图 2-32）。

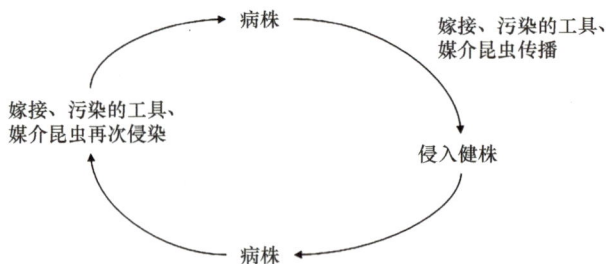

图 2-32　柑橘黄化脉明病毒侵染循环示意图

四、防控技术

1）种植无病苗木和加强病毒检测。

2）在每次梢期，尤其是春梢和秋梢时加强对果园中粉虱和蚜虫等媒介昆虫的防治。

3）用肥皂水或含 1% 有效氯的新鲜次氯酸钠溶液对嫁接、采果刀具进行消毒。

4）及时铲除田间零星出现的柠檬病株。

5）对于已大面积发病的柠檬果园，采取控春梢、保夏梢的方式，同时加强肥水管理，减少损失。

6）考虑用北京柠檬、甜橙或杂柑等抗（耐）病品种替换柠檬。

撰稿人：周　彦（西南大学柑桔研究所）
审稿人：周常勇（西南大学柑桔研究所）

第十八节　柑橘碎叶病

一、诊断识别

（一）为害症状

柑橘碎叶病是由柑橘碎叶病毒（*Citrus tatter leaf virus*，CTLV）引起的一种病毒病害，主要为害以枳及其杂种作砧木的柑橘树，引起嫁接口环缢和嫁接口附近的接穗部肿大，剥开嫁接口树皮，可见接穗与砧木间有一圈缢缩线（图2-33A）。受强风等外力推动，病树砧穗嫁接口易断裂，裂面光滑。此外，受害植株的新梢叶脉呈类似环状剥皮引起的黄化。厚皮莱檬、枳橙（*Citrus sinensis × Poncirus trifoliata*）发病后叶片扭曲、叶缘缺损似破碎状。腊斯克枳橙（Rusk citrange）实生苗受侵染后，新叶上出现黄斑，叶缘缺损并呈"之"字状扭曲，植株矮化，常用作柑橘碎叶病鉴定的指示植物（图2-33B和C）。另外，有报道表明，柑橘碎叶病毒侵染可引起三红蜜柚、黄金柚的花叶症状（图2-33D）。

图2-33　柑橘碎叶病为害症状（赵学源和宋震　拍摄）

A：接穗与砧木间形成一圈缢缩线；B：叶缘缺损并呈"之"字状扭曲；C：新叶上出现黄斑；D：花叶症状

（二）病原特征

CTLV 是 β 线性病毒科（*Betaflexiviridae*）发状病毒属（*Capillovirus*）的正义单链 RNA 病毒。因在形态学、血清学以及分子生物学特性上与苹果茎沟病毒（*Apple stem grooving virus*，ASGV）密切相关，CTLV 被认为是 ASGV 的不同株系。

CTLV 粒子呈弯曲线状，大小为 600～700nm×15nm，钝化温度为 40～45℃，稀释终点为 1/300～1/100，体外存活期为 2～4h。CTLV 的基因组为正义单链 RNA 分子（+ssRNA），基因组全长约 6496nt，5′ 端具有帽子结构，3′ 端具有 poly(A) 尾巴，包含两个重叠的开放阅读框 ORF1（6.3kb）和 ORF2（1.0kb）。ORF1 编码一个分子量约为 241kDa 的多聚蛋白，其中外壳蛋白（CP）位于 C 端，大小为 27kDa，多聚蛋白的 N 端具有甲基转移酶、解旋酶、类木瓜蛋白酶和聚合酶功能区域。ORF2 位于 ORF1 内部，靠近基因组 RNA 的 3′ 端，编码 36kDa 的运动蛋白（MP）。

二、分布为害

目前，已报道发现柑橘碎叶病的国家有美国、日本、中国、韩国、巴西、泰国、菲律宾、澳大利亚和南非等。20 世纪 80～90 年代，中国浙江、广西和广东等省（自治区）历史比较久远的地方品种如湖南冰糖橙（Zhang et al.，1988；何新华等，1993），以及从日本引进的宫川温州蜜柑普遍感染 CTLV，造成了严重的经济损失（邱柱石，1990；周常勇等，2013）。自 2000 年，无病苗木在中国逐渐普及，CTLV 的发生明显减少。但近年来，我国柑橘产业效益显著，优质无病毒柑橘良种苗木供不应求，造成果农自主育苗和无认证苗圃育苗规模增加，且缺乏规范化管理，导致柑橘碎叶病在湖南、广西、重庆、四川等部分柑橘主产区重新暴发，产量损失严重（周常勇等，2013；黄其椿等，2020；高海馨等，2023）。

三、流行规律

CTLV 的流行为害与砧木种类直接相关。以枳及其杂种（枳橙、枳柚）等为砧木的植株受侵染后会表现症状，导致树势衰弱，产量锐减。而以酸橘、红橘等为砧木，植株受侵染后不表现症状，对树势和产量无显著影响。

CTLV 的长距离传播主要依靠带毒接穗和苗木，也可以通过农事工具等机械传播，受污染刀剪在香橼之间的传毒率可达 92% 以上。另外，CTLV 还可通过百合、昆诺藜、豇豆的种子，以及菟丝子（*Cuscuta chinensis*）传播。有研究发现，CTLV 能够通过柑橘种子传播，但传毒率极低（Tanner et al.，2011）；未发现传毒媒介昆虫。

四、防控技术

通过使用无病苗木，并在田间农事操作时注意避免刀剪等工具的机械传播，可以有效防治 CTLV 的发生为害。

1. 推广无病苗木

选择、培育无病毒母株，种植无病苗木是防止柑橘碎叶病发生的有效途径。用腊斯克枳橙作为指示植物，结合 RT-PCR 等分子检测技术鉴定汰除带毒母株，选择无病母本用于种苗繁殖。将带病植株置于热处理室进行变温处理（40℃/16h，30℃/8h）30 天，然后取 0.14mm 茎尖进行微芽嫁接，可获得无病苗木。

2. 工具消毒，防止田间传播

用 1% 次氯酸钠溶液处理枝剪、嫁接和采果工具 10～20s 后，立即用清水冲洗，擦干后再使用。在苗圃，为避免人为造成汁液传播，应注意工具消毒和避免用手指抹萌蘖。

3. 使用抗病砧木

通过采用耐病砧木如酸橘、红橘和枸头橙等，可以防止柑橘碎叶病造成严重危害。对于已感病并产生嫁接口问题的枳或枳橙砧柑橘，通过靠接耐病红橘等砧木，可以使其恢复 5～6 年的正常生长。但因我国采用枳或其杂种砧木的地区相当普遍，柑橘碎叶病又呈零星发生状，靠接法不宜推广，而以挖除病树重新定植无病苗木为好。

撰稿人：宋　震（西南大学柑桔研究所）
审稿人：周　彦（西南大学柑桔研究所）
　　　　周常勇（西南大学柑桔研究所）

第十九节　柑橘褪绿矮化病

一、诊断识别

（一）为害症状

柑橘褪绿矮化病（citrus chlorotic dwarf）的病原为柑橘褪绿矮化病毒（*Citrus chlorotic dwarf-associated virus*，CCDaV）。柠檬、莱檬、葡萄柚等柑橘类型发病后，叶片变小，嫩叶叶片的边缘一侧或两侧有一个"V"形缺口和褪绿色斑点，成熟叶片皱缩、卷曲、反卷和萎黄。幼树感病后，植株节间缩短，生长变缓，且枝条细小、丛生。泰国红宝石柚、泰国青柚和三红蜜柚发病后，其嫩叶还会产生脉明症状（Yang et al.，2022）（图 2-34）。其他柑橘类型多可成为潜症带毒寄主。通常情况下，病株在 20～25℃时开始现症；30～35℃时症状加剧（Korkmaz et al.，1995）。

（二）病原特征

CCDaV 是双生病毒科（*Geminiviridae*）*Citlodavirus* 的成员，为单链环状 DNA 病毒（Roumagnac et al.，2022）。其基因组差异较大，为 2.5～3.64kb，具有在双生病毒科

图 2-34　柑橘褪绿矮化病为害症状（周彦　拍摄）
A：尤力克柠檬；B：泰国红宝石柚；C：三红蜜柚；D：北京柠檬

病毒基因组中保守的九核苷酸序列（TAATATTAC），该序列位于基因间隔区，包含一个短的回文序列，可形成发夹结构（Loconsole et al.，2012b）。CCDaV 含有 5 个开放阅读框（ORF），其中，正义链上的 ORF2 与 ORF1 部分重叠，编码 27.9kDa 的外壳蛋白（CP），其可能具有核输出和定位信号的作用；ORF1 编码的 V2 蛋白具有保守的半胱氨酸残基，以及双生病毒 V2 蛋白的保守结构域，具有沉默抑制子的活性，并可能与病毒移动有关；ORF3 编码 33.6kDa 的 V3 蛋白，该蛋白具有 BC1 保守结构域，可能参与了病毒在细胞间的移动。在靠近 CCDaV 正义链的 5′ 端一半的位置，有两个用于终止转录的假定多聚腺苷化信号（AATAAA）（Loconsole et al.，2012b；Ye et al.，2024）。研究认为，在 CCDaV 的正义链上，可能存在一个新的 ORF（Roumagnac et al.，2022）。CCDaV 反义链上的 ORF4 和 ORF5，分别编码与复制相关的 C2 和 C1 蛋白（Loconsole et al.，2012b），且 C1 还可诱导寄主的细胞死亡（Qin et al.，2023）。

二、分布为害

（一）分布

柑橘褪绿矮化病是一种新的柑橘病毒类病害，20 世纪 80 年代末首次被发现于土耳其的地中海地区（Çinar et al.，1994）。随后在泰国也有报道（Yang et al.，2020）。中国于 2015 年首次在云南瑞丽的尤力克柠檬上检测出该病（Guo et al.，2015）。目前，在中国广西、广东、云南、重庆、四川、湖南等地发现泰国红宝石柚、三红蜜柚和墨西哥莱檬等多个柑橘品种感染了该病（Yang et al.，2022）。

（二）为害

柑橘褪绿矮化病可为害大部分的柑橘品种，其中以葡萄柚最为感病，只有甜橙和宽皮柑橘有一定的抗性。在土耳其，柑橘感染褪绿矮化病后平均减产 40%，葡萄柚减产甚至会超过 50%（Çinar et al.，1993；Loconsole et al.，2012b）。目前，该病已成为对土耳其柑橘产业危害最严重的病害之一。此外，柑橘褪绿矮化病已对中国云南、广西等地的柠檬和柚类生产造成了一定损失。

三、流行规律

柑橘褪绿矮化病主要通过嫁接进行传播，纯化后的病毒粒子也具有侵染能力（Korkmaz and Garnsey，2000）。据报道，实验条件下该病还可通过杨梅白粉虱（*Parabemisia myricae*）进行传播（Korkmaz et al.，1995）。

四、防控技术

1）培育、使用无病苗木。
2）使用肥皂水或含 1% 有效氯的新鲜次氯酸钠溶液对嫁接、修剪和采果的刀剪进行消毒。
3）系统防治媒介昆虫。
4）及时铲除田间出现的零星病株。

撰稿人：周　彦（西南大学柑桔研究所）
审稿人：周常勇（西南大学柑桔研究所）

第二十节　温州蜜柑萎缩病

一、诊断识别

（一）为害症状

温州蜜柑萎缩病又称温州蜜柑矮化病，是由温州蜜柑萎缩病毒（*Satsuma dwarf virus*，SDV）引起的一种病毒病害。SDV 寄主范围广泛，可侵染柑橘属、枳属、金柑属、西非枳属、印度枳属等，但多数寄主植物不表现症状。温州蜜柑受侵染后，新梢发育受阻，导致全树矮化，枝、叶丛生（图 2-35A）。罹病树单位容积的叶数较多，出现典型的船形叶（图 2-35B 和 C）和匙形叶，发病后期果皮增厚变粗，果梗部位隆起成高腰果，品质降低。重病的树节间缩短，果实严重畸形。SDV 还可以侵染豆科、茄科、藜科、芝麻科、番杏科、苋科、菊科、葫芦科等草本植物。其中，白芝麻对 SDV 高度敏感，在接种 5 天后，系统叶出现褐色圆形枯死斑或者不规则形水渍状褐斑，植株矮小，叶片皱缩畸形，严重时造成整株死亡，常用作指示植物。

图 2-35　温州蜜柑萎缩病植株及典型船形叶症状
A：病株（赵学源　拍摄）；B 和 C：船形叶（宋震　拍摄）

（二）病原特征

　　SDV 是伴生豇豆花叶病毒科（*Secoviridae*）温州蜜柑萎缩病毒属（*Sadwavirus*）的一种正义单链 RNA 病毒。夏柑萎缩病毒（*Natsudaidai dwarf virus*，NDV）、脐橙侵染性斑驳病毒（*Navel orange infectious mottling virus*，NIMV）、日向夏病毒（*Hyuganatsu virus*，HV）与 SDV 关系密切，被认为是 SDV 的不同株系。

　　SDV 病毒粒子呈二十面体，直径约 26nm，存在于细胞质和液泡内，在枯斑寄主叶片中主要存在于胞间连丝的鞘内，呈一字状排列。SDV 基因组 RNA1 和 RNA2 全长分别为 6795bp 和 5345bp，各编码一个开放阅读框（ORF），3′ 端具 poly(A) 尾巴，5′ 端存在共价连接的 VPG 蛋白，VPG 可能在起始步骤参与病毒基因组的复制，通过对单个病毒编码的多蛋白的复杂处理来表达基因组蛋白。RNA1 编码的前体多聚蛋白可被其自身编码的蛋白酶顺式切割，产生基因组复制所需的依赖 RNA 的 RNA 聚合酶、蛋白酶等。RNA2 编码的蛋白切割后形成运动蛋白和大、小外壳蛋白。

二、分布为害

　　温州蜜柑萎缩病于 1937 年在日本静冈县首次被发现。1948 年，山田·泽村发现和歌山县、爱知县的部分地区亦有此病发生。至 1978 年，日本各柑橘产区都有发生和为害。20 世纪 70 年代在土耳其、80 年代在韩国均有该病发生的报道。我国于 80 年代报道有温州蜜柑萎缩病零星发生，并相继传播到浙江、四川、江苏、湖南、湖北等地，主要为害温州蜜柑（Cui et al.，1991）。

三、流行规律

　　温州蜜柑萎缩病主要通过嫁接和汁液传播。有研究报道线虫和土壤中的油壶真菌可能会传播 SDV，但仍有待进一步验证。研究证实 SDV 可以通过美丽菜豆的种子传播。

另外，中国珊瑚树是 SDV 的隐症寄主，可加速温州蜜柑萎缩病的传播。

四、防控技术

1）推广使用无病苗木：高接换种时，宜通过检测确保植株不带病毒，接穗也应严格从无病毒母树上采集，从而防止嫁接过程中病毒扩散，利用茎尖嫁接和高温处理结合可有效脱除 SDV。

2）清除病株并开深沟隔离处理：通过及时砍伐中心病株，在周围树间开深沟可以防止该病毒病害蔓延。

3）加强肥水管理、增强树势，对农事器具等进行消毒处理。

4）避免将中国珊瑚树作为园区防风林。

撰稿人：宋　震（西南大学柑桔研究所）
　　　　孙现超（西南大学植物保护学院）
审稿人：周　彦（西南大学柑桔研究所）
　　　　周常勇（西南大学柑桔研究所）

第二十一节　柑橘鳞皮病

一、诊断识别

（一）为害症状

柑橘鳞皮病是由柑橘鳞皮病毒（*Citrus psorosis virus*，CPsV）引起的一种重要柑橘病害。柑橘鳞皮病最典型的症状是在甜橙、宽皮柑橘、葡萄柚等敏感寄主的枝干上引起树皮呈鳞片状开裂，病部充胶，木质部变色（Moreno et al.，2015）。除了鳞皮症状，该病害还可引起叶面症状，包括环状褪绿斑、叶脉透明、橡形叶等（Kayim，2010）。依据症状不同，柑橘鳞皮病分为以下两种类型：鳞皮病 A（psorosis A，PsA）和鳞皮病 B（psorosis B，PsB），以 PsA 最为常见。PsA 的特点是症状轻微，其病变主要发生于茎和主干的局部区域。PsB 的危害比 PsA 严重，可导致主干树皮大面积脱落，甚至会影响细枝，在老叶上引起褪绿环斑，叶背出现褐色黏稠的脓疱，果实上产生明显的凹陷环斑和组织变色（Velázquez et al.，2012）（图 2-36）。尚有报道表明，在加利福尼亚和南美洲等地，一些被柑橘鳞皮病侵染的柑橘植株并不表现症状。

（二）病原特征

CPsV 是蛇形病毒科（*Ophioviridae*）蛇形病毒属（*Ophiovirus*）的一种三分体负义单链 RNA 病毒（García et al.，2017）。CPsV 的病毒粒子具有裸露的线形核衣壳，直径 3～4nm，长 700～2000nm，可形成卷曲的环，呈极弯曲扭绞线状。

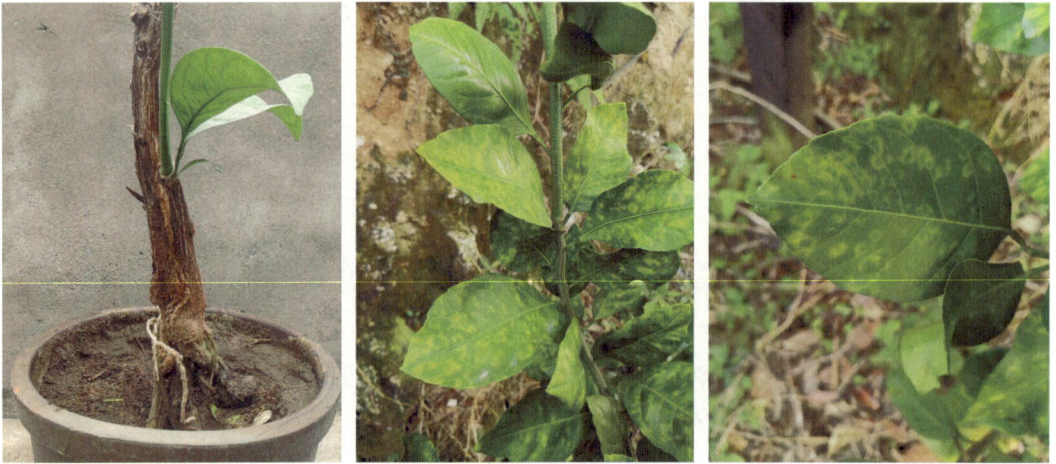

图 2-36　柑橘鳞皮病为害症状（宋震　拍摄）

CPsV 基因组全长约 12kb，由 3 条无包装的负义 RNA 单链组成。其中，RNA1 为 8184nt，在互补链上包含有 2 个开放阅读框（ORF），分别编码 280kDa 依赖 RNA 的 RNA 聚合酶（RdRp）（Martín et al.，2005）和一个与小 RNA 表达调节及基因沉默相关 的 24kDa 蛋白（Reyes et al.，2016）。RNA2 为 1643nt，其互补链仅有一个 ORF，编码一 个 54kDa 的蛋白，该蛋白被证明具有运动蛋白（MP）的多种功能，并具有 RNA 沉默抑 制子的活性，与柑橘鳞皮病症状形成有关（Luna et al.，2017）。RNA3 为 1454nt，编码 49kDa 的外壳蛋白（CP）。

二、分布为害

柑橘鳞皮病是一种世界性分布的病毒病害。自 19 世纪 90 年代在美国佛罗里达和加 利福尼亚被发现以来，阿根廷、乌拉圭、墨西哥等美洲国家，西班牙、意大利、土耳其、 希腊等地中海沿岸国家，阿尔及利亚、南非、贝宁、尼日利亚等非洲国家，以及澳大利 亚、日本、新西兰、埃及等国陆续报道了该病的发生（Levy and Gumpf，1991）。在中国 湖南、云南、浙江、广西等地也有柑橘鳞皮病零星发生的报道（李敏等，2019）。

柑橘鳞皮病会导致感病植株多数枝干死亡和产量损失，不过其病程进展缓慢。在阿 根廷进行的一项研究表明，鳞皮症状通常出现在 12～15 年生植株上，但 20 年或更老的 无症感病植株也常有发现。CPsV 可侵染大多数的柑橘类型，其主要为害甜橙（*Citrus sinensis*）、葡萄柚（*C. paradisi*）和宽皮柑橘（*C. reticulata*），导致植株生长减缓、树叶 稀疏、结果率低、树势衰退（Belabess et al.，2020）；酸橙（*C. aurantium*）、柠檬（*C. limon*）和柚（*C. grandis*）染病后叶片可表现出典型的环斑症状，但通常不会引起树皮鳞 片状开裂和流胶；澳指檬属（*Microcitrus*）和金柑属（*Fortunella*）植物对 CPsV 具有耐 受性，表现为无症状感染；枳（*Poncirus trifoliata*）及卡里佐枳橙对柑橘鳞皮病具有一定 的抗性，可作为抗病砧木使用。

三、流行规律

柑橘鳞皮病是第一个被证明可通过嫁接传播的柑橘病害。CPsV 主要通过嫁接方式进行远距离传播，也可通过机械传播（Martín et al.，2002），部分 CPsV 毒株还可通过机械的方式传播到草本寄主，如在昆诺藜（*Chenopodium quinoa*）上产生局部坏死，在千日红（*Gomphrena globosa*）上呈现系统侵染症状（EL-Dougdoug et al.，2009）。CPsV 也可侵染美丽菜豆（*Phaseolus vulgaris*）、黑眼豇豆（*Vigna unguiculata*）、黄花烟草（*Nicotiana rustica*）。

CPsV 可通过种子传播，但传播效率极低（D'Onghia et al.，2000）。有研究表明，CPsV 可通过卵菌亚纲的油壶菌（*Olpidium* spp.）和蚜虫进行传播，但有待进一步证实。

四、防控技术

柑橘鳞皮病防控应坚持预防为主的策略，在严格病毒监测的基础上，栽培无病苗木是防止柑橘鳞皮病传播的关键措施。

1. 繁育脱毒良种

目前生产上推广应用的甜橙、宽皮柑橘和葡萄柚品种均对 CPsV 敏感，通过病毒脱除、繁殖和使用无病苗木或接穗对于产业健康发展至关重要。热处理结合茎尖嫁接可从繁殖材料中有效脱除 CPsV：光照条件下 40℃/16h，黑暗环境中 30℃/8h，处理 8～12 周，取微茎尖嫁接繁育即可获得脱毒材料。此外，从宽皮柑橘、甜橙和德威特橘橙柱头外植体再生出的体细胞胚不含 CPsV，可作为新的脱毒途径。同时，田间发现病株时应尽早砍除，避免病害的扩散传播。

2. 培育抗病品种

研究表明，通过表达 CPsV 基因片段，可有效激活寄主的基因沉默途径，从而获得抗 CPsV 品系。目前已获得高抗 CPsV 的转 *CP* 基因的甜橙植株（De Francesco et al.，2017）。此外，该抗性可通过嫁接传导至新嫁接的接穗。

3. 应用交叉保护技术

研究表明，先期感染 PsA 的甜橙幼苗，再接种 PsB，不会表现出鳞片状树皮开裂和叶片环斑症状。通过筛选弱毒 PsA 株系，可应用于交叉保护，防治柑橘鳞皮病。

撰稿人：宋　震（西南大学柑桔研究所）
审稿人：周　彦（西南大学柑桔研究所）
　　　　周常勇（西南大学柑桔研究所）

第二十二节 柑橘裂皮病

一、诊断识别

（一）为害症状

柑橘裂皮病在 1948 年被 Fawcett 等首次报道，当时被描述为一种影响枳（*Poncirus trifoliata*）砧木的树皮鳞屑病（Fawcett and Klotz, 1948），中国台湾地区最早于 1969 年报道有此病发生。柑橘裂皮病能侵染大多数的柑橘种、栽培品种和杂交种。其中对以枳、莱檬、枳橙和部分枳柚（*P. trifoliata × Citrus paradisi*）作为砧木的柑橘品种影响最为严重，导致砧木树皮开裂，以及木质部显著隆起；后期还伴随果实产量、品质降低；在抗病砧木如酸橘、红橘、甜橙、粗柠檬等上，一般表现为隐症带毒，田间不表现症状。

田间症状表现为砧木部树皮纵向开裂或翘起，呈鳞皮状剥落（图 2-37），严重时症状蔓延至根部，导致根部干枯腐烂；同时导致树冠矮化、新梢少而弱、叶片变小；有时叶脉及其附近绿色而叶肉变黄，类似缺锌症状；病树开花多，但坐果少，果小且着色延迟（Garnsey and Jones, 1967）。带病植株潜伏期长，苗期不显症状，在易感砧木上田间定植 3～8 年才表现症状。

图 2-37 柑橘裂皮病为害症状（赵学源 拍摄）

Etrog 香橼 Arizona 861-S-1 品系是对裂皮病高度敏感的指示植物，感病后表现植株矮化、叶片偏上卷曲和扭曲，以及叶脉坏死等症状（图 2-38A）。此外，柑橘裂皮病还能侵染番茄、茄子和萝卜等多种蔬菜，在番茄上导致束状顶和叶片扭曲症状（Mishra et al.，1991）（图 2-38B）。

健康香橼　　　　　　感病香橼　　　　　　健康番茄　　　　　　感病番茄

图 2-38　柑橘裂皮病为害 Etrog 香橼（A）和番茄（B）的症状（邱远健　拍摄）

（二）病原特征

柑橘裂皮病的病原最早被认为是一种病毒，直至 1988 年通过双向聚丙烯酰胺凝胶电泳（dPAGE）等分子生物学方法验证该病原为类病毒，并命名为柑橘裂皮类病毒（*Citrus exocortis viroid*，CEVd）（Duran-Vila et al.，1986，1988）。

CEVd 隶属于马铃薯纺锤块茎类病毒科（*Pospiviroidae*）马铃薯纺锤块茎类病毒属（*Pospiviroid*）。它是一种基因组长 371nt、单链环状的非编码 RNA。分子内部可形成发夹状结构，不能编码蛋白质。其基因组结构分为 5 个结构功能区，即左手末端区（TL）、致病区（P）、中央保守区（C）、可变区（V）、右手末端区（TR），含有中央保守区和末端保守序列。对高温及紫外线不敏感，钝化条件为 140℃处理 10min。裂皮类病毒存在强毒和弱毒株系。

二、分布为害

柑橘裂皮病能侵染大多数的柑橘种、栽培品种和杂交种，对以枳、枳橙和檬檬作为砧木的柑橘品种危害最为严重，目前在我国及世界各重要柑橘生产国均有发生，近年来因我国柑橘无病苗木的使用比例逐渐增加，该病仅在局部地区有少量发生。

三、流行规律

柑橘裂皮病分布广泛，在田间常与多种类病毒、病毒病混合侵染。柑橘裂皮病主要通过嫁接传播，也可以通过农事操作、受污染的农具在商业果园中进行机械传播（Garnsey and Jones，1967；Barbosa et al.，2005）；尽管在枳属和柑橘属植物中没有种子传播裂皮病的报道，但有报道 CEVd 在苏丹凤仙花（*Impatiens wallerana*）和马鞭草（*Verbena officinalis*）中可经种子传播（Singh et al.，2009）。在自然环境条件下，CEVd还能潜伏侵染葡萄、番茄、茄子、芜菁、胡萝卜、蚕豆、无花果等多种经济作物，以及苏丹凤仙花、马鞭草和素馨叶白英等观赏性园艺植物。虽然这些寄主被侵染后均不表现症状，但是通过农事操作传染给柑橘和番茄等敏感寄主并成为潜在毒源。目前尚未发现昆虫媒介；在实验条件下，菟丝子 *Cuscuta subinclusa* 也可以传播 CEVd。

四、防控技术

在柑橘上只能通过预防措施来控制柑橘裂皮病，商业栽培品种的嫁接繁殖必须使用无类病毒的接穗。

1. 培育无病苗木

通过茎尖嫁接脱毒（取长约 0.15mm 的茎尖进行茎尖嫁接），或用指示植物 Etrog 香橼 Arizona 861-S-1 品系鉴定，选择无病母本树。加快无病毒母本园、无病毒采穗圃和无病毒苗圃建设，规范苗木生产及流通秩序，新建果园要求完全使用无病苗木。

2. 使用抗（耐）病砧木

使用红橘、酸橘等抗（耐）病砧木，对已发病的初结果树可用抗病砧木靠接换砧。

3. 规范操作工艺

用 1% 次氯酸钠或 10%～20% 漂白粉液对嫁接、修剪和采果工具进行清洗消毒。苗木除芽和果园抹芽放梢时，应以拉扯去芽法代替手指抹芽，以免手指沾污病原传给健株。

撰稿人：曹孟籍（西南大学柑桔研究所）
审稿人：周　彦（西南大学柑桔研究所）
　　　　周常勇（西南大学柑桔研究所）

第二十三节　柑橘木质陷孔病

一、诊断识别

（一）为害症状

柑橘木质陷孔病最早于 1948 年在奥兰多橘柚（*Citrus reticulata* × *C. paradisi*）上被发现，其症状表现为树皮变色、充胶，树皮内面有近圆形点状凸起，以及相应木质部凹陷。1999 年，Reanwarakorn 和 Semancik 证实，柑橘木质陷孔病与之前在"Palestine"甜莱檬（*C. limettioides*）上发现的"Xyloporosis"是同一种病害。大多数商业柑橘品种都耐病，但是宽皮柑橘、一些杂柑（橘柚和橘橙）和金柑（*Fortunella margarita*），以及以大翼莱檬（*C. macrophylla*）、粗柠檬（*C. jambhiri*）、兰卜莱檬作为砧木时较为感病。感病品种受侵染后，植株木质部出现典型的凹陷，皮层与木质部之间出现颗粒状胶质泡囊（图 2-39），影响植株营养运输，造成植株矮化、褪绿以及树衰等现象，严重时全株死亡。其他大部分柑橘品种受感染后无明显症状，为隐症寄主。鉴定该病的指示植物派森橘（宽皮柑橘，*C. reticulata*）接种后在高温条件下生长 6～12 个月，其主干基部近砧木处有胶质沉积。

图 2-39　柑橘木质陷孔病引起树皮变色、充胶症状（周彦　拍摄）

（二）病原特征

经聚丙烯酰胺凝胶电泳分离鉴定认为，柑橘木质线孔病的病原为类病毒，暂命名为柑橘二号类病毒（citrus viroid Ⅱ，CVd-Ⅱ），后经证实为啤酒花矮化类病毒（*Hop stunt viroid*，HSVd）（Sano et al.，1988；Hsu et al.，1995）。

HSVd 是马铃薯纺锤块茎类病毒科（*Pospiviroidae*）啤酒花矮化类病毒属（*Hostuviroid*）的唯一成员。其全长基因组有 295～303nt，在最低自由能下预测的稳定二级结构呈棒状，有 5 个结构功能区，含有中央保守区（CCR）和末端保守发卡（TCH）（Flores et al.，2005）。根据寄主的不同，HSVd 分为李型、啤酒花型和柑橘型（Sano et al.，1989）。根据致病力差异，柑橘型 HSVd 又分为致病型株系（CVd-Ⅱb 和 CVd-Ⅱc）和非致病型株系（CVd-Ⅱa）（Sano et al.，1988；Reanwarakorn and Semancik，1999）。两者核苷酸组成（前者 297～300nt，后者 302nt）和结构非常相似（Reanwarakorn and Semancik，1998），但在致病力等生物学特征上有明显的区别。CVd-Ⅱb 和 CVd-Ⅱc 在敏感的柑橘品种上表现出典型的柑橘木质陷孔病症状，而 CVd-Ⅱa 则无显著症状。因此，CVd-Ⅱb 和 CVd-Ⅱc 被认定为柑橘木质陷孔病的病原。

二、分布为害

自 1948 年首次报道柑橘木质陷孔病在地中海地区奥兰多橘柚上有发生以来，美国、澳大利亚、意大利、智利、古巴、日本等国陆续观察到该病发生（Childs，1950）。在我国，田间 HSVd 致病型株系和非致病型株系间复合侵染现象更为频繁，种群结构更为复杂。在浙江、湖南的一些杂柑品种中有 HSVd 致病型的零星分布，由于苗木调运、嫁接传播等人为因素的影响，该病存在加速传播流行的风险。

HSVd 寄主范围广泛，自然条件下能够侵染啤酒花、桃、李、杏、石榴、葡萄、黄瓜、柑橘、梨等不同植物（Semancik et al.，1988；Astruc et al.，1996）。大多数柑橘种和栽培品种可受到 HSVd 柑橘型的感染，但多为隐症寄主，某些栽培品种如奥兰多橘柚、甜莱檬、粗柠檬和兰卜莱檬高度感病。

三、流行规律

与其他柑橘类病毒相似，HSVd 主要是通过感病繁殖材料以及嫁接方式传播，农事操作中也会通过污染的修剪、嫁接工具，以及人手接触等来进行传播。目前，尚无柑橘型 HSVd 种传和虫传的报道。

四、防控技术

在柑橘上只能通过预防措施来控制 HSVd 引起的柑橘木质陷孔病。商业栽培品种的嫁接繁殖必须使用无类病毒的接穗。

1. 无病苗木培育

从国外引进的柑橘品种在推广种植前先进行检验。通过茎尖嫁接脱毒（取长 0.15mm 的茎尖进行茎尖嫁接），或用指示植物派森橘鉴定，选择无病母本树。加快无病毒母本园、无病毒采穗圃和无病毒苗圃建设，规范苗木生产及流通秩序。

2. 刀具消毒

使用 1% 次氯酸钠或 10%～20% 漂白粉液，对修剪、嫁接或采果所用的工具进行必要的消毒处理。

撰稿人：曹孟籍（西南大学柑桔研究所）
审稿人：周　彦（西南大学柑桔研究所）
　　　　周常勇（西南大学柑桔研究所）

第二十四节 柑橘褐色蒂腐病

一、诊断识别

（一）为害症状

柑橘褐色蒂腐病（*Phomopsis* stem-end rot）是由间座壳属（*Diaporthe*）多个种的真菌侵染引起的柑橘采后果实病害，其中以柑橘间座壳（*Diaporthe citri*）最为常见。柑橘间座壳也可以在柑橘园中引起柑橘叶片和果实的黑点病、树脂病、枯梢病。

果实发病常自蒂部开始，初呈水渍状、黄褐色圆形病斑，病部果皮革质，通常没有黏液流出，后期病斑边缘呈波纹状，深褐色，在向脐部扩展过程中，果心腐烂较果皮快，故又称为"穿心烂"。患病果皮坚韧，手指按压有革质柔韧感；病果味酸苦，病菌可以侵染种子，使其褐变（图 2-40）。

图 2-40 柑橘褐色蒂腐病为害症状（王轩轩 拍摄）

（二）病原特征

病原特征同柑橘黑点病，其为害症状及形态特征如图 2-41 所示。

二、分布为害

该病主要发生在柑橘储藏期，造成果实褐色腐烂。在我国各柑橘产区普遍发生，不同柑橘品种对该病的抗性差异不明显。

三、流行规律

（一）侵染循环

柑橘间座壳是弱寄生真菌，在柑橘枯枝和腐烂树皮中繁殖，产生的分生孢子和子囊孢子是柑橘黑点病与柑橘褐色蒂腐病的侵染来源。子囊孢子主要产生于多年生、较大的腐烂木材或枯枝上，修剪、冻害等导致的无症状枝梢枯死后，会产生大量分生孢子（Mondal et al.，2004）（图 2-42）。因此，在管理良好、病害发生较轻的果园，分生孢子

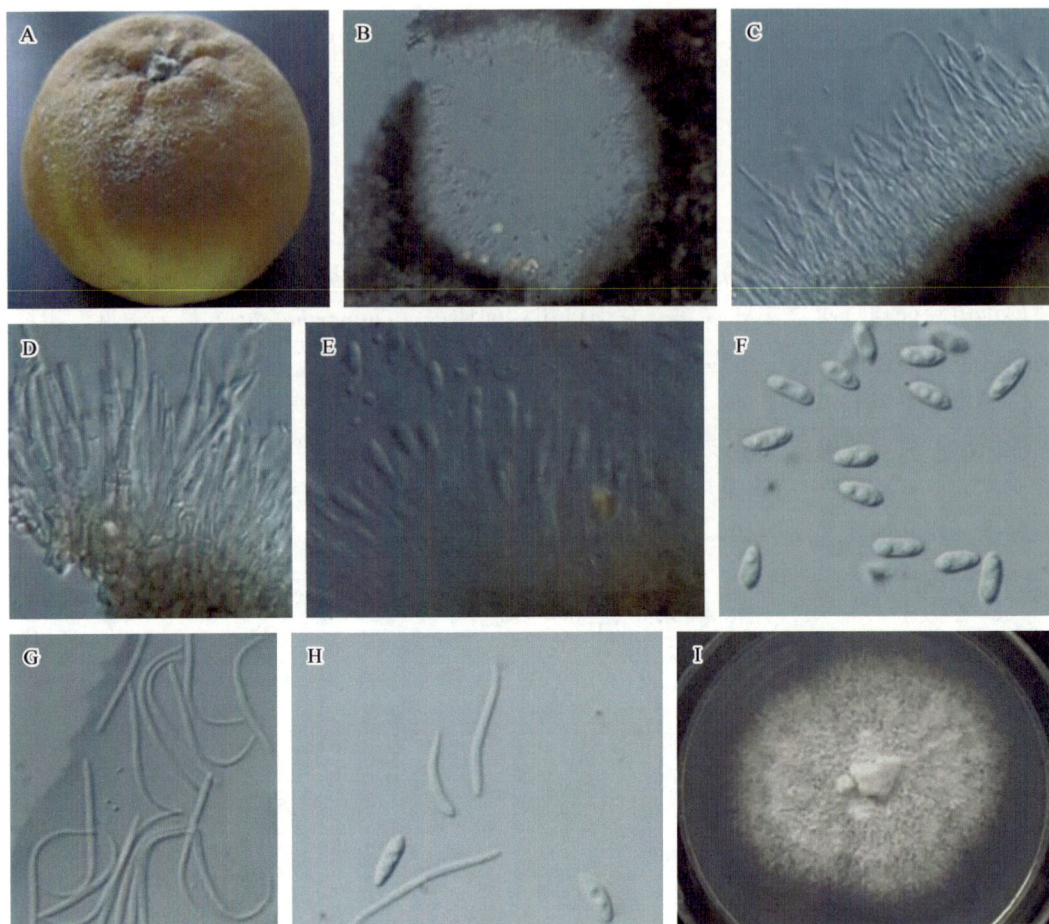

图 2-41　柑橘褐色蒂腐病为害症状及其病原菌形态特征（李红叶　提供）

A：柑橘褐色蒂腐病为害症状；B：柑橘间座壳分生孢子器横切面，标尺 50μm；C：分生孢子器；D，E：分生孢子梗和产孢细胞；F：α 型分生孢子；G，H：β 型分生孢子；I：在 PDA 培养基平板上培养 7 天的菌落形态

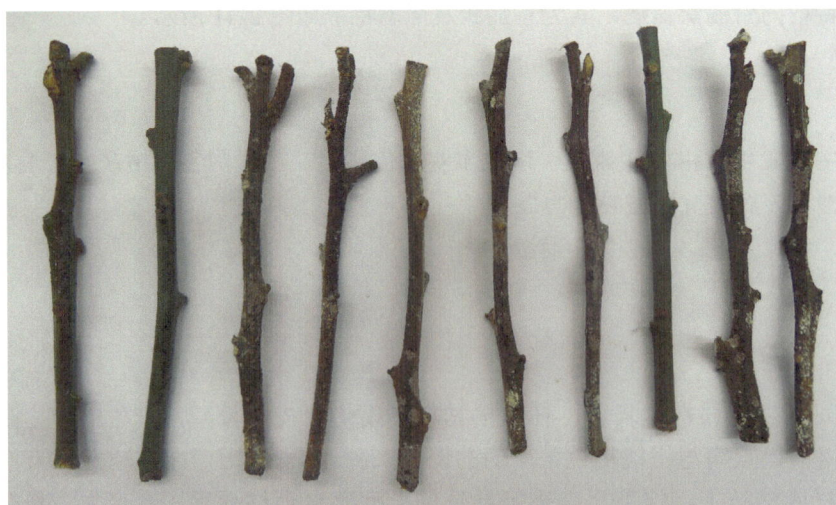

图 2-42　无症状枝梢枯死后产生大量的柑橘间座壳分生孢子（王轩轩　拍摄）

是主要的侵染源，而在管理不善、枯枝多的果园，子囊孢子也可能会成为重要的侵染源（Agostini et al.，2003）。

（二）传播规律

温度适宜、高湿的情况下，子囊孢子成熟、释放，随气流传播，在远距离传播中起作用。分生孢子成熟后，随雨水和喷灌水进行短距离传播，扩散至邻近的果实（Gopal et al.，2014）。孢子萌发后产生芽管，可直接穿透果实角质层，从果蒂侵入。果实6月初到9月初均可受害。侵染后的果实在果园不表现症状，在储藏运输期间，果实逐渐表现症状，引起果实腐烂发病，病菌也可在储藏期间通过果蒂剪口侵染，引起果实腐烂。收获后，病菌也可通过果蒂剪口侵入。

（三）流行因素

果园中侵染源数量是影响柑橘褐色蒂腐病发生的重要因素，而侵染源的数量与果园中的枯枝数量直接相关。环境中的温度、湿度等条件通过影响病原菌侵染源的数量、病原菌的侵染量和侵染速度，进而影响柑橘褐色蒂腐病发生的严重程度（Mondal et al.，2004，2007；Agostini et al.，2003）。28℃、相对湿度为94%～100%的条件下，有利于枯枝产生成熟的分生孢子器和分生孢子的侵染。

四、防控技术

对柑橘褐色蒂腐病的田间防治与柑橘黑点病的防治措施基本一致。

1. 农业防治

重视果园栽培管理，严格执行冬季清园，定期修剪并清除果园中的枯枝，减少柑橘黑点病菌的侵染源，加强对果园中其他病虫害及冻害、日灼等气象灾害的预防。

2. 化学防治

适时对幼嫩的果实和叶片进行喷药处理，预防病害的发生。嘧菌酯、吡唑醚菌酯、代森锰锌类杀菌剂在果园具有较好的防治效果。此外，针对果实褐色蒂腐病，注意采后的规范操作，晴天采收，避免雨后或露水未干时采收；规范采收技术，实施"一果两剪"，采收、运输、包装过程中尽量轻柔，避免对果实造成机械损伤；采收后24h内使用咪鲜胺或抑霉唑等进行浸果处理；储藏库消毒等也可以减轻柑橘褐色蒂腐病的危害。

撰稿人：付艳苹（华中农业大学植物科学技术学院）
审稿人：周　彦（西南大学柑桔研究所）
　　　　周常勇（西南大学柑桔研究所）

第二十五节　柑橘黑色蒂腐病

一、诊断识别

（一）为害症状

柑橘黑色蒂腐病（*Diplodia* stem-end rot），也称为焦腐病。病菌多从果柄及蒂部伤口侵入，发病部位初呈水渍状、暗褐色，常流出暗褐色黏液。随着病斑扩展，边缘呈波浪状、病部呈暗紫褐色，果皮易破裂。同时，病菌在果心和瓤囊间迅速蔓延，数日内全果腐烂，暗褐色或黑色。潮湿时病果表面出现污白色、茸毛状菌丝，后呈橄榄色，后期病部密生黑色点状物，即病菌的分生孢子器（图 2-43）。

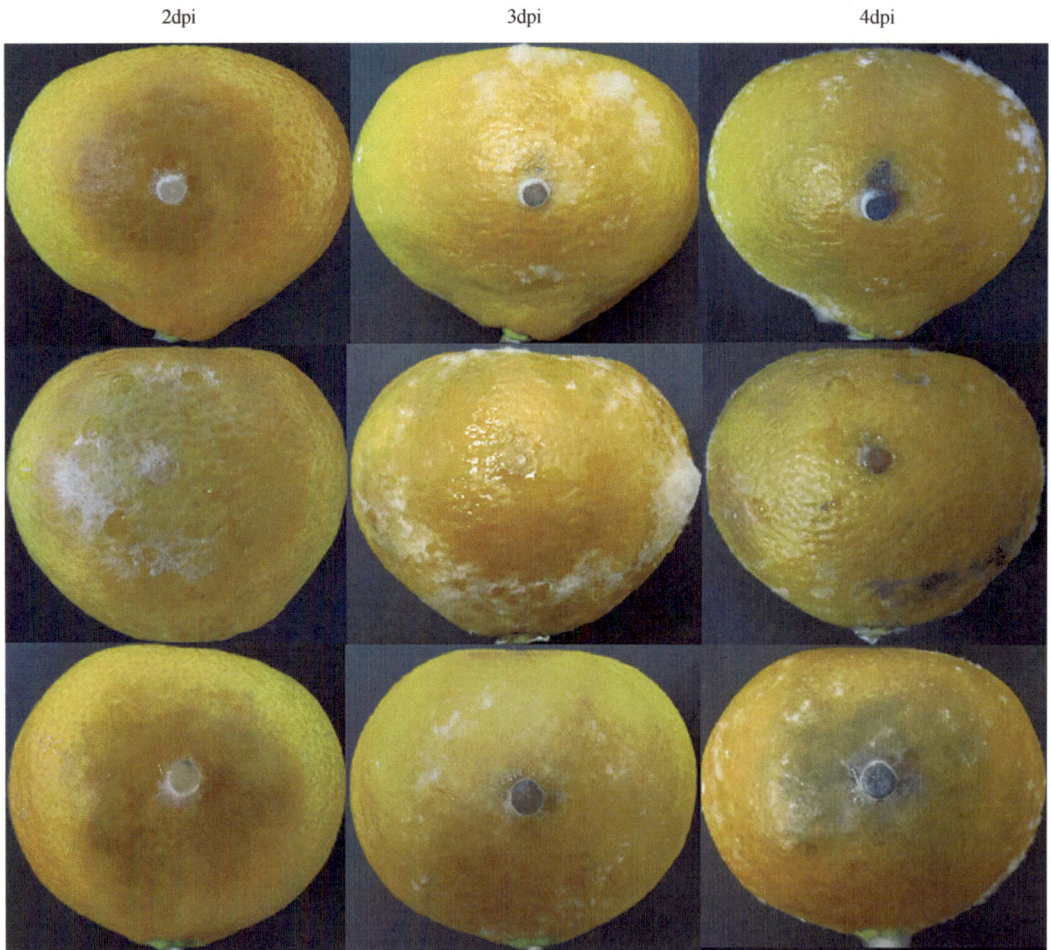

图 2-43　柑橘黑色蒂腐病为害柑橘果实症状（陈江华　提供）

2dpi：接种病菌后 2 天；3dpi：接种病菌后 3 天；4dpi：接种病菌后 4 天

（二）病原特征

柑橘黑色蒂腐病由毛色二孢属（*Lasiodiplodia*）的真菌侵染引起，其中以可可毛色二孢（*L. theobromae*）和假可可毛色二孢（*L. pseudotheobromae*）最为常见（Chen et al.，2021），隶属于子囊菌门（Ascomycota）座囊菌纲（Dothideomycetes）葡萄座腔菌目（Botryosphaeriales）葡萄座腔菌科（Botryosphaeriaceae）。该病菌分生孢子器灰黑色，单生，球状；分生孢子梗透明，圆柱形，无隔，簇生，不分枝；产孢细胞呈透明、光滑、圆柱形，基部略有肿胀；未成熟的分生孢子无色、透明、无隔膜；成熟的分生孢子呈黑褐色，单隔膜，有纵向条纹（图 2-44）。

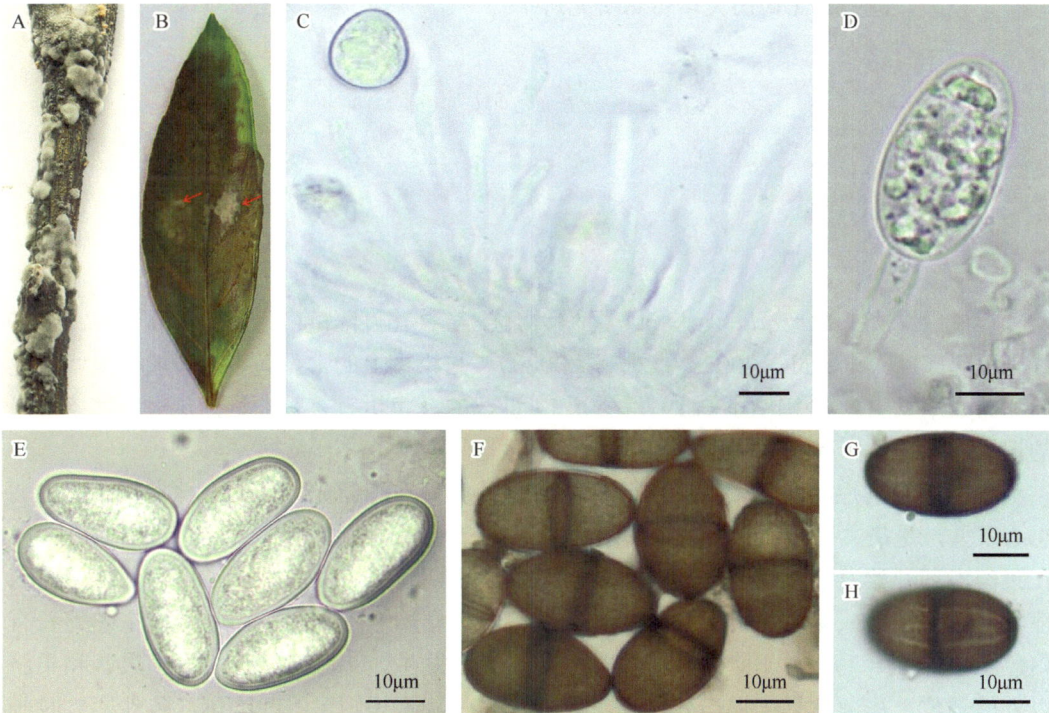

图 2-44　柑橘黑色蒂腐病菌形态特征（陈江华　提供）
A：柑橘枝干上形成的分生孢子器；B：柑橘叶片上形成的分生孢子器；C：侧丝和产孢细胞；
D 和 E：透明、无隔膜的分生孢子；F～H：成熟的分生孢子

二、分布为害

柑橘黑色蒂腐病主要发生在柑橘储藏期，造成果实腐烂。在我国各柑橘产区普遍发生，不同柑橘品种对该病害的抗性差异不明显。

三、流行规律

柑橘黑色蒂腐病菌以其菌丝体及分生孢子器在柑橘发病枝干上越冬。在温度适宜、高湿的情况下，产生的分生孢子通过雨水传播至果实，分生孢子萌发后从伤口特别是果蒂的剪口侵入，在萼洼与果皮中潜伏。在储运期间，果实表现症状，引起果实发病腐烂。

果园中侵染源数量是影响柑橘黑色蒂腐病发生的重要因素，械伤、虫伤或自然伤口多的果园易发病。

四、防控技术

对柑橘黑色蒂腐病的防控技术，与柑橘褐色蒂腐病的防控技术基本一致。

撰稿人：付艳苹（华中农业大学植物科学技术学院）
审稿人：周常勇（西南大学柑桔研究所）
　　　　周　彦（西南大学柑桔研究所）

第二十六节　柑橘黑腐病

一、诊断识别

（一）为害症状

柑橘黑腐病（*Alternaria* black rot）又称"黑心病"，由互隔链格孢（*Alternaria alternata*）侵染引起（Peever et al.，2005；张斌等，2020），是柑橘上的常见病害，一般在果实成熟后和储藏期发生。在中国由来已久，公元 14 世纪的《卖柑者言》被认为是对该病害最早的记录（陈绍光，1988）。在我国各柑橘主产区普遍发生。

柑橘黑腐病症状变化较大，可分为以下 4 种类型（陈绍光，1988；林良树，2002）。①心腐型，是最主要的症状类型。病菌从果蒂伤口侵入，或者自柱头侵入后潜伏在中柱，在果肉内部开始发病，逐渐向果面发展，果实成熟期发病。发病初期，果实外表无任何症状，后期果蒂或果脐部出现褐色坏死，果实内部囊瓣常变为黑色，中心柱空隙处长有白色至墨绿色茸毛状霉。此症状在各类柑橘上普遍发生。②黑腐型，发生于果蒂和果脐以外的部位，病菌从果皮损伤处侵入，形成黑褐色、不规则形的凹陷斑，条件适宜时长出墨绿色霉状物。③蒂腐型，病菌从果蒂处的伤口侵入，果蒂呈圆形、褐色软腐，果实内部同心腐型症状。④干疤型，发生于果皮，既可发生于果蒂，又可发生在果实其他部位，多发生于失水较多的果实上，病斑通常圆形、褐色，革质，呈干腐状，手指压不破，极少见霉状物产生（图 2-45）。

（二）病原特征

互隔链格孢（*A. alternata*）为无性型真菌，隶属于丝孢纲链格孢属，菌丝初期为灰白色，逐渐转为灰绿色至墨绿色。菌株分生孢子梗暗褐色，通常不分枝，隔膜 1～7 个，分生孢子顶生或侧生，卵形、纺锤形、长椭圆形或倒棒形，暗橄榄绿色，纵隔膜 0～4 个，横隔膜 1～5 个，横隔处有缢缩现象，喙通常较短（图 2-46）。适宜的生长温度为 25～32℃，当温度低于 15℃或高于 32℃时，菌丝生长缓慢。

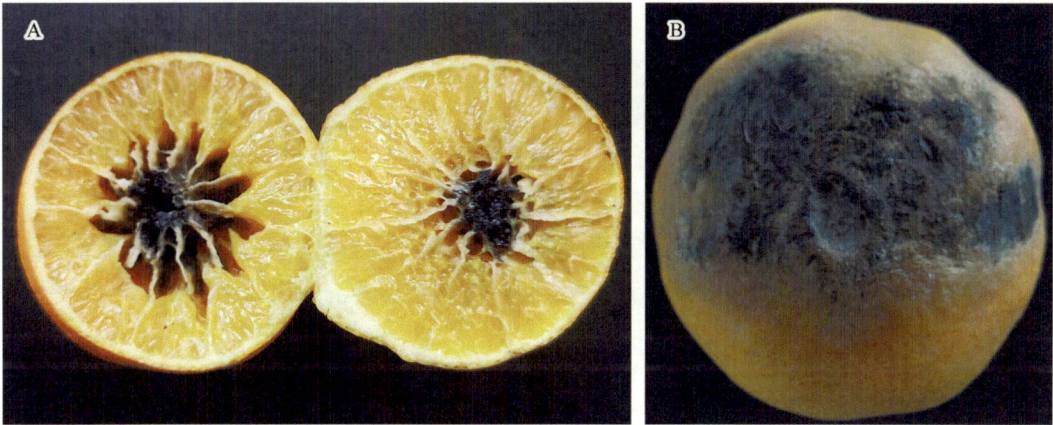

图 2-45　柑橘黑腐病为害症状（付艳苹　拍摄）
A：心腐型；B：蒂腐型

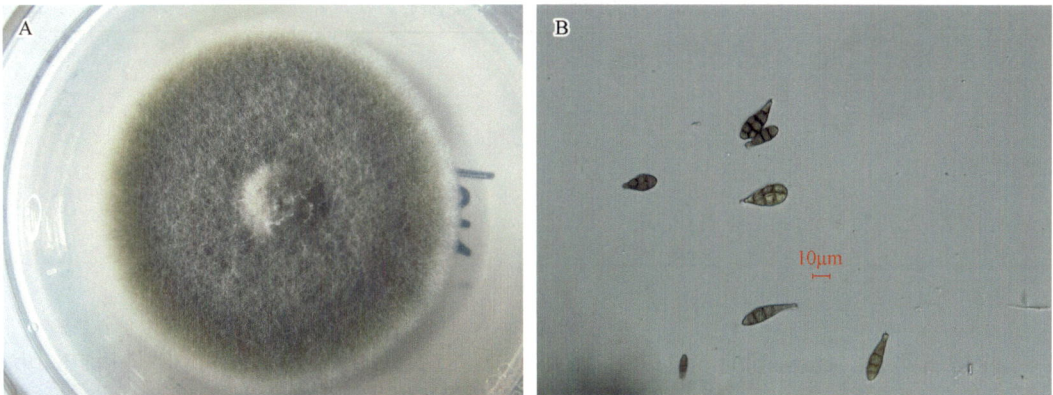

图 2-46　柑橘黑腐病菌菌落（A）与分生孢子（B）（李红叶　提供）

二、分布为害

柑橘黑腐病呈世界性分布，各类柑橘均可发生。黑腐病的发生与品种关系密切，通常来讲宽皮柑橘如椪柑、温州蜜柑、南丰蜜橘等发病较重，橙类发病轻，但以果脐有裂缝的品种更容易发生。干旱少雨或雨水不均匀，果脐裂缝多，发病严重。该病所致烂果数通常可占储藏期烂果总数的30%～60%（陈绍光，1988）。

三、流行规律

病菌腐生性较强，主要以菌丝在果园枯枝或烂果组织中，或以分生孢子附着在病果上越冬。在适宜温湿度条件下，病原菌产生分生孢子作为初侵染或再侵染源，借助气流传播。在花期和果实生长期，病菌从花坏死处、柱头或果脐的缝隙侵入，潜伏于果实内部（黄振东等，2006）。果实成熟后自中柱由内向外开始发病，引起心腐。另外，病菌也可以从果蒂或成熟果实的伤口侵入，造成果皮腐烂，或者从果蒂侵入，引起蒂腐。

四、防控技术

链格孢属真菌具有典型的潜伏侵染特性，因此宜采用综合防治措施。

1. 农业防治

重视果园栽培管理，避免偏施氮肥，增施有机肥；适当提早采果，防止采收和贮运过程中果实遭受机械损伤；严格执行冬季清园，定期修剪并清除果园中的枯枝落叶。

2. 化学防治

在盛花期，可结合保花保果施用多菌灵或托布津；采后药剂浸果处理、单果包装、储藏库消毒等。

撰稿人：付艳苹（华中农业大学植物科学技术学院）
审稿人：周　彦（西南大学柑桔研究所）

第二十七节　柑橘青霉病

一、诊断识别

（一）为害症状

柑橘青霉病（citrus blue mold）由意大利青霉（*Penicillium italicum*）侵染引起，发生在果实成熟期的果园和储藏期，为害果实，是典型的采后病害。发病初期果皮水渍状腐烂，病部略凹陷、皱缩，逐渐在病部出现白色菌丝，侵染一段时间后，菌丝产生青蓝色的粉状孢子，覆盖在果实表面，同时病斑最外层出现一圈白色的霉菌带，宽度较窄，仅为1～3mm，在适宜的温湿度条件下，病斑逐渐扩大，直至侵染整个柑橘果实，全果腐烂。环境湿度较低时，表面白色菌丝不易形成，果实缩水变干（图2-47）。

（二）病原特征

在PDA培养基平板上意大利青霉菌落多呈灰绿色或蓝绿色，有时会有从菌落中心向外的放射状皱纹或圆形环纹，在菌落边缘有明显的白色菌丝，背面多为红褐色，但也有色素缺乏者呈现灰白色或浅灰绿色（图2-48）。意大利青霉分生孢子梗直立，无色，具隔膜，顶端具2～5次扫帚状分枝，分枝顶端产生瓶状小梗，小梗无色，单胞，尖端渐趋尖细，呈瓶状，大小为200.0～400.0μm×3.0～4.5μm，其上着生成串的分生孢子。分生孢子单胞、无色，初圆筒形，后变椭圆形或近球形，大小为3.4～5.2μm×3.9～6.5μm（陶能国等，2013），聚集时多呈蓝绿色。生长温度为3～32℃，18～26℃为适宜的生长温度。

图 2-47　柑橘青霉病为害症状（付艳苹　拍摄）

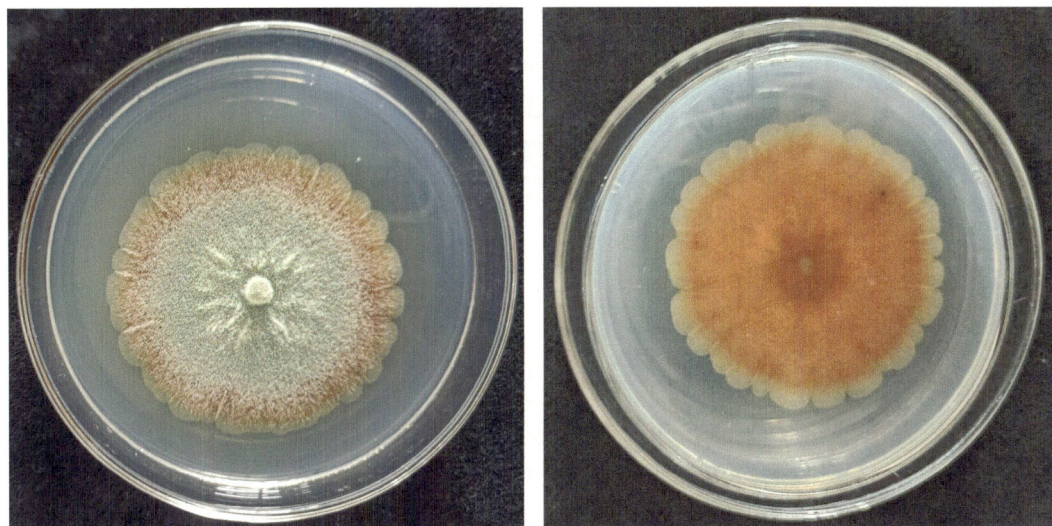

图 2-48　意大利青霉菌落形态（陶敏　拍摄）

二、分布为害

　　青霉病与绿霉病引起柑橘采后 80% 以上的腐烂。主要发生在柑橘储藏期，造成果实腐烂，表面覆盖大量蓝色粉末状孢子。在各柑橘产区普遍发生，不同柑橘品种对该病的抗性差异不明显。

三、流行规律

　　意大利青霉在自然界均广泛分布，腐生在各种有机物上，产生大量的分生孢子。分生孢子通过气流传播。意大利青霉为典型的死体营养型病原真菌，经各种伤口及果蒂剪口侵入柑橘果实，分泌果胶酶，破坏果皮细胞中间层，菌丝蔓延于细胞间，使果皮组织崩溃、发生软腐。在储藏期间，也可以通过发病果实和健康果实之间的接触而传播。果实腐烂产生大量二氧化碳气体，被空气中的水汽吸收产生稀碳酸从而腐蚀果皮，并使果面呈酸性环境，加速病菌侵染，导致大量烂果。

四、防控技术

1. 农业防治

规范采收技术，实施一果两剪；晴天采收，避免雨后或露水未干时采收，采收以八成成熟度果实为宜；避免果实在采摘、运输及包装过程中受到机械损伤。

2. 化学防治

采收后 24h 内使用咪鲜胺或抑霉唑等进行浸果处理，对果筐、运输车、采后处理厂及储藏库等进行消毒处理。

撰稿人：付艳苹（华中农业大学植物科学技术学院）
审稿人：周　彦（西南大学柑桔研究所）
　　　　周常勇（西南大学柑桔研究所）

第二十八节　柑橘绿霉病

一、诊断识别

（一）为害症状

柑橘绿霉病（citrus green mold）是由绿霉病菌引起、为害柑橘果实的一种真菌病害。病害多从伤口处发生，初期呈规则明显水渍状，略凹陷，色泽比健果略淡，组织柔软，以手指轻压极易破裂，2～3 天后病斑表面中央开始产生白色霉状物，并迅速扩展成为白色圆形的霉斑，中央部分霉斑变成灰绿色，有黏性。整个病斑可见明显的霉层，内层为绿色、外层为白色，最外层白霉与健部交界处变色部分为水渍状，腐烂部分为圆锥形，深入果实内部，潮湿时全果很快腐烂，在果心及果皮的疏松部分亦有霉状物产生，在干燥条件下果实则干缩成僵果（图 2-49）。

（二）病原特征

病原为指状青霉（*Penicillium digitatum*）。病菌分生孢子丛为绿色，分生孢子梗无色，具隔膜，为帚状分枝；分生孢子 3～6 个串生，单胞，无色，卵形或圆柱形，群集为青绿色。

图 2-49 柑橘绿霉病果实受害状（李鸿筠 拍摄）

二、分布为害

柑橘绿霉病是一种发病率极高的病害，在我国的柑橘产区普遍发生。柑橘绿霉病发生后造成柑橘果实腐烂。柑橘绿霉病每年造成的柑橘腐烂损耗占总量的 10%～12%。

三、流行规律

绿霉病发生所需的温度条件为：最低 3℃，最高 32℃，以 25～27℃发病最重。在温度较高的储藏库中果实发病更为严重；相对湿度达 96%～98% 时，有利于发病。在雨后、重雾或露水未干时采收的果实，果面湿度大，果皮含水分多，易擦伤引起发病。

分生孢子随气流传播，经各种伤口及果蒂剪口侵入，也可通过病果与健果接触传染。故果实在采收、分级、装运及储藏过程中受伤会增加感病机会。伤口愈深、愈大，则愈易染病。

四、防控技术

1. 农业防治

及时清理果园中的病果、烂果，避免果实在采摘、运输及包装过程中受到机械损伤。

2. 物理防治

采用控温控湿储藏库保存，存放前采用单果薄膜套袋以降低交叉感染率。储藏库内适宜温度：甜橙类和宽皮柑橘类 5～8℃，柚类 5～10℃，柠檬 2～15℃；适宜相对湿度：甜橙、柠檬 90%～95%，宽皮柑橘、柚类 85%～90%。

3. 化学防治

采收前 30 天内喷施嘧菌酯或抑霉唑等药剂预防，柑橘采收当天用噻菌灵、甲基硫菌灵、咪鲜胺、抑霉唑、双胍三辛烷基苯磺酸盐（百可得）、仲丁胺等药物浸果。

撰稿人：胡军华（西南大学柑桔研究所）
审稿人：周　彦（西南大学柑桔研究所）

第二十九节　柑橘酸腐病

一、诊断识别

（一）为害症状

柑橘酸腐病（citrus sour rot）是由酸腐病菌引起、为害柑橘果实的一种真菌病害。病菌从伤口或果蒂部侵入，初期病部果皮出现水渍状淡黄色至黄褐色圆形病斑，极柔软，手触碰即破。病斑扩展至 2cm 左右时稍下陷，病部长出白色、致密的薄霉层，略皱褶，为病菌的气生菌丝及分生孢子，后期病部腐烂流液，黏湿成团，散发酸臭味（图 2-50）。

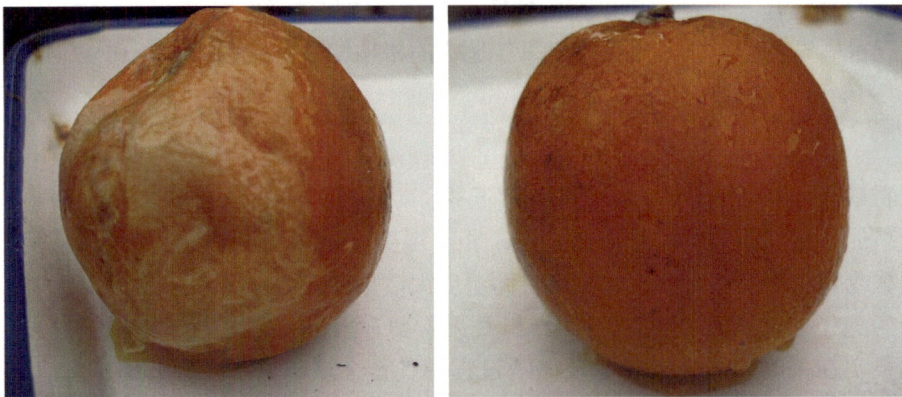

图 2-50　柑橘酸腐病果实受害状（李鸿筹　拍摄）

（二）病原特征

酸腐病菌有性世代为酸橙乳霉（*Galactomyces citri-aurantii*），无性世代为酸橙地霉（*Geotrichum citri-aurantii*），亦名为酸橙节卵孢菌（*Oospora citri-aurantii*）。菌落乳白色，柔软，呈酵母状；营养菌丝体无色，分枝，具隔膜。老熟菌丝在隔膜处断裂后生成节孢子。节孢子串生，单胞，无色，呈桶状或近椭圆形。

二、分布为害

柑橘酸腐病一般发生于成熟的果实，特别是储藏较久的果实上，是世界柑橘种植区的常见病害之一。在我国柑橘产区普遍发生，特别是冬季气温较高的地区。柑橘酸腐病发生后造成柑橘果实腐烂，一般果实发病率为 1%～5%，有时可达 10%。

三、流行规律

病菌随着腐烂果或通过雨水传到土壤，在柑橘成长期特别是成熟期，分生孢子通过空气或者雨水传播到果实表面，通过伤口侵染柑橘果实。病果上产生的分生孢子通过空气或雨水传播，进行二次侵染。果蝇也可以传播柑橘酸腐病。在储藏期，主要通过与病果残留物的接触传播。

病菌在 26.5℃时生长最快，10℃以下腐烂发展很慢，15℃以上才引起果实腐烂，在 24～30℃的温度和较高的湿度下，5 天内病果全部腐烂，并且邻近果实也会因接触而感染受害。

四、防控技术

1. 农业防治

在栽培管理过程中尽量避免果实机械伤，发现病果及时摘除，集中深埋或烧毁，避免果实在采摘、运输及包装过程中受到机械损伤。

2. 物理防治

控制储运过程的温湿度，保持通风，湿度不超过 90%；采用单果薄膜套袋以降低储藏期交叉感染率。

3. 化学防治

采收前 30 天内用双胍三辛烷苯基磺酸盐等药剂喷树冠，采收当天用双胍三辛烷基苯磺酸盐、肟菌酯、咪鲜胺等药剂浸洗果实。

撰稿人：胡军华（西南大学柑桔研究所）
审稿人：周　彦（西南大学柑桔研究所）

第三十节　柑橘疫霉褐腐病

一、诊断识别

（一）为害症状

由疫霉属（*Phytophthora*）多个种侵染引起的柑橘疫霉褐腐病（citrus brown rot）主要发生在柑橘进入转色期之后。土壤中的病原菌通过雨水溅射侵染距离地面较近的果实。果实发病初期果皮上出现淡褐色小斑，之后病斑迅速扩展并呈黑褐色水渍状湿腐，3～5

天内腐烂脱落，病果有韧性，气味独特；果实剖面呈褐色，后期病斑着生稀疏、紧贴果皮的白色霉层（图 2-51）。

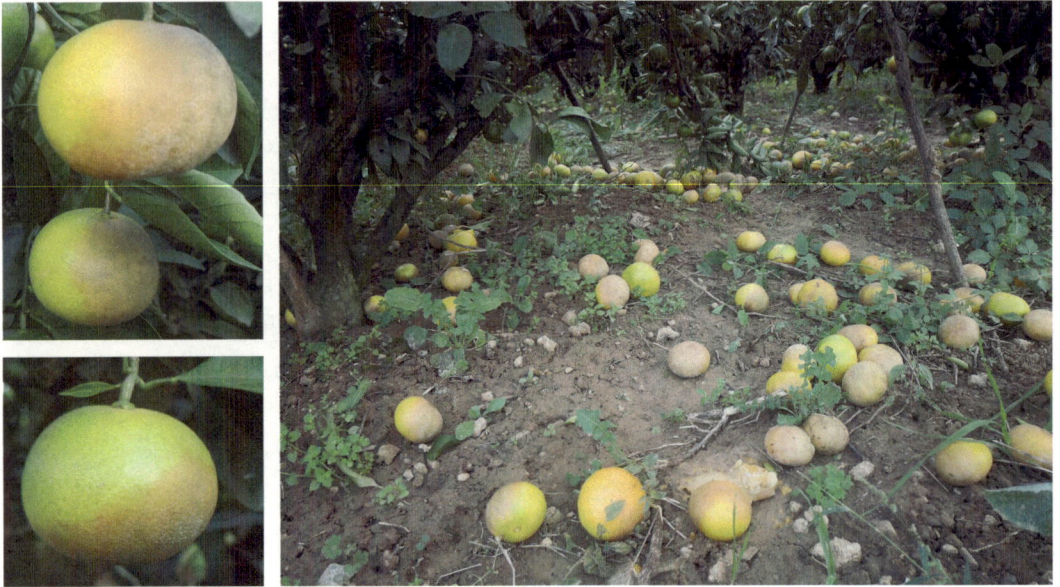

图 2-51　柑橘疫霉褐腐病为害症状（付艳苹　拍摄）

（二）病原特征

引起该病害的病原菌通常也可以侵染柑橘主干，引起柑橘脚腐病。在我国可以为害柑橘果实的疫霉有柑橘褐腐疫霉（*P. citrophthora*）、烟草疫霉（*P. nicotianae*）、寄生疫霉（*P. parasitica*）。研究发现棕榈疫霉（*P. palmivora*）也可以引起柑橘疫霉褐腐病（王绍斌，2001；成家壮和韦小燕，2002；赖萍，2002；张培花等，2009；彭东林等，2012）（图 2-52）。

二、分布为害

疫霉褐腐病是世界各柑橘产区的常见病害，在我国各产区均有发生，南方产区发生更为频繁。成熟前染病落果率一般为 10%～30%；在高湿条件下，病害潜伏期短，蔓延扩展迅速，易暴发成灾，造成大量落果，甚至绝收。

三、流行规律

病原菌在柑橘树主干基部脚腐病病斑内以菌丝体越冬，或者以菌丝体或卵孢子随病残体遗留土壤中越冬。第二年气温回升，果园湿度大或降雨增多时，病斑中的菌丝不断形成孢子囊，释放游动孢子。游动孢子通过雨水溅射接触果实，直接侵入。因此，柑橘脚腐病发生较严重的果园易发生疫霉褐腐病，柑橘果实进入转色期后易感病。

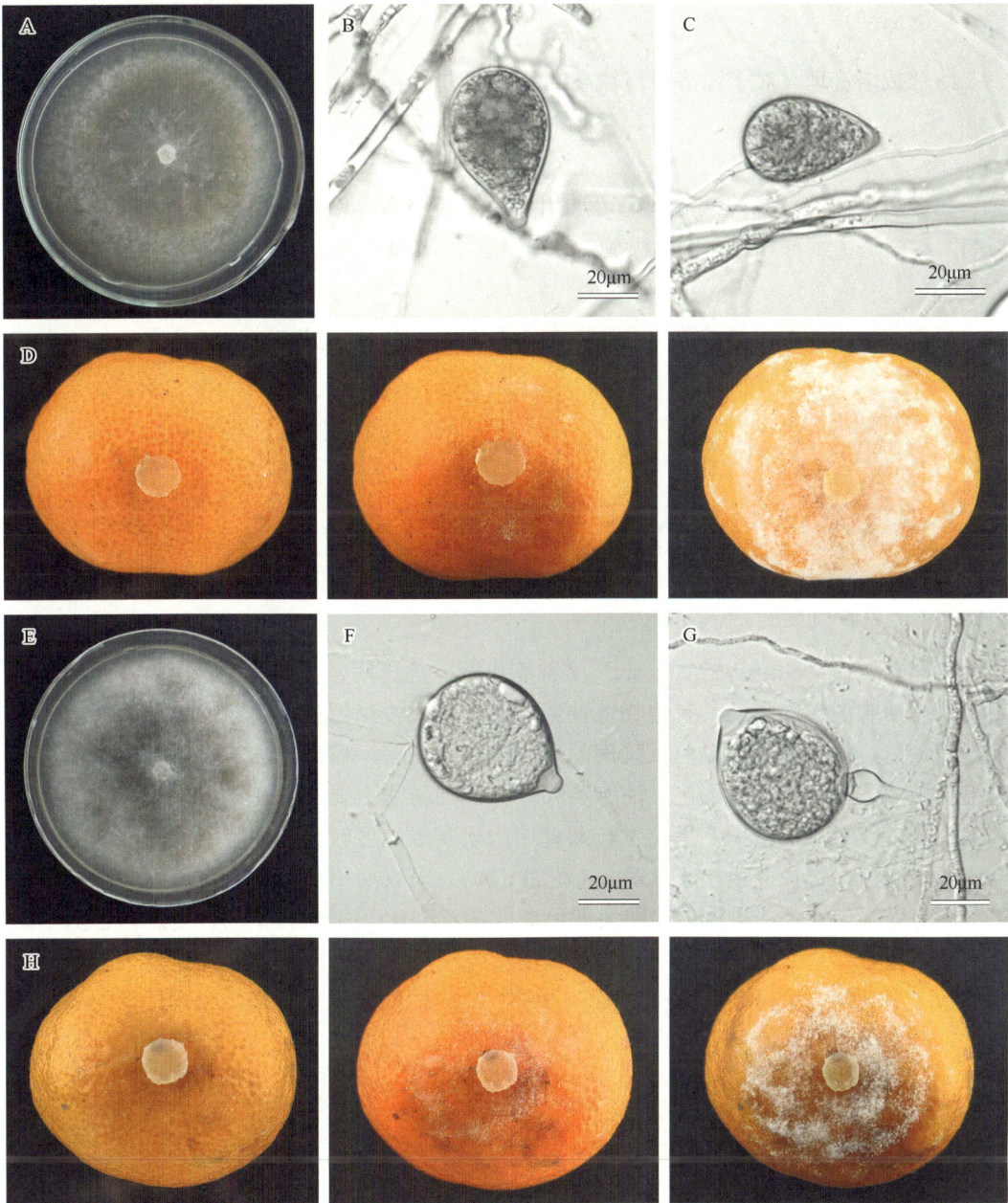

图 2-52 棕榈疫霉和寄生疫霉的菌落与孢子囊及其为害症状（龙复涵 拍摄）

A：棕榈疫霉的菌落形态；B 和 C：棕榈疫霉的孢子囊；D：棕榈疫霉为害症状；

E：寄生疫霉的菌落形态；F 和 G：寄生疫霉的孢子囊；H：寄生疫霉为害症状

四、防控技术

该病害的防治策略同柑橘脚腐病。此外，对于果实的保护，可以采取以下措施。

1. 农业防治

结合栽培管理，对于经济价值较高的品种可进行套袋。

2. 化学防治

在套袋前和流行高峰期施药，可选用甲霜灵、甲霜·锰锌、烯酰吗啉、代森锰锌等药剂，对树冠中下部和地面同时喷施 2 或 3 次，每次间隔期为 5～10 天。

撰稿人：付艳苹（华中农业大学植物科学技术学院）
审稿人：周　彦（西南大学柑桔研究所）

第三十一节　柑橘油斑病

一、诊断识别

（一）为害症状

柑橘油斑病（citrus oleocellosis）又称脂斑病、虎斑病、油胞病、绿斑病，是由柑橘果实外皮油胞破裂渗出的具有植物毒性芳香油侵蚀果皮组织损伤引起，果实表面出现不规则浅绿色、淡黄色或黄褐色下陷斑的一种生理性病害。病斑内油胞显著突出，油胞间的组织稍凹陷，后变为黄褐色，油胞萎缩。柑橘油斑病主要发生在果实生长发育期、果实采收期以及采后储藏期。果实生长发育期因果实成熟度较低，油胞破裂而产生的油斑一般为浅绿色，直径一般小于 0.8cm（图 2-53A）。采收期和采后储藏期间果实已接近成熟，油胞受损伤较轻的果皮上出现淡黄色斑（图 2-53B）。损伤较重的则是深褐色的下陷病斑，其直径一般大于 1.0cm，且随时间延长病斑扩大，严重时可扩大到整个果面，后期油胞塌陷萎缩，病斑颜色加深为褐色（图 2-53C）。病斑易受青霉、绿霉侵染而导致果实腐烂。

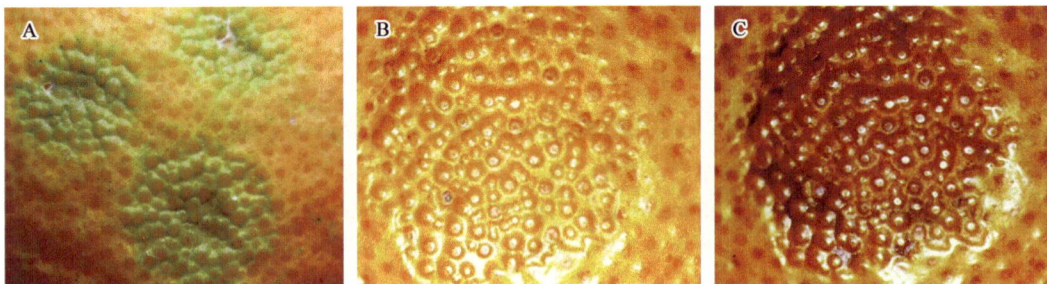

图 2-53　果实生长发育期（A）、采收期（B）和采后期（C）的柑橘油斑病症状（郑永强　拍摄）

（二）病原特征

柑橘油斑病是柑橘类水果的一种生理性病害，可由昆虫为害、机械损伤及受损果实接触等损害致使柑橘果实油胞破裂，渗出的芳香油被破损油胞周围组织的抗坏血酸氧化产生毒性，导致油胞细胞壁生理损伤从而引发油斑病。在湿润的环境条件下，果皮油胞层细胞易胀破；在严重干旱、昼夜温差太大等逆境条件下，可能引起表皮失水过多而发生收缩，油胞可能因挤压破裂，从而产生病斑。其中，夏季水分代谢不平衡与果实生长发育期油斑病的发生密切相关。此外，已有研究表明绿色病斑是渗到橘皮下表层组织里的橘油阻碍了叶绿素向色素细胞的分化，进而形成巨型叶绿体所造成的，而病斑变褐可能还有多酚氧化酶和过氧化物酶等酶的参与。

二、分布为害

（一）分布

近年来，柑橘油斑病在世界柑橘主产区都有发生，在国际市场上以油斑病等果面缺陷为由对出口柑橘的退货、拒收事件屡屡发生。近年，重庆、四川、湖北、湖南、江西、浙江等柑橘主产区都有该病害发生的报道。

（二）为害

柑橘油斑病经常是在果实分级、包装、储运及市场销售再包装时机械损伤所致。其中，2001 年澳大利亚南部柑橘产业预计 10% 果实受柑橘油斑病影响（Knight et al.，2002）。2010 年郑永强等对重庆奉节、忠县、江津等产区调查发现，果实生长发育期油斑病发病率亦可达 10%～90%，单株病果率为 15%～90%。因此，柑橘油斑病已成为中国甚至世界柑橘鲜果出口创汇的重要限制因子。

三、流行规律

柑橘油斑病是一种果实生理性病害，主要与果实生长发育期柑橘园环境因素、采收期及采后储藏期机械损伤有关。

（一）果实生长发育期

不同种类、品种的柑橘果实油斑病均可感病，但发生情况差异较大。从种类上看，脐橙、葡萄柚、宽皮柑橘、柠檬、莱檬等都易发病。现有资料表明，蕉柑发病早且严重；椪柑发病稍晚、轻；早熟温州蜜柑发病轻，晚熟温州蜜柑发病重；重庆地区早熟脐橙果实油斑病发生较重、晚熟脐橙发病较轻。

物理伤害因素的增加会显著促进该病害的发生。例如，在果实膨大期由于农事操作或枝叶摩擦时受伤，柑橘蓟马、蟓象和叶蝉为害果实后都会导致柑橘油斑病大量发生。

不适气候会加重该病害的发生。据重庆调查，果实膨大期遭遇日间高温干旱、夜间高湿气候，该病害往往大量发生。

栽培管理措施亦对该病害发生有显著影响。例如，在果实膨大期或果实发育后期，过多地施用碱性药剂，亦可使该病害大量发生。果实膨大期（夏季高温干旱期）冠层连续喷施 2 或 3 次 0.25% 硝酸钙，可显著抑制该病害的发生。

（二）采收期和采后储藏期

采收期果实油斑病敏感度受柑橘园环境因素的显著影响。例如，采收前连续降雨、柑橘园土壤水分充足、空气湿度大、植株和果实含水量较高，果实油斑病敏感度较高，采收果实油斑病发生较重；同时，早上采摘果实亦容易感染此病，而且在采后加工处理和储藏期发病程度较高。因此，适当早采或采后储藏前于室内放置3~5天进行失水处理，可以显著降低柑橘果实油斑病的敏感度（图2-54），同时减少采果和采后处理期储运、洗果、包装等过程中机械损伤，会显著抑制该病害的发生。

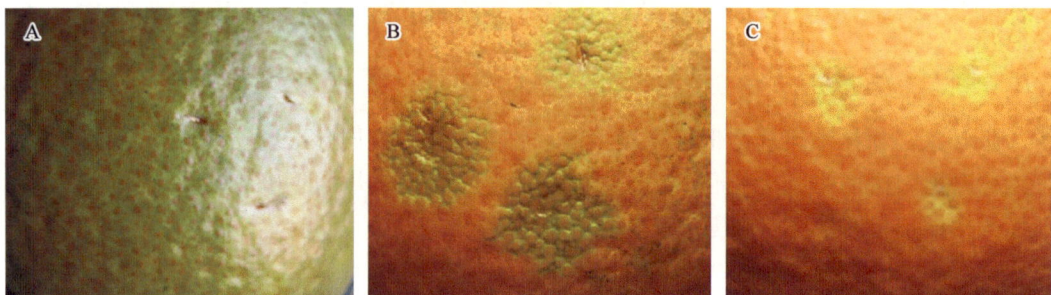

图2-54　早金甜橙未脱色（A）、正常采收（B）和预储处理（C）的柑橘油斑病症状（郑永强　提供）

四、防控技术

1. 农业防治

伏旱前中耕表土，并用杂草或稻草覆盖树盘；9~12月出现干旱时，宜及时灌溉；适当早采，避免在果面有露水、大雾、雨天以及灌溉后立即采果；在采收、包装、贮运过程中，小心操作，避免果面损伤。

2. 化学防治

夏季高温期连续喷施 0.25% 硝酸钙 2 或 3 次，在果实生长后期，加强对蓟马、螨象和叶蝉的施药防治。

撰稿人：郑永强（西南大学柑桔研究所）
审稿人：周　彦（西南大学柑桔研究所）

第三十二节　柑橘裂果病

一、诊断识别

（一）为害症状

柑橘果实一般先在近果顶端处开裂，然后沿子房缝线纵裂开口，瓤瓣破裂，露出汁胞。有的果实横裂或不规则开裂，形似开裂的石榴（图 2-55）。裂果如不及时处理，则最后脱落或遭病菌侵染而变色腐烂。

图 2-55　砂糖橘裂果病症状（邓晓玲　拍摄）

（二）病原特征

该病为生理性病害，通常裂果的发生是果实内部生长应力增加，而果皮不能抵抗这种应力增加的结果。从果实组织结构方面分析，是果皮与果肉生长不一致所致。从果实内含物方面分析，裂果常发生在含糖量高的部位。果胶起连接相邻细胞的作用，果实近成熟时因果胶水解使裂果增加。从矿质营养方面分析，钾是重要元素，果实发育前期钾多，有利于果皮发育、增厚，抵抗裂果的发生；发育后期钾多，则有利于果肉生长，尤其是遇雨果实迅速吸收水分从而增加裂果。从水分方面分析，土壤水分是果实裂果的重要因子，久旱遇雨或大量灌水，大量的水突然进入果实组织，使细胞膨压增加，内部生长应力增大，导致裂果。该病一般在 8～10 月壮果期伏旱骤雨之后发生。早熟薄皮品种易裂果，果顶部果皮较薄的品种裂果多，温州蜜柑的一些品种常见裂果。向阳坡地和土质瘠薄的柑橘园，间作作物需肥水多的柑橘园，树势衰弱和结果多的柑橘，发病严重。

二、分布为害

（一）分布

该病害在世界各主要柑橘产区均有分布。

（二）为害

该病害在壮果期引起落果，影响产量，是柑橘减产的主要原因之一。在重庆部分柑橘果园病果率平均为 5.5%，最高达 12.4%。

三、流行规律

（一）气候条件

果实裂果的高峰期：果实膨大期、开始成熟期的干旱程度，雨量多少，日照强弱直接影响裂果。久旱骤雨或大雨后即晴均会加重裂果；反之此间雨量适中且分布均匀，可明显减少裂果。

（二）柑橘品种

紧皮的甜橙果实较松皮的宽皮柑橘果实裂果发生多，果皮薄的果实较果皮厚的果实发生多。例如，脐橙、锦橙、哈姆林甜橙等都会发生裂果；皮薄的早熟温州蜜柑、南丰蜜橘和玉环柚等也易发生裂果。

（三）果园土壤条件

柑橘果园土壤疏松、深厚、肥沃，保肥保水性稳定，裂果发生少；反之土壤瘠薄、黏重和板结，保肥保水性差，裂果发生多。

（四）栽培管理

土壤不松土、不深翻，树盘不覆盖，土壤含水量变化大；施肥不合理（磷肥过多，钾肥不足）；秋旱严重，灌溉条件差，甚至无灌溉条件；疏果不当，均会造成裂果。

四、防控技术

结合当地气候条件，选择种植裂果少或不裂果的品种。

1. 深耕改土

加强土壤管理，增加土壤有机质，改良土壤结构，提高土壤保水性能，以减少裂果。裂果多的果园，宜少施磷肥，适施氮肥，增施钾肥。7 月壮果肥增施硫酸钾，同时在裂果发生前叶面喷施 0.3% 磷酸二氢钾或 0.5% 硫酸钾溶液，以增强果皮抗裂性，减少裂果发生。

2. 推广果园生草覆盖

下半年保留园中的杂草，但要清除树盘内的杂草；待草长高时再砍下来覆盖树盘，以草来保持园地的湿度，保持土壤水分平衡，创造良好的果园小气候，减少夏秋季节的裂果，并有利于防治螨害。

3. 做好水分管理

伏旱期间，干旱初期在树盘内浅耕 8～12cm，行间深耕 15～25cm；如需灌水抗旱，应先用喷雾器喷湿树冠，然后再灌水。降雨后要及时排出积水，防止土壤水分失调，避免果实吸收水分太多使内径膨胀而产生裂果。

4. 药物防治

在个别正常树发生裂果时，可喷施赤霉素、细胞分裂素、芸薹素等，以保持果皮细胞处于活跃状态，减轻裂果。

撰稿人：邓晓玲（华南农业大学植物保护学院）
审稿人：周　彦（西南大学柑桔研究所）

第三十三节　柑橘日灼病

一、诊断识别

（一）为害症状

柑橘日灼病（citrus sunscald）是高温季节一种常见的生理性病害，主要为害叶片、果实和树皮。该病害的发生主要是由高温烈日暴晒引起的。通常发生在 7～9 月的高温季节。气候干燥、高温、强日照时易发生。

受害部位的果皮初呈暗青色，后为黄褐色。果皮生长停滞，粗糙变厚，质硬。有时发生裂纹，病部扁平，致使果形不正（图 2-56）。

图 2-56　柑橘日灼病果实受害状（郑正　拍摄）

（二）病原特征

柑橘日灼病是果实受高温烈日暴晒而引起的生理性病害，主要是由于炎夏酷热、强光暴晒，使树体枝干、果实受光面出现灼伤。起初果皮组织含水量低，水分不够，油胞破裂形成硬状斑块。温州蜜柑比甜橙发病重，早熟温州蜜柑比中熟温州蜜柑发病重，尤以树冠外围中上部的单顶果最易发生。枝干往往由于更新过重、缺少辅养枝、强阳光直接照射而造成日灼。受害果实的果皮灼伤变黄、硬化或坏死，降低果实品质，影响果品的商品价值。

二、分布为害

（一）分布

柑橘日灼病是一种常见的生理性病害，在世界各柑橘产区均有发生。尤其是在气温偏高、雨水较少的地区，果实日灼病更为严重。

（二）为害

柑橘日灼病不影响产量，但对果实品质影响极大。日灼轻者仅灼伤果皮，重者伤及汁胞，果汁极少且淡而无味，果肉呈海绵状，完全失去食用价值。

三、流行规律

柑橘日灼病一般于7月开始发生，8～9月发生最多。特别是西向的果园和着生在树冠西南部分的果实，受日照时间长，容易受害。土壤水肥不足，可加剧该病害的发生。在高温烈日气候下，对树冠喷施高浓度的石硫合剂、硫黄悬浮剂（胶体硫），也可加剧该病害的发生。此外，修剪不当，大枝或主干暴露在强烈的日光下，亦会灼伤树皮，损伤木质部，以致严重影响树势。

四、防控技术

1. 石灰水喷果

在柑橘日灼病发生严重的地区，用1%～2%石灰水喷洒南面向阳树冠上部的叶面。喷洒石灰水后，犹如蒙上一层白膜，能反射强光，降低叶温，保护叶片。

2. 树干涂白

用0.5kg生石灰加水2.5～3.0kg化成石灰乳，将受阳光直射的主枝涂白。涂白的树皮在高温时比未涂白的树皮温度降低10℃左右，能避免阳光直射枝干，起到保护作用。

3. 果实贴面或套袋

对于树冠顶部和外围西南部的果实，用5cm×7cm的报纸小片贴于果实日晒面，能有效防止果实表面灼伤。为防止果温上升，还可进行果实套袋，或将水分抑蒸剂喷至果面，减少水分的蒸发。多雨时节及时开沟排水，改善土壤通气状况，诱根深扎，增强柑橘树体的吸水能力。

4. 其他措施

7～9月不要在柑橘园使用石硫合剂防治害虫，必须使用时，要降低使用浓度和减少次数，浓度以 0.1～0.2°Bé 为宜，1 或 2 次即可，并做到均匀喷药，勿使药液在果面过多凝聚。柑橘园种草和种绿肥，提倡生草栽培，以调节小气候。

撰稿人：邓晓玲（华南农业大学植物保护学院）
审稿人：周　彦（西南大学柑桔研究所）
　　　　周常勇（西南大学柑桔研究所）

第三十四节　柑橘根结线虫病

一、诊断识别

（一）为害症状

受柑橘根结线虫病（citrus root knot nematode disease）为害的病株地上部分，在其发病轻微的情况下无明显症状；当根系受害加重时，柑橘树冠部分表现为枝梢短弱、叶片变小、生长势衰退；受害严重时，叶片发黄，无光泽，叶缘卷曲，呈缺水状，最后叶片干枯脱落，枝条枯萎，甚至全株枯死。此外，重病树还常表现为开花多，着果率低，果实小，叶片呈缺素状花叶症状。

幼嫩根系受害后，刺激幼嫩根组织过度生长，形成大小不等的瘤状根结。新生根结一般呈乳白色，以后逐渐老熟，转变为黄褐色至黑褐色，根结大多数发生在细根上，严重时产生次生根结，并与大量细小根系交互盘结，形成须根团，其后老熟根结腐烂，引起病根坏死。

（二）病原特征

柑橘根结线虫病由花生根结线虫（*Meloidogyne arenaria*）侵染为害引起，该病原线虫的形态特征如下（图 2-57）。

雌成虫：乳白色，成熟雌成虫为球形或梨形，大小为 905μm×630μm，在后尾端有微小凸起。雌成虫唇瓣呈"X"形并上隆，会阴花纹圆形，背弓低且平，腹外侧内线纹呈脸颊状，内角质层凸起。

雄成虫：体型呈线状，头端圆锥形，尾端钝圆呈指状，大小为 1837～1995μm×32～35μm，头部有环纹，唇瓣圆形且略高。口针长 25μm，口针基部球横向卵形，骨针长 38.6μm。

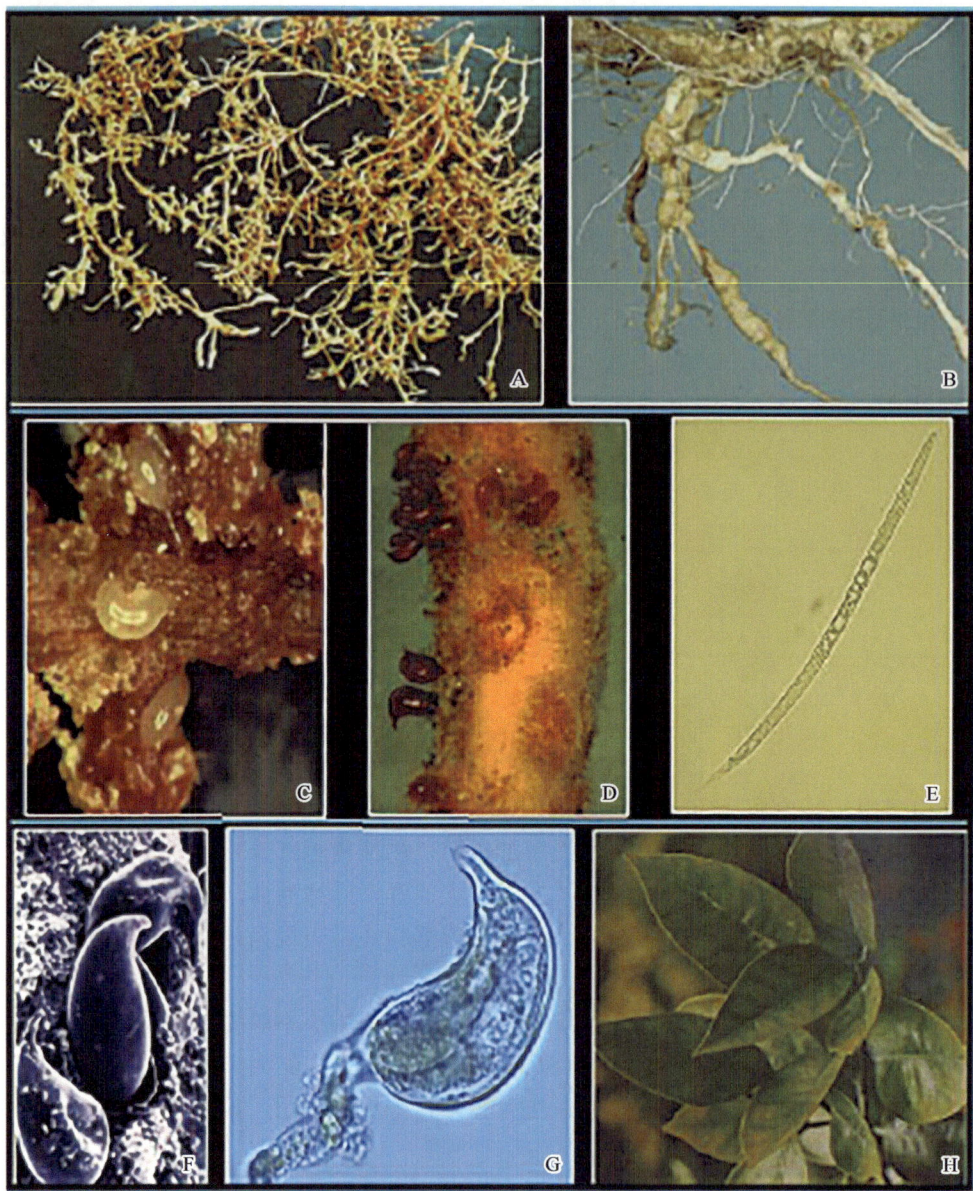

图 2-57　柑橘根结线虫（冉春　提供）

A 和 B：受害根部形成瘤状根结；C 和 D：雌成虫寄生于根表皮；E：雄成虫；

F 和 G：雌成虫；H：严重为害引起叶片黄化症状

卵：卵粒略呈蚕茧状，较透明，外壳坚韧。

幼虫：共 4 龄。一龄幼虫线状，卷曲在卵粒内。二龄幼虫即侵染性幼虫，呈线状，无色透明，从卵粒中初孵化时一般长 280μm、宽 45μm 左右，之后继续生长，平均体长 465μm、口针长 11.5μm、尾长 46.5μm，尾部透明末端长 16.1μm。二龄幼虫侵入寄主植物后，虫体由线状变成豆荚状。到三龄幼虫时，开始雌雄性别分化，到四龄幼虫阶段，可较明显地从线虫体型及生殖器官上区分雌雄性别。

二、分布为害

柑橘根结线虫病在我国长江流域、华东、西南、华南等柑橘产区均有发生。植株受害后生长势衰退，严重时造成凋萎枯死，甚至大面积减产。在树龄较高的柑橘园，该病害更容易严重发生。

三、流行规律

（一）侵染循环

病原线虫以卵和雌成虫在土壤、病根中越冬。当外界条件适宜时，卵粒在卵囊内发育，孵化成一龄幼虫并留在卵内，蜕皮后，破卵壳而出成为二龄侵染性幼虫，在土中活动。二龄侵染性幼虫侵入柑橘幼嫩根系，在根皮与中柱之间为害，刺激幼根组织过度生长，并固定形成永久性的取食位点，使幼嫩根系形成不规则的瘤状根结。幼虫在根结内生长发育，再经历3次蜕皮，发育为成虫，雌成虫与雄成虫交尾产卵。在广东5~6月，柑橘根结线虫完成上述生活史循环共需约50天，因此，一年中柑橘根结线虫能繁殖多代，进行多次再侵染。

（二）传播规律

柑橘根结线虫病的主要侵染来源，在无病区是带病苗，在病区则是带病的土壤、肥料和病树的树根。病苗携带是柑橘根结线虫病传播的主要途径，水流是该病近距离传播的重要媒介。此外，带有病原线虫的农机具及人畜等也可以传播此病。

（三）流行因素

柑橘根结线虫病在丘陵和平原各类土壤中均可发生，但一般在通气性良好的潮湿砂质土中发生较重，而在通气不良的黏质土中发生较轻。有机质含量较高、pH 6~8 的土壤中线虫密度较大，危害较重。气温 20~30℃时，柑橘根结线虫发育、孵化和活动最盛。柑橘品种间的感病性有差异，但常见栽培品种皆可感病。柑橘园种植茄科作物，常加剧该病害的发生。

四、防控技术

在无病区和新栽区，必须严格选用无病苗木。在病区，则实行以培育无病苗木、土壤消毒和病树处理等相结合的综合防治措施。

（一）培育无病苗木

1. 苗圃地的选择与消毒

在轻病地区，苗圃地可选用前作为禾本科作物的田块。在重病地区，则应选用前作为水稻的田块。如必须用发病地做苗圃，则应进行如下土壤处理。

1）反复犁耙翻晒土壤，以减少土壤中病原线虫的数量。

2）耕作前半个月，整地后开宽30cm、深15cm的沟，再施入40%威百亩水剂，每亩用量3～5L，兑水浇施后覆盖地膜，进行表土化学熏蒸消毒防治。7天后揭膜，松土1或2次，再过7天后即可进行播种或定植。

2. 病苗消毒

对于发病柑橘苗木，可用48℃热水浸根15min，或用3%阿维·噻唑磷水乳剂1000倍液浸根，可杀死柑橘植株根系内部和根结表层内的病原线虫，并刺激苗木生长。

（二）果园柑橘根结线虫的防治

1. 柑橘园的选择和消毒

柑橘植株定植地必须严格检查，确保土壤不带有病原线虫。如使用带有病原线虫的土地时，则在定植前半个月进行土壤消毒。其施药消毒方法与苗圃地熏蒸处理方式相同。

2. 农业防治

（1）剪除病根

在病株树盘下深挖根系附近土壤，挖出受害的根系，将有瘤状根结的须根团剪除，中耕时以树冠滴水线下深耕、靠近树干处渐浅耕为原则，覆土最好不要用原来的土壤，应覆以客土，并撒施石灰，石灰施用量以所需客土量的1%～2%为宜。剪除的病根应及时清除出果园，并集中烧毁。

（2）加强栽培管理

加强果园土、肥、水管理，培育强壮树势，促进根系生长。在夏季采用深松土锄断部分线虫病根，翻土将线虫晒死，在冬季结合抑制土壤水分、促进花芽分化措施进行松土晒根。在雨季前整修排灌水沟，加速排水，降低地下水位，使柑橘园内土壤呈干旱状，抑制根结线虫生长。对病树采用增施有机肥，每株15～25kg，并将有机肥和客土按1∶1比例进行培土，以在冬季中耕剪除病根时进行为宜，最好在"大寒"时进行。同时每年6～7月扩穴改土时，再深施有机肥1次。在春秋季及采果前后，应注重施肥，将化肥与有机肥结合施用，对柑橘地上部分应做好修剪工作，强壮树冠。在夏季采用短截树冠外围中上部的无果衰退枝、枯枝、无叶枝及病虫枝。采果后及时剪除落果枝，并及时疏剪树冠内膛密集枝、郁闭枝、交叉重叠枝及下垂枝。

3. 化学防治

挖土剪除病根时，将药剂均匀混合在客土中覆土，或在树冠滴水线下挖深15cm、宽30cm的环形沟，灌水后药剂与肥料混合施入并覆土，或在树盘内每隔20～30cm开长、宽、深为20cm×20cm×20cm的施药穴，施药后及时覆土并灌水。防治柑橘根结线虫的药剂安全间隔期为3个月，为安全起见，施药时间宜在冬季或早春的2～3月进行，可用

3% 阿维·噻唑磷水乳剂 1000 倍液灌根处理。

对于成年病树，可施用 3% 阿维·噻唑磷水乳剂 1000 倍液，于坐果初期每 7 天连续灌根 2 次、200～300mL/株，或 3% 阿维菌素 450～750mL/株，均有较好防效。若先挖除病根，然后施药，则效果更好。

对于已发病的成年树，也可采用以下方案加以防治：每年冬季 1 月、2 月挖取剪除表土 5～15cm 深处的病根，然后每株柑橘树施用石灰 1.5～2.5kg，以减少病原线虫数量，同时增施有机肥，帮助老树恢复生长势；再于当年 3 月、4 月，施用 3% 阿维·噻唑磷水乳剂 1000 倍液灌根，或 3% 阿维菌素 450～750mL/株，也具有较好的防治效果。

4. 生物防治

生物防治具有安全、高效、对环境友好等特点，生防菌可产生具有毒杀线虫的活性酶、抗生素、挥发性物质和毒素等代谢物，通过毒杀作用、抑制卵孵化等方式来防治根结线虫病害。目前用于防治线虫的生防菌有淡紫拟青霉（*Purpureocillium lilacinum*）、厚垣轮枝菌（*Verticillium chlamydosporium*）、节丛孢属（*Arthrobotrys*）、荧光假单胞菌（*Pseudomonas fluorescens*）、白色木霉（*Trichoderma album*）、巨大芽孢杆菌（*Bacillus megaterium*）等。

撰稿人：陈国康（西南大学植物保护学院）
审稿人：周　彦（西南大学柑桔研究所）
　　　　周常勇（西南大学柑桔研究所）

第三章

柑橘虫害

第一节　柑橘木虱

一、诊断识别

柑橘木虱（*Diaphorina citri*），属于半翅目（Hemiptera）木虱科（Psyllidae，国外有的分类学者将其归为扁木虱科 Liviidae）呆木虱属（*Diaphorina*），是柑橘黄龙病亚洲种和美洲种的主要媒介昆虫，亦可传播非洲种。为区别于非洲种的主要传播媒介非洲柑橘木虱（*Trioza erytreae*），国外称之为亚洲柑橘木虱（Asian citrus psyllid，ACP）。此外，国内尚报道柚喀木虱（*Cacopsylla citrisuga*）亦可传播柑橘黄龙病。

成虫：体长 2.8～3.0mm，体青灰色、有褐色斑纹；头顶向前突出呈剪刀状；触角 10 节，端部具不等长分叉；前翅半透明，具紫黑色宽带状斑纹，斑纹于顶角处有间断，外缘至后缘有 5 个透明斑，后翅透明（图 3-1A）。

图 3-1　柑橘木虱成虫（A）与一龄至五龄若虫（B）（岑伊静和陶磊　拍摄）

卵：芒果形，橙黄色，表面光滑有光泽，长约 0.3mm，有 1 个短柄插入寄主植物组织中，散生或无规则聚生。

若虫：体黄色，扁椭圆形，背面稍隆起，复眼红色，触角及足黄色，腹部边缘有短蜡丝。共 5 龄，一龄至二龄若虫黄色，三龄至五龄若虫初期黄色、后期黄色和褐色相间。一龄若虫长 0.30mm，翅芽未显露；二龄若虫长 0.46mm，翅芽显露，前后翅芽不重叠；三龄若虫长 0.67mm，身体和翅芽都显著膨大，前后翅芽有部分重叠；四龄若虫长 1.04mm，翅芽大形，且向两侧圆出，后翅芽后缘只有 1/3 左右露在腹部边缘之外；五龄若虫长 1.56mm，后翅芽后缘明显露在腹部边缘（图 3-1B）。

二、分布为害

柑橘木虱在我国已呈广泛分布，已扩散至北纬 29°34′（浙江杭州、宁波），历来发生为害最严重的是广东、广西、福建、海南、台湾，这 5 个省（自治区）也是柑橘黄龙病为害最严重的区域，近年在江西和湖南发生偏重，呈全省性分布。2024 年调查发现，四川新增柑橘木虱发生区（县）30 余个，亦呈全省性分布，重庆 8 个区（县）（秀山、酉阳、奉节、云阳、万州、江津、渝北、北碚）和湖北黄石市阳新县发现有柑橘木虱的发生，但上述新发生区柑橘木虱尚未携带柑橘黄龙病菌，而在江苏南部与浙江相邻的南京、苏州和宜兴均发现有柑橘木虱的发生，且部分携带柑橘黄龙病菌。国外主要分布于南亚、东南亚、美洲各柑橘生产国，以及非洲的留尼汪岛、毛里求斯、埃塞俄比亚、尼日利亚和肯尼亚，在日本冲绳群岛亦有柑橘木虱分布，2023 年在以色列和塞浦路斯发现亚洲柑橘木虱（ACP）。柑橘木虱主要为害柑橘嫩梢，使新叶扭曲变形（图 3-2），严重时导致新梢枯萎，若虫分泌的蜜露和蜡丝黏附于新梢叶片上，严重时诱发柑橘煤烟病，影响光合作用。柑橘木虱最主要的危害是传播柑橘黄龙病。除柑橘外，主要为害园林植物九里香、黄皮。

图 3-2　柑橘木虱为害柑橘嫩梢引发新叶扭曲（岑伊静　拍摄）

三、发生规律

寄主新梢、气候、天敌是影响柑橘木虱发生的 3 个主要因素。柑橘木虱成虫产卵、卵的孵化和若虫取食都离不开嫩梢，因此，在投产柑橘园每年有 3 个虫口高峰，与春、夏、秋梢期相吻合。未投产柑橘园由于抽梢次数多，柑橘木虱的发生比投产柑橘园严重，而且抽梢能力越强的柑橘品种发生越严重。

影响柑橘木虱发生的主要气候因素包括温度、湿度和光照。成虫通常在 20℃ 以上的温度条件下产卵，低于 14℃ 不产卵。柑橘木虱以成虫越冬，在浙江，低温使越冬成虫的存活率下降；在四川地区，月平均温度低于 8℃ 时成虫无法存活。若虫在高温（34℃）、高湿（85%、92%）下死亡率高，适温（20～30℃）、低湿（43%～75%）下死亡率低。在 15～34℃ 时，温度与卵和若虫的发育历期呈抛物线关系，而湿度对发育历期影响不大。光强度和持续时间显著影响雌成虫产卵前期和产卵量，当强度为 11 000lx 以下、每天光照时间在 18h 以内时，强度越大、时间越长，产卵前期越短、产卵量越大、死亡率越低。此外，风可以促进柑橘木虱的扩散。

柑橘木虱的天敌资源非常丰富，捕食性天敌主要有瓢虫、草蛉、蓟马、花蝽、螳螂、食蚜蝇等多种昆虫和蜘蛛、捕食螨，主要捕食柑橘木虱的卵和若虫；寄生性天敌主要有亮腹釉小蜂（*Tamarixia radiata*）和阿里食虱跳小蜂（*Diaphorencyrtus aligarhensis*），寄生于若虫，其雌成虫还能捕食少量柑橘木虱的若虫；病原微生物主要是昆虫病原真菌类，寄生于若虫和成虫。但由于化学农药的频繁施用，天敌的控制作用常受到严重影响。

四、防控技术

柑橘木虱以持久方式传播柑橘黄龙病菌，具有传病速度快、效率高的特点，而目前尚未找到根治柑橘黄龙病的有效方法，控制柑橘木虱为害对于预防柑橘黄龙病至关重要。在柑橘生产上，很多栽培管理措施可以预防柑橘木虱的发生，而且柑橘园内柑橘木虱的天敌种类非常丰富，因此，在严格执行植物检疫的基础上，柑橘木虱的防治应以农业措施和保护原有天敌为基础，必要时采用物理和化学防治方法。具体措施如下。

（一）植物检疫

种植无危险性病虫的苗木，苗木调运过程中严格执行植物检疫措施，避免将柑橘木虱带入新区。

（二）农业防治

1）柑橘园周围种植防护林带或高于柑橘树的绿篱，减少柑橘园边缘的通风透光性，阻隔柑橘木虱从园外迁入柑橘园。

2）清除柑橘园周边的九里香、黄皮等非柑橘类寄主植物，以免成为柑橘木虱的虫源地。

3）同一片柑橘园种植相同的品种，避免多品种混栽，以便使抽梢整齐，统一防治。

4）柑橘园施肥以生物有机肥为主，避免过量施用氮肥，可显著减少柑橘木虱的发生。

5）加强对柑橘抽梢时期的管理，促使新梢统一抽发，并通过土壤施肥和喷施叶面肥等措施使其加速成熟，减少对柑橘木虱的吸引，夏季要对徒长细弱枝、荫蔽枝进行修剪，以减少下一代虫口基数。

6）及时清除柑橘黄龙病树和其他原因造成黄化且已失去经济价值的柑橘树，避免因柑橘木虱的趋黄性吸引园外虫源。

7）有条件的柑橘园可采用与非寄主果树间作的方法，如柑橘与番石榴隔行间作，可减少柑橘木虱的发生。

（三）物理防治

1）在柑橘树投产之前搭网棚种植，投产后再掀开棚顶，或在柑橘园周围设置高 4m 以上的 40~60 目防虫网墙，阻隔或阻延柑橘木虱从园外迁入。

2）利用柑橘木虱的趋光性和趋黄性，采用灯光诱捕或黄板诱捕。

3）地面铺设反光膜，驱避柑橘木虱。

（四）生物防治

1）尽量不喷施广谱性杀虫剂，保护柑橘木虱天敌。

2）大量繁殖、释放亮腹釉小蜂或阿里食虱跳小蜂，这两种寄生蜂均专一寄生于柑橘木虱，其单头雌蜂一生可通过寄生和取食分别杀死 500 多头和 280 头柑橘木虱的若虫，且能取食若虫产生的蜜露，有利于减轻柑橘煤烟病的发生。

3）喷施昆虫病原微生物制剂。目前，应用于柑橘木虱防治的主要是病原真菌，包括球孢白僵菌（*Beauveria bassiana*）、玫烟色拟青霉（*Paecilomyces fumosoroseus*）、蜡蚧轮枝菌（*Verticillium lecanii*）、宛氏拟青霉（*P. varioti*）、橘形被毛孢（*Hirsutella citriformis*）等，并且都具有较好的防治效果。

（五）化学防治

目前，防治柑橘木虱的化学杀虫剂包括有机磷类、拟除虫菊酯类、氨基甲酸酯类、烟碱类、昆虫生长调节剂类等，其中以吡虫啉、噻虫嗪、噻虫胺、啶虫脒、啶虫胺等烟碱类农药为主，昆虫生长调节剂类杀虫剂吡丙醚常用于梢期柑橘木虱若虫的防治。

柑橘木虱以成虫越冬，其繁殖量很大（平均每雌产卵 800 粒），所以化学防治最关键的时期是冬季，冬季清园可消灭绝大部分越冬成虫，进而显著压低来年春季的虫口基数。冬季成虫一般在叶背或树冠隐蔽处栖息，此时施药应彻底喷施内膛。其次为柑橘抽梢期，由于柑橘木虱只在嫩芽上产卵，若虫只能取食嫩梢，因此新梢期需加强施药预防或集中杀灭，施药的重点部位是新梢。

矿物油对柑橘木虱具有显著的驱避、拒食和物理毒杀作用，对其卵和低龄若虫的毒力最强，同时对吡虫啉、噻虫嗪等化学农药有增效作用，可在冬季清园和梢期单独使用或与化学农药混合使用，兼治柑橘潜叶蛾、蚜虫、粉虱、介壳虫等害虫。

（六）新型防治措施

RNA 干扰（RNAi）是一种新颖的、对非靶标生物安全的害虫防治技术。据报道，通过喂食 dsRNA 可以干扰柑橘木虱正常的生长发育，导致其体重减轻、死亡率升高，同时还能使其对化学农药更为敏感；通过喂食由柑橘衰退病毒构建的 *Awd* 沉默载体可以降低柑橘木虱若虫中 *Awd* 基因的表达量，导致其成虫畸形、死亡率上升。RNAi 或可作为柑橘木虱绿色防控的新策略。

撰稿人：岑伊静（华南农业大学植物保护学院）
审稿人：周常勇（西南大学柑桔研究所）
　　　　王进军（西南大学）

第二节　柑橘粉虱

一、诊断识别

柑橘粉虱（*Dialeurodes citri*），又名白粉虱、通草粉虱、绿粉虱，属于半翅目（Hemiptera）粉虱科（Aleyrodidae），是一种多食性柑橘害虫。

成虫：雌成虫体长 1.2～1.3mm，体黄色，翅半透明，后翅略小于前翅，虫体上覆盖有较厚的白色蜡粉（图3-3）。复眼分上、下两部分，中间仅有一个小眼相连，呈红褐色。触角第 3 节长，第 7～8 节的端部有许多呈膜状的结构。雄成虫体长 1.0～1.2mm，体椭圆形，两对翅上均有白粉覆盖，复眼圆形，赤褐色，头、胸、腹均呈淡黄色，足黄白色。

图 3-3　柑橘粉虱成虫（邓崇岭　拍摄）

卵：椭圆形，长 0.1～0.2mm，淡黄色，半透明，表面光滑，一端有 1 短柄，附于叶背侧。卵孵化前变为褐色，并渐渐纵立，孵化时纵裂。

若虫：共 4 龄。一龄若虫体长约 0.3mm、宽约 0.2mm，管状尾沟长度小于 0.2mm，周缘有较多小突起和小刺毛；二龄若虫体长 0.5～0.6mm、宽约 0.4mm，周缘无明显突起，小刺毛 2 或 3 对，头部前方、后缘两侧和尾沟两边各 1 对，胸气管道隐约可见，呈黄褐色；三龄若虫体长 0.7～0.9mm、宽约 0.6mm，胸气管道明显发育，呈黄褐色；四龄若虫体长 1.0～1.5mm、宽约 1.1mm，尾沟长 0.2～0.3mm，中后胸两侧显著凸出。

蛹：蛹的大小与四龄若虫一致，但背面区稍隆起，表面比较光滑，体色由淡黄绿色变成浅黄褐色；蛹呈近椭圆形，前期体扁平，白色透明，胸气管道口至横蜕裂线之间微凹陷，体内分节肉眼清晰可见，两翅芽稍伸出体外；后期体逐渐隆起，虫体隐约可见。蛹壳长约 1.3mm，壳缘有小突起，前后端各有 1 对小刺突，虫体背面完全无翅，管状孔圆形，其基部两侧各有 1 根小毛，其后缘内侧有多个不规则的锐刺。

二、分布为害

柑橘粉虱起源于东南亚，现主要分布在东亚、南亚、北美及中国柑橘产区。寄主植物有柑橘、柿、栀子、女贞、丁香等。主要以若虫和成虫聚集在寄主叶背吸取汁液，为害春梢、夏梢，对果树和果实造成危害，导致枯梢，果实生长不良，甚至脱落；若虫期分泌大量蜜露，诱发柑橘煤烟病，致使枝叶和果实污黑，阻碍光合作用，导致树势衰弱，幼树生长不良，后期果实外观差。

三、发生规律

柑橘粉虱在中国 1 年发生 3～6 代，以末龄若虫和蛹越冬，第二年成虫在 3～4 月出现。成虫喜欢围绕树冠进行短距离的飞行，最后静伏在叶背。多数为一雌一雄，少数为一雌两雄并排在一起；晚间静伏在叶背不活动，无趋光性；成虫交尾时，虫体平行排列，腹部末端相接。雌成虫交配后卵散产于叶背，成虫有趋嫩性，随着植株的生长不断追逐顶部嫩叶进行产卵，每雌可产卵 100～150 粒。柑橘粉虱亦可孤雌生殖，但后代均为雄成虫。

四、防控技术

（一）农业防治

1）合理布局柑橘园，避免植株过密，以改善树间通风透光条件，并合理布局柑橘品种，创造不利于柑橘粉虱发生的环境。

2）不在柑橘园周边栽植柑橘粉虱的其他寄主植物，如女贞、栀子、柿等，及时挖除柑橘园周边的其他寄主植物，以减少柑橘粉虱的越冬场所。

3）合理修剪，改善通风透光条件，冬季清园，剪除枯枝、病虫枝、荫蔽枝，以及柑橘粉虱为害重的枝梢，使树体通风透光良好，减少越冬虫源；在柑橘抽梢时，采取人工抹芽，去零留整，抹除零星抽梢，使梢抽发整齐，降低害虫产卵基数；夏季对徒长细弱枝、荫蔽枝进行修剪，减少下一代虫口基数。

4）加强肥水管理，增强树势。

（二）生物防治

利用生物多样性控制柑橘粉虱，在柑橘园进行生草栽培，合理间作。可在园内和周边种植蜜源植物或桥梁作物，如紫苏、豌豆等，吸引蚜小蜂、草蛉、瓢虫、长须螨等天敌栖息，从而实现对柑橘粉虱的控制。

（三）物理防治

柑橘粉虱成虫对黄色有趋性，可利用黄板诱杀其成虫。

（四）化学防治

在柑橘粉虱严重发生的情况下，应及时采取化学防治措施，但应注意科学合理地使用农药，可用 25% 噻嗪酮可湿性粉剂 1000～1500 倍液或 10% 吡虫啉可湿性粉剂 2000～3000 倍液。注意各种药剂合理交替使用，以延缓柑橘粉虱产生抗药性。

撰稿人：豆　威（西南大学）
审稿人：王进军（西南大学）
　　　　周常勇（西南大学柑桔研究所）

第三节　柑橘锈壁虱

一、诊断识别

柑橘锈壁虱（*Phyllocoptes oleiverus*），又名柑橘锈螨，属于蜱螨目（Acarina）瘿螨科（Eriophyidae），是柑橘类果树的一种主要害虫。

成螨：体长 0.1～0.2mm，楔形或胡萝卜形，黄色或橙黄色，头很小，向前方伸出。头胸部背面平滑，足 2 对，腹部有许多环纹，背面环纹 28 个，腹面约为背面的 2 倍，腹部末端具伪足 1 对。

卵：圆球形，表面光滑，灰白色，较透明。

若螨：形似成螨，但体型较小，腹部光滑，环纹不明显，尾端尖细，具足 2 对。一龄若螨呈半透明灰白色，二龄若螨淡黄色。

二、分布为害

柑橘锈壁虱以柑、橘、橙、柠檬受害最为严重，对柚、金橘的危害较轻。主要分布在四川、云南、广东、广西、湖南、湖北、江西、福建等长江流域以南各省（自治区）。

一般以成螨和若螨群集在果面、叶片及绿色嫩枝上为害。在叶片上，柑橘锈壁虱群集在叶背为害，受害叶初为黄褐色，后变为黑褐色，导致果树落叶，严重影响树势和第二年结果。果实早期受害，果形变小，影响产量。柑橘锈壁虱刺破果实的表皮细胞，吸食汁液，果皮受害后变为黑褐色，粗糙，满布龟裂网状的细纹，使果实的品质变劣，从而降低了商品价值（图3-4）。

图3-4　柑橘锈壁虱为害甜橙、沙田柚果实和叶片的症状（邓崇岭　拍摄）
A：甜橙果实和叶片受害状；B：沙田柚果实受害状；C：沙田柚叶片受害状

三、发生规律

柑橘锈壁虱世代重叠严重，在不同的地区及不同的气候条件下，每年发生的世代数有所不同。在福建龙溪1年发生约24代，在浙江黄岩1年发生18代，在四川、湖南、湖北1年发生18～20代。冬季常以成螨在柑橘腋芽处和因病虫引起的卷叶内越冬。在广东常在秋梢叶片上越冬。4～5月春梢时期在柑橘新叶上发现成螨，5月下旬虫口迅速增加，7～8月达到最高峰，危害最为严重，6月上中旬成螨陆续为害幼果，9～10月转移到秋梢上为害。柑橘锈壁虱在15℃左右成螨开始产卵，卵期在16～17℃时为12天，26～30℃时为3天；若螨期在14℃时为21天，30～31℃时为3天；成螨在10～12℃时为60天左右，30～31℃时为2～4天，气温在10℃以下时柑橘锈壁虱停止发育。

四、防控技术

1. 农业防治

及时进行虫情调查，做好测报工作，同时加强果园的肥水管理，合理耕种，改善果园小气候，可减轻柑橘锈壁虱的危害。

2. 生物防治

柑橘锈壁虱的主要天敌为多毛菌，常在高温多雨季节流行，对锈壁虱有一定的控制作用。多毛菌类对波尔多液、石硫合剂和代森锌等抗性较差，在夏、秋季高温多湿，多毛菌流行期间，应尽量少用或不用上述农药，以期达到保护和利用天敌的目的。

3. 化学防治

应急防控时可选用下述药剂：① 70% 丙森锌可湿性粉剂；② 80% 代森锰锌可湿性粉剂 600～800 倍液；③ 65% 代森锌可湿性粉剂 600～800 倍液；④ 1.8% 阿维菌素乳油 3000～4000 倍液；⑤ "绿晶" 0.3% 印楝素乳油 100 倍液；⑥ 5% 霸螨灵（唑螨酯）悬浮剂 1500～2000 倍液；⑦ 45% 晶体石硫合剂 200～300 倍液。

撰稿人：豆　威（西南大学）
审稿人：王进军（西南大学）
　　　　周常勇（西南大学柑桔研究所）

第四节　褐色橘蚜

一、诊断识别

褐色橘蚜（*Aphis citricidus*），属于半翅目（Hemiptera）蚜科（Aphididae），是柑橘园的一种常见害虫，也是柑橘衰退病毒（*Citrus tristeza virus*，CTV）的主要传播媒介。

成虫：分为无翅和有翅两种生物型，无翅胎生雌蚜体深褐色，触角 6 节、灰褐色，腹管呈管状，尾片乳突状、有丛毛。有翅胎生雌蚜与无翅型相似，有两对无色透明的翅，前翅中脉分 3 个叉，翅痣淡黄褐色（图 3-5）。

500μm

图 3-5　褐色橘蚜有翅成虫和无翅成虫（尚峰　拍摄）

卵：初产时淡黄色，渐变黄褐色，最后变为黑色且有光泽，椭圆形。

若虫：体褐色至黑褐色。

二、分布为害

褐色橘蚜为寡食性害虫，主要为害柑橘和柑橘的近缘属（芸香科）植物，在世界各主要柑橘生产国均有分布。

褐色橘蚜以成虫、若虫群集于柑橘嫩梢、嫩叶上吸食汁液为害，引起叶片卷曲、新梢枯死、花蕾脱落（图3-6）。褐色橘蚜分泌的蜜露能诱发柑橘煤烟病的发生，严重影响柑橘的品质和产量。此外，褐色橘蚜是CTV的主要传播媒介，其引发的柑橘衰退病严重影响世界柑橘产业的健康发展。

图3-6　褐色橘蚜为害柑橘叶片状（颜复林　拍摄）

三、发生规律

温暖和较干燥的生境有利于褐色蚜虫的繁殖及活动，褐色橘蚜繁殖的最适宜温度为24～27℃，夏季温度过高对其生存不利，死亡率高，寿命短，繁殖力弱，故在春末夏初之交和秋季种群数量最盛。在不适的环境条件下会产生有翅胎生雌蚜。

褐色橘蚜发生代数因地而异，1年发生10～20代。褐色橘蚜繁殖1代所需时间随温度不同而异，一般为5.5～41.9天，平均为10.6天。越冬虫态各地不尽相同，在长江流域柑橘产区主要以卵在枝上越冬，有翅雌蚜和有翅雄蚜于秋末或冬初出现，交配后产卵。在华南柑橘产区，则主要以成虫越冬。

四、防控技术

1. 农业防治

冬春结合修剪，及时剪除虫枝，消灭越冬卵或成虫，降低虫源。

2. 生物防治

褐色橘蚜的天敌有七星瓢虫（*Coccinella septempunctata*）、黑带食蚜蝇（*Episyrphus balteatus*）、丽草蛉（*Chrysopa formosa*）、柄瘤蚜茧蜂（*Lysiphlebus* sp.）等。这些天敌在园间对褐色橘蚜的控制作用较强，特别是在高温季节，天敌繁殖快、数量大，消灭蚜虫快，此时不应喷药或少喷药，以免杀伤天敌。

3. 化学防治

当新梢上有蚜率达 25% 时，可喷施下述药剂：① 10% 吡虫啉可湿性粉剂 2000～4000 倍液；② 3% 啶虫脒乳油 2000～3000 倍液；③ 1.8% 阿维菌素乳油 2000～3000 倍液；④ 50% 抗蚜威可湿性粉剂 2000～3000 倍液。

撰稿人：刘金香（西南大学柑桔研究所）
审稿人：王进军（西南大学）
　　　　周常勇（西南大学柑桔研究所）

第五节　绣线菊蚜

一、诊断识别

绣线菊蚜（*Aphis citricola*），又名苹果黄蚜，属于半翅目（Hemiptera）蚜科（Aphididae），是一种常见的果树害虫。

成虫：分为无翅和有翅两种生物型，无翅胎生雌蚜体黄色、黄绿色或绿色，体表具网状纹，头部、口器、腹管、尾片均为黑色，触角 6 节，腹管呈管状，尾片指状、有 10 根左右弯曲的毛，体两侧有明显的乳头状突起，足与触角淡黄色至灰黑色。有翅胎生雌蚜与无翅型相似，有两对无色透明的翅，头、胸、口器、腹管、尾片均为黑色，体表网纹不明显。

卵：初产时浅黄色、渐变黄褐色，孵化前漆黑色，椭圆形。

若虫：体黄色，复眼、触角、足和腹管均为黑色（图 3-7）。

二、分布为害

绣线菊蚜的寄主植物有苹果、李、梨、柑橘、杏、沙果、海棠、木瓜等，在我国分布比较广泛。

图 3-7　绣线菊蚜不同虫态（豆威　拍摄）

绣线菊蚜以成虫和若虫群集于果树嫩芽、新梢、叶背及幼果表面刺吸为害，受害叶片由叶尖向叶背方向卷曲或卷缩，发生严重时，新梢叶片全部卷缩，树体生长受到严重影响。

三、发生规律

绣线菊蚜全年在一种或几种近缘寄主上完成其生活周期。1 年发生 10 余代，以卵在枝杈、枝条的芽旁及树枝粗皮裂缝处越冬。

四、防控技术

1. 农业防治

结合冬季清园和夏季修剪，剪除受害枝梢，以降低虫口基数。

2. 生物防治

绣线菊蚜的天敌有大草蛉（*Chrysopa pallens*）、叶色草蛉（*Chrysopa phyllochroma*）、七星瓢虫（*Coccinella septempunctata*）等。

3. 化学防治

防治绣线菊蚜是从果树嫩梢蚜虫发生初期开始喷药，重点抓好蚜虫越冬卵孵化期的防治，可选用 10% 吡虫啉可湿性粉剂 2000～4000 倍液、3% 啶虫脒 2000～3000 倍液等药剂喷施。

撰稿人：刘金香（西南大学柑桔研究所）
审稿人：王进军（西南大学）
　　　　周常勇（西南大学柑桔研究所）

第六节　吹　绵　蚧

一、诊断识别

吹绵蚧（*Icerya purchasi*），又名棉团介壳虫、白条介壳虫、黑毛吹绵蚧等，属于半翅目（Hemiptera）硕蚧科（Margarodidae），是为害多种园艺园林植物的一种常见害虫。

成虫：雌成虫体橘红色，体长 4～7mm、宽 3～5mm，椭圆形，背面隆起，呈龟甲状，体外被有白色而微黄的蜡粉及絮状蜡丝。雌成虫发育至产卵期，在腹部后方分泌出白色卵囊，卵囊有隆脊线 15 条。雄成虫体小、细长，长约 2.9mm，橘红色，腹部 8 节，末节具肉质状突 2 个、其上各长毛 3 根；黑色触角 10 节，各节轮生刚毛。

卵：长椭圆形，初橙黄色，后渐变为橘红色。

若虫：椭圆形，体被淡黄色蜡粉及蜡丝。

二、分布为害

吹绵蚧在国内分布于甘肃（武都区、文县）、陕西、辽宁、河北、山西、山东、福建、湖南、湖北、广东、广西、四川、贵州、云南、台湾；国外分布于日本、朝鲜、菲律宾、印度、印度尼西亚和斯里兰卡，欧洲、非洲、北美洲也有分布。其食性很杂，除刺槐、柑外，还为害杏、梨、杨、槐、李、桃、榆、苹果、葡萄、樱桃、玉米等 200 多种植物，是甘肃省补充的林业检疫性有害生物。吹绵蚧主要以若虫和雌成虫群集于小枝干、嫩芽、叶片和果梗上吸食枝叶的汁液，造成叶片变黄，叶绿素含量降低，光合作用效果差，枝枯、枝条萎缩，引起落叶、落果，甚至全株枯死（图 3-8）。发生严重时，虫体排泄的蜜露常诱发寄主植物发生柑橘煤烟病，造成枝叶和果实表面产生黑霉，影响光合作用，影响植物生长，进而降低产量和品质。

三、发生规律

吹绵蚧 1 年发生 2 或 3 代，世代重叠，多以若虫和部分雌成虫越冬，一般 4～6 月发生严重。第一代卵于 3 月上旬开始出现，5 月下旬为若虫盛孵期，若虫发生于 5 月上旬至 6 月下旬，成虫于 7 月中旬最盛。第二代卵于 7 月上旬至 8 月中旬发生，8 月上旬最盛，8～9 月为盛期，成虫于 10 月中旬发生，或以若虫越冬。二龄若虫后逐渐迁移至枝干阴面群集为害。繁殖力强，产卵期长达 1 个月。

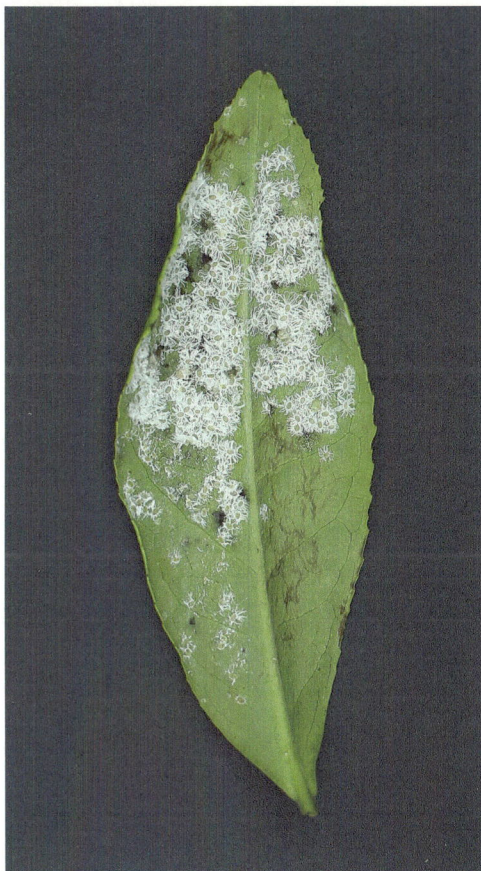

图 3-8 吹绵蚧为害症状（王晓庆 拍摄）

四、防控技术

1. 农业防治

加强田间管理，增强树势，人工用刷子去除枝干上的虫体，及时修剪去除虫枝、荫蔽枝和干枯枝，并集中烧毁。

2. 生物防治

保护或引放大红瓢虫、澳洲瓢虫，捕食吹绵蚧，捕食能力强，可以达到有效控制的目的。

3. 化学防治

重点防治第一代若虫。①在初孵期，使用 10% 吡虫啉 2000～3000 倍液喷洒茎叶；②在初孵盛期，喷洒 50% 杀螟松乳油 1000～1500 倍液；③若虫分散转移期，虫体无蜡粉和蚧壳时，抗药性最弱，可选用下述药剂喷施：10% 吡虫啉可湿性粉剂 2000 倍液、25% 噻嗪酮可湿性粉剂 1000～1500 倍液、240g/L 螺虫乙酯悬浮剂 4000～5000 倍液、3%

啶虫脒乳油 1500～2000 倍液，每隔 10 天喷施 1 次，连续喷施 2 或 3 次。

撰稿人：豆　威（西南大学）
审稿人：王进军（西南大学）
　　　　周常勇（西南大学柑桔研究所）

第七节　红　蜡　蚧

一、诊断识别

红蜡蚧（*Ceroplastes rubens*），又名红蜡虫、红粉蚧壳虫，属于半翅目（Hemiptera）蜡蚧科（Coccidae），常贴在树枝上一动不动，因外观呈暗红色，看上去就像是植物长的一颗颗红色的"痘痘"。

成虫：雌成虫体长约 2.5mm，卵形，背面隆起，蜡壳很厚，外观似红豆子；顶部白色凹陷呈脐状，两侧共有 4 条白色蜡带向上卷起。雄成虫体长约 1mm，椭圆形，暗红色，前翅白色，半透明，后翅退化成平衡棒。

卵：长 0.3mm，椭圆形，两端稍尖，淡紫红色。

若虫：体长约 0.5mm，扁平椭圆形，淡红褐色至紫红色，腹部末端有 2 根长毛，体背有白色蜡质，三龄后形成蜡壳，壳背中央形成白色脐状点。

蛹：无雌蛹，只有雄蛹，雄蛹体长 1mm，淡黄色，蛹壳紫红色，长形，背面隆起，两端各有一对蜡质突起。

二、分布为害

红蜡蚧在国内分布于东北三省、河北、北京、上海、江西、江苏、四川、台湾等地。国外分布于日本、印度、斯里兰卡、缅甸、菲律宾、印度尼西亚、美国及大洋洲国家等。寄主植物主要有山茶花、白玉兰、白蜡、青枫、柳、榆、樱花、卫矛、苹果等 200 多种。主要以雌成虫和若虫吸取植物汁液，吸食植物养分。发生严重时，树枝上布满红蜡蚧（图 3-9），其排泄的蜜露常诱发柑橘煤烟病，影响植物光合作用，造成树势衰弱、落叶，严重时导致全株死亡，影响观赏效果。

三、发生规律

红蜡蚧 1 年发生 1 代，以受精雌成虫越冬。5 月下旬至 6 月上旬为越冬雌成虫产卵盛期。越冬雌成虫产卵于体下，产卵期可长达 1 个月。每雌可产卵 200～500 粒。6～7 月为虫卵孵化盛期，初孵若虫离开母体并移至新梢上吸取汁液为害，分泌蜡质，随虫体的生长分泌物也逐渐增厚。雌若虫蜕皮 3 次，历期 73～85 天；雄若虫蜕皮 2 次，历期 60～70 天。预蛹期 1～2 天，蛹期约 6 天。雌若虫多寄生在嫩枝或叶面，雄若虫多寄生在叶柄及叶背，在叶片上虫体多沿主脉两侧分布。

图 3-9　红蜡蚧为害柑橘症状（冉春　拍摄）

四、防控技术

1. 农业防治

在冬季可人工刮除虫体，剪除虫枝和摘除虫叶，集中烧毁，受红蜡蚧为害的植株要注意合理疏枝，加强空气流通和透光度。

2. 生物防治

保护和利用好天敌，红蜡蚧的寄生性天敌较多，如扁角跳小蜂、软蚧扁角跳小蜂、赖食软蚧蚜小蜂、夏威夷软蚧蚜小蜂及蜡蚧扁角（短尾）跳小蜂等。

3. 化学防治

在产卵期用 50% 杀螟松乳油 1000 倍液。对初孵若虫用内吸性、渗透性及触杀性较强的药剂进行喷雾防治，如 2.5% 氯氰菊酯乳油 2000～3000 倍液。

撰稿人：豆　威（西南大学）
审稿人：王进军（西南大学）
　　　　周常勇（西南大学柑桔研究所）

第八节 矢 尖 蚧

一、诊断识别

矢尖蚧（*Unaspis yanonensis*），又名矢尖介壳虫，属于半翅目（Hemiptera）盾蚧科（Diaspididae），是一种在各柑橘区广泛分布的害虫。

成虫：雌成虫介壳长形稍弯曲，褐色或棕色（图3-10A），长2～4mm，前窄后宽，末端稍窄，形似箭头，中央有一明显纵脊，前端有2个黄褐色壳点；雌成虫体橙红色，长形，胸部长，腹部短。雄成虫介壳狭长形，背面有3条纵脊，长1.3～1.6mm，粉白色，蜡质（图3-10B）；雄成虫体橙红色，复眼深黑色，触角、足和尾部淡黄色，翅无色。

图3-10 矢尖蚧形态特征（冉春 拍摄）
A：雌成虫介壳；B：雄成虫介壳；C：一龄雄若虫

卵：椭圆形，橙黄色。

若虫：初孵若虫体扁平椭圆形，橙黄色（图3-10C），复眼紫黑色，触角浅棕色，足3对，淡黄色，腹部末端有尾毛1对，固定后足和尾毛消失，触角收缩，开始分泌蜡质，形成壳。二龄雌若虫介壳扁平，淡黄色，半透明，中央无纵脊，壳点1个；虫体橙黄色。二龄雄若虫初期在介壳上分泌3条白色蜡丝带，形似飞鸟状，之后蜡丝增多，在虫体背面形成有3条纵沟的长桶形白色介壳，其前端有黄褐色壳点1个，虫体淡橙黄色。

二、分布为害

矢尖蚧在我国四川、湖北、重庆、江西、广西、云南等主要柑橘产区均有分布，在国外日本、朝鲜和法国也有报道。

矢尖蚧主要为害柑橘类。其若虫和雌成虫均取食柑橘叶片、小枝和果实汁液，叶片受害处呈黄色斑点，若许多若虫聚集取食受害处叶背呈黄色大斑，嫩叶受害严重后扭曲变形，严重时则枝叶枯焦、树势衰退、产量锐减。果实受害处呈黄绿斑，外观差，味酸，受害早而严重的果实小且易裂果。矢尖蚧为害不诱发柑橘煤烟病。

三、发生规律

矢尖蚧在我国各柑橘产区均有分布，但以中亚热带和北亚热带柑橘产区分布多、危害重。该虫仅为害柑橘类植物。若虫和雌成虫均取食柑橘叶片、小枝和果实汁液，叶片受害处呈黄色斑点，许多若虫聚集取食而受害处呈黄色大斑，嫩叶严重受害后叶片扭曲变形，严重时枝叶枯焦，树势衰退，产量锐减。果实受害处呈黄绿斑，外观差，味酸，受害早而严重的果实小而易裂果，但不诱发柑橘煤烟病。

矢尖蚧1年发生2~4代，以雌成虫和二龄若虫越冬。第二年4月下旬至5月初当日均温达19℃时雌成虫开始产卵孵化，各代一龄若虫分别于5月上旬、7月中旬和9月下旬达到高峰。10月下旬停止产卵孵化，各代中以第一代发生量大且较整齐，以后世代重叠。第一代一龄期约20天，二龄期约15天。温暖潮湿有利于其发生，高温干旱时幼蚧死亡率高，树冠荫蔽、通风透光差有利于其发生，大树受害重。雌成虫多分散取食，雄成虫则多聚集取食。第一代多取食叶片。

四、防控技术

1. 农业防治

加强栽培管理，增强树势，提高抵抗力，剪除虫枝、干枯枝和荫蔽枝，减少虫源和改善通风透光条件，有利于防控病虫害。

2. 生物防治

矢尖蚧的天敌有日本方头甲、红点唇瓢虫、整胸寡节瓢虫、矢尖蚧蚜小蜂、花角蚜小蜂和红霉菌等，在矢尖蚧第二代、第三代发生量大时，应注意保护好天敌。

3. 化学防治

由于第一代发生多且整齐，因此需重点进行化学防治，当有越冬雌成虫的上一年秋梢叶片达10%或越冬雌成虫达15头/100叶或2个以上小枝明显有虫或出现少数叶片枯焦，应立即喷药防治。具体施药时间为初花后25天或第一代二龄雄若虫初见后5天或第一代若虫初见后20天喷施第1次药，15天后再喷施1次。如果虫口不多也可在第二代、第三代若虫期防治。可供选用的药剂如下：① 25% 噻嗪酮 1000～1500 倍液；② 30% 螺虫乙酯 5000～7000 倍液；③ 22% 氟啶虫胺腈 4500～6000 倍液；④ 99% 矿物油 100～200 倍液；⑤ 25% 噻虫嗪水分散粒剂 4000～5000 倍液；⑥ 20% 松脂酸钠可溶粉剂 100～200 倍液，必要时 15 天后再喷 1 次。

撰稿人：冉　春（西南大学柑桔研究所）
审稿人：王进军（西南大学）
　　　　周常勇（西南大学柑桔研究所）

第九节　橘小实蝇

一、诊断识别

橘小实蝇（*Bactrocera dorsalis*），又名柑橘小实蝇、橘小寡鬃实蝇、芒果大实蝇、东方果实蝇、黄苍蝇或果蛆，属于双翅目（Diptera）实蝇科（Tephritidae），是一种危险的农业入侵害虫。

成虫：体长 6～8mm，翅长 5～7mm；头黄褐色，触角细长，3 节；胸部黑色，肩胛、背侧胛、中胸侧板、后胸侧板大斑点和小盾片均为黄色；翅透明，脉黄色；足大部黄色，中足胫节端部有一赤褐色的距，后胫节通常为褐色至黑色；腹部卵圆形，棕黄色至锈褐色，第 3 腹节背板前缘有 1 条深色横带，第 3～5 腹节具 1 狭窄的黑色纵带，第 5 腹节具 1 对亮斑；雌成虫产卵管基节棕黄色，其长度略短于第 5 背板，端部略圆；雄成虫第 3 背板具栉毛，雄成虫阳茎细长，弧形（图 3-11A）。

卵：梭形，长约 1mm，宽约 0.1mm，乳白色，表面光亮（图 3-11B 和 C）。

幼虫：共 3 龄。一龄幼虫体长 1.55～3.92mm，二龄幼虫体长 2.78～4.30mm，三龄幼虫体长 7.12～11.00mm；老熟幼虫平均体长 10.00～11.00mm，黄白色，蛆状，前端小而尖，后端宽圆，口钩黑色（图 3-11D）。

蛹：长 4.4～5.5mm、宽 1.8～2.2mm，椭圆形，初化蛹时浅黄色，后逐步变为红褐色。

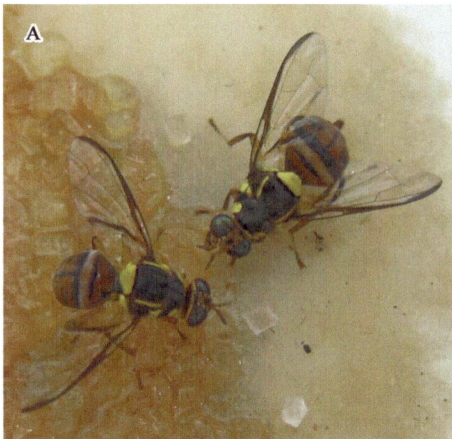

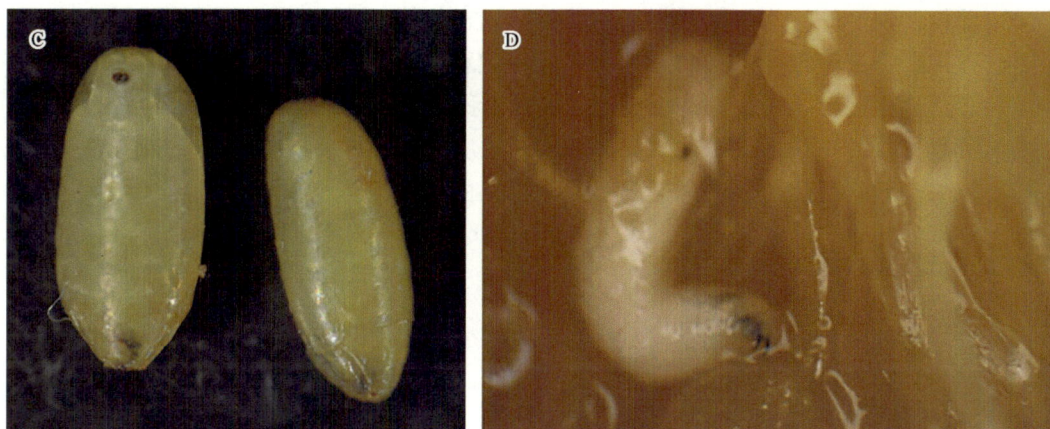

图 3-11　橘小实蝇成虫（A）、卵（B 和 C）、幼虫（D）（张宏宇　拍摄）

二、分布为害

　　橘小实蝇在世界范围内广泛分布，原产于琉球群岛、日本九州和我国台湾，世界上许多国家和地区把它列为重要的检疫性害虫。该害虫于 1911 年在我国台湾首次被发现，主要分布于我国台湾、香港、海南、广东、广西、福建、浙江、湖南、云南、贵州、四川、重庆、湖北、江苏等地，近年来其种群有不断向北扩散的趋势，2009 年首次在河南郑州地区发现橘小实蝇为害，后来在山东、河北、北京等地也陆续发现为害，目前已在我国 23 个省（自治区、直辖市）存在分布。

　　橘小实蝇寄主范围极为广泛，繁殖能力强、扩散速度快、为害程度重，在南北纬20°～30°、冬季气温 20℃以上地区危害最重。在我国是一种毁灭性果蔬害虫，主要为害番石榴、杧果、柑橘（图 3-12）、阳桃、番木瓜、香蕉、枇杷、番荔枝、龙眼、荔枝、

图 3-12　橘小实蝇为害柑橘果实症状

黄皮、蒲桃、红毛丹、人心果和桃、李、苹果、杏、梨、柿、石榴、无花果，以及辣椒、红茄、丝瓜、苦瓜等46个科300多种果树、蔬菜和花卉。成虫产卵于果实中，幼虫取食果实，使之腐烂脱落，失去经济价值，近年来给我国果蔬业、花卉业带来严重的经济损失，特别是在南方局部地区暴发成灾，部分果蔬几乎绝收。每年造成的直接经济损失已超过20亿元，同时还影响其分布区果蔬等农产品的出口贸易和市场。

三、发生规律

橘小实蝇在我国由南向北年发生代数逐渐减少。在我国南方地区全年发生，有明显的世代重叠，无严格的越冬过程。在柑橘主产区，每年可发生3～5代，当柑橘园周围有杧果、番木瓜、番石榴和桃、梨等多种寄主植物存在时，则每年可发生9或10代，如在海南1年可发生11或12代，而在北京1年发生4代。在广东每年有2个为害高峰期，从5月开始成虫发生量逐渐增多，到8月出现一个较大的发生高峰，11月出现第二个高峰，直到12月成虫发生量下降。

橘小实蝇在我国自然越冬区包括海南、广东、广西、福建等12个省（自治区、直辖市），最北端是我国中部，越冬临界区包括上海、江苏、安徽、湖北、湖南、贵州6个省（直辖市），非越冬区包括河南、山东、河北、北京和新疆5个省（自治区、直辖市）。橘小实蝇通常以蛹在潮湿疏松表土层或以成虫栖于杂草丛中越冬。

橘小实蝇成虫全天均可羽化，但8:00～10:00是其羽化盛期。成虫具有较强的飞翔扩散能力，雄成虫能飞6.5～8.0km，成虫寿命较长，在野外能存活4个月，在夏威夷海拔较高处可存活1年以上。卵期平均1～6天，幼虫期7～20天，前蛹期12～18天，蛹期8～20天，最长达44天。

成虫羽化后，雌成虫以产卵管刺伤寄主果实（或自然受伤果实），吸取分泌出的蜜露和一些植物分泌的花蜜，成虫多喜在上午天气较凉爽阶段进行取食。中午或下午通常只是在叶丛中、树干枝条上活动与停息。雌雄成虫羽化后11～13天性成熟，开始交尾。交尾时间一般在19:00～21:00或更晚，每次交尾时间为3～4h，有的甚至长达10h。雌成虫可多次交尾，交尾1次的雌成虫可持续产卵达27天之久，交尾后2～3天便可产卵。雌成虫多数在16:00～17:00产卵。一般产卵于果皮与果肉之间，喜欢寻找新的伤口、裂缝等处产卵，不喜欢在已有幼虫为害的果上产卵。雌成虫整个生活史平均产卵400～1800粒，孵化率为80%～90%，产卵期40天以上。

幼虫孵化后便潜入寄主果肉取食为害，常群集（每果10多头，多达百余头）果实中取食果瓤汁液，使果瓤干瘪收缩，造成果内空虚，常常未熟先黄而脱落。幼虫分3龄，三龄幼虫食量最大，为害最严重。幼虫较活跃，但一般不会从一个寄主果实转移到另一个寄主果实。一龄、二龄幼虫不会弹跳，三龄老熟幼虫会从果中弹跳到土表，找适当地点化蛹，跳跃距离可达15～25cm，高度可达10～15cm，并可连续跳跃多次，幼虫老熟后脱离受害果实，弹跳或爬行到潮湿疏松的土表下2～3cm，钻入泥土中或土、石块、枯枝落叶的缝隙中化蛹，但多化蛹于土壤下1～5cm深处，经1～2天预蛹后化蛹。如无法找到合适环境，也可以直接裸露化蛹。有些来不及脱离或无法脱离受害果的个体，也能在受害果中化蛹。土壤含水量影响化蛹的深度和蛹的存活率，含水量较高时幼虫入土快，预蛹期短。在干砂土中，97.2% 的幼虫化蛹深度为 0～5.5mm；在湿砂土中，95.5% 的幼虫化蛹深度为 0～27.5mm。干砂土中蛹的死亡率比湿砂土中高 50%。

橘小实蝇属于典型的热带昆虫，温度是影响橘小实蝇种群发生的重要因素。卵、幼虫和成虫发育主要受气温的影响，蛹主要受土壤温度的影响。该虫正常生长发育的温度为 15～34℃，最适温度为 18～30℃。卵、幼虫、蛹、成虫的发育起点温度分别为 10.3℃、9.7℃、9.6℃、15.0℃，温度低于 1℃或高于 34℃时，生长发育受到抑制，环境温度高于 35℃时，幼虫出现休眠现象，成虫开始死亡。橘小实蝇具有较强的耐低温能力，但其大小因虫态不同而有所差异，以蛹和老熟幼虫抗寒能力最强。

湿度对橘小实蝇各虫态生存和分布均存在影响，主要分为寄主含水量、空气湿度和土壤湿度 3 个方面。寄主含水量主要影响卵和幼虫存活情况，空气湿度和水汽压主要影响成虫飞翔活动，土壤湿度则对化蛹和羽化过程影响较大。一般在雨量充沛时，雌成虫的产卵量较多，种群增长快。干旱会造成蛹体的暂时性发育迟缓甚至休眠，羽化的成虫无法在土壤中挣扎出来，且无法充分展翅，新羽化成虫的死亡率极度增加。此外，不同湿度环境对橘小实蝇卵和幼虫也有明显影响。在饱和湿度、微湿、干燥时，卵的孵化率分别为 83%、50%、3%。土壤含水量低于 40% 或高于 80% 时，老熟幼虫入土慢，死亡率高。

光照是影响橘小实蝇生长发育和繁殖的重要生态因子。周昌清等（1995）的研究结果表明，中长期光照对橘小实蝇的种群增殖较为有利，可延长生殖期，使产卵量加大，增加世代重叠。

四、防控技术

1. 成虫诱杀

成虫期是实蝇类害虫防治的关键时期，目前市面上有含实蝇信息素（甲基丁香酚为主）的粘虫板、诱芯、膏剂等产品。另外，已有团队研制出实蝇长效食物饵剂、基于瓜果形的仿生诱捕器和兼顾诱杀夜出性趋光害虫与实蝇类害虫的高效理化一体化杀虫灯等防控新技术（产品）。

2. 果实套袋

对于橘小实蝇为害重的区域，经济价值较高的水果（如柚、杧果、番石榴、阳桃等）可在实蝇成虫产卵为害前选择相应的果袋，及时套袋，在套袋前应进行一次病虫害的全面防治。套袋时间应根据不同水果品种的生育期和当地水果种植情况，结合橘小实蝇发生实况而定，一般在坐果期或果皮软化前套袋。

3. 生物防治

橘小实蝇的寄生性天敌种类有 70 余种。利用较多且取得显著成效的有反颚茧蜂、潜蝇茧蜂类，主要是卵寄生蜂阿里山潜蝇茧蜂（*Fopius arisanus*）、幼虫寄生蜂长尾潜蝇茧蜂（*Diachasmimorpha longicaudata*）、布氏潜蝇茧蜂（*Fopius vandenboschi*）、切割潜蝇茧蜂（*Psyttalia incisi*）、*Fopius persulcatus*、实蝇啮小蜂（*Tetrastichus giffardianus*）。

利用捕食性天敌防治橘小实蝇的研究不多，且防治效果没有寄生性天敌显著。仅有报道蚂蚁能捕食裸露的实蝇老熟幼虫、蛹和刚羽化的成虫，还有报道俑小蜂（*Spalangia* sp.）、环纹小肥螋（*Euborellia annulipes*）、夏威夷苔螋（*Sphingolabis hawaiiensis*）、捕食螨类能捕食落土果中的实蝇幼虫。目前，对一些病原微生物的控制作用也逐渐展开研究，主要有真菌、线虫、共生菌等的应用。

4. 化学防治

当橘小实蝇发生较为严重时，化学防治则成为必要且有效的防治方法。目前对橘小实蝇的有效化学药剂主要是有机磷类和拟除虫菊酯类，也使用氨基甲酸酯和特异性杀虫剂。可选用的药剂如下：① 80% 敌百虫 1000 倍液加 3% 红糖；② 5% 高效氯氟氰菊酯 2000 倍液；③ 2.5% 联苯菊酯 1000 倍液；④ 5% 阿维菌素 3000 倍液。上述药剂①采用点喷或隔行喷施，诱杀橘小实蝇，其余药剂采用全园喷施；对于发生十分严重的果园，在成虫产卵盛期，9: 00～10: 00 成虫活跃期可施药喷洒树冠浓密处，喷施 2 次以上，根据农药安全间隔期，至果实采收前 10～15 天停药。

撰稿人：张宏宇（华中农业大学植物科学技术学院）
　　　　李晓雪（华中农业大学植物科学技术学院）
审稿人：王进军（西南大学）
　　　　周常勇（西南大学柑桔研究所）

第十节　柑橘大实蝇

一、诊断识别

柑橘大实蝇（*Bactrocera minax*），又名橘大实蝇，俗称"柑蛆"，属于双翅目（Diptera）实蝇科（Tephritidae），是柑橘的一种毁灭性害虫。

成虫：体呈淡黄褐色，体长 12～13mm，翅透明，翅展 24～26mm，翅脉斑纹黄褐色，前缘区浅棕黄色，翅痣棕色（图 3-13）。复眼亮铜绿色，单眼着生三角区黑色。触角芒状，基部黄，端部黑。中胸盾片黄褐色，中央区有 1 条深茶色至暗褐色的"人"字形斑纹，两侧各有 1 条黄色带状纵纹。胸部背面具有稀疏的绒毛，有黑色鬃 6 对，肩板鬃 1 对，后翅上鬃 2 对，前、后背侧鬃各 1 对，小盾鬃 1 对。腹背中央有 1 条从基部直达腹端的黑纵纹，与腹部第 3 节近前缘的一条较宽的黑色横纹相交成"十"字形。雌成虫腹部可见 5 节，产卵管圆锥形，3 节，末端尖锐。基节呈瓶状，长约 6.5mm，约等于腹部第 2～5 节长度之和，即与腹部等长。雄成虫第三背板两侧后缘具栉毛，第五腹板后缘向内凹陷的深度达此腹板长的 1/3。雄成虫腹部第 5 节有 1 对长且呈"S"形的钩状器（图 3-14A）。

图 3-13　柑橘大实蝇成虫（温强　拍摄）

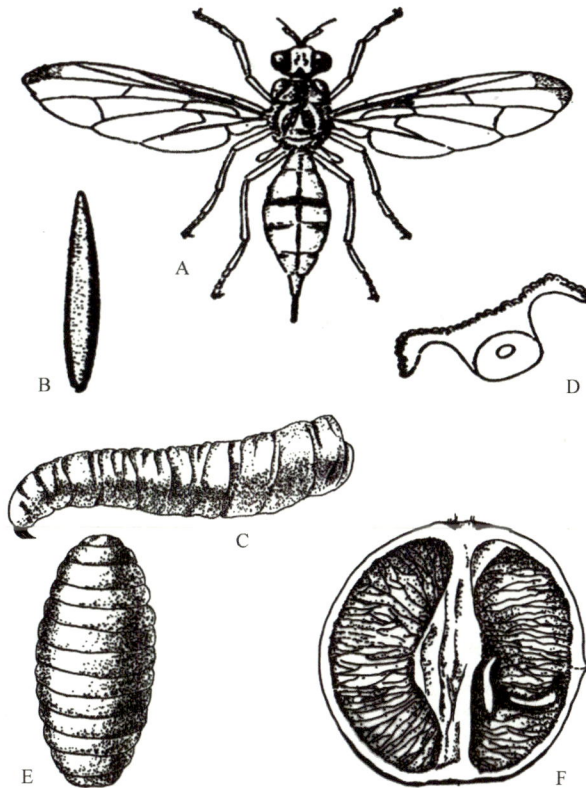

图 3-14　柑橘大实蝇形态特征及其为害症状手绘图

A：成虫；B：卵；C：幼虫；D：幼虫前气门，具乳突 33～35 个；E：蛹；F：为害症状。

A、B、D 仿云南农业大学，C、E、F 由洪勇辉和张宏宇绘制卵：乳白色，长 1.5～1.6mm，长椭圆形，一端稍尖（图 3-14B），初孵卵不弯曲，随着时间推移，卵逐步弯曲，一端稍尖，另一端钝圆，端部透明，中间乳白色。卵壳表面光滑无花纹。孵化前期的卵粒长度变长，尖端部为 1 黑色小点，卵粒黄褐色，中间乳白色。

幼虫：共 3 龄。初孵幼虫乳白色，长约 2.0mm，静止不动。老熟幼虫体长 14～16mm，两端近透明，圆锥形，前端尖细，后端粗壮，共 11 节（图 3-14C）。体乳白色或淡黄色，头部退化，口钩黑色，常缩入前胸内。前气门扇形，两侧弯曲，有乳突 30 个以上（图 3-14D）；后气门位于体末端偏上方，新月形，气门板有 3 个长椭圆形裂孔。左右各有 3 个褐色长椭圆形气孔，周围有扁平毛群 4 丛。

蛹：为围蛹，长 8.5～10.2mm，椭圆形（图 3-14E），初为黄褐色，羽化前转为黑褐色。

二、分布为害

柑橘大实蝇在国内主要分布于四川、重庆、云南、广西、贵州、陕西、湖北、湖南等地的柑橘主产区；在国外主要分布于不丹、印度（锡金邦）、孟加拉国等少数亚洲地区。

柑橘大实蝇仅为害柑橘类，其发生轻重与寄主品种关系密切。一般柑橘大实蝇对早熟品种及酸橙和甜橙的危害最重，其次为蜜橘类，再次为柚类等，也为害柠檬、香橼、佛手、锦橙、先锋橙、蕉柑、温州蜜橘、红橘、京橘、金橘、枸橼等。成虫产卵于柑橘幼果中，幼虫孵化后以口钩刺破瓤瓣，在果实内蛀食果肉（图 3-14F），受害果多腐烂（图 3-15），不能食用，常使果实未熟先黄，导致早期落果，严重影响柑橘产量和品质。幼虫蛀果率一般为 5%～20%，较重的达 50%，局部地区达 90% 以上，基本绝收。

图 3-15　柑橘大实蝇幼虫及其为害症状（张宏宇　拍摄）

三、发生规律

柑橘大实蝇 1 年发生 1 代，以蛹在土表下 20~60mm 处越冬。一般越冬蛹于 4 月下旬和 5 月初开始羽化出土，5 月中下旬为成虫羽化盛期，6 月中下旬为交配和产卵期，7 月上旬数量减少，活动期可持续到 9 月底。成虫羽化出土多在 9：00~12：00，特别是雨后天晴、气温较高的时候羽化最盛。刚羽化出来的成虫 1 周内不取食，不能飞翔，多在地面或树干枝叶上爬行，之后飞到柑橘园附近的青树林和竹林内取食蚜、蚧分泌物、蜜露以及露水等至性成熟。成虫夜伏昼出，在夜间一般静止不动，易向光源处聚集，具有较强的趋光性，喜栖息在叶背等阴凉场所或枝叶茂密的树冠上。羽化后一般 20 天后才飞至果园交配，交配后半月才开始产卵。交配和产卵行为全天都可见，傍晚时分交配行为发生活跃。柑橘大实蝇雌成虫产卵期为 6 月上旬到 7 月中旬，产卵时对果实的不同部位具有明显的选择偏好性，其中果腰处的产卵痕数量显著多于果蒂和果脐处，而且果实阴面的产卵痕数量显著高于阳面。卵产于柑橘幼果内，每孔产卵 2~14 粒，最多可达 35 粒。每雌产卵 50~150 粒，产卵量最多达 207 粒。卵于 7 月中旬开始孵化，9 月上旬为孵化盛期。9 月中旬至 10 月中旬为幼虫期，二龄、三龄幼虫取食量很大，10 月中旬到 11 月下旬幼虫老熟，受害果开始脱落，落果 1~3 天后，老熟幼虫从落果中钻出，入土化蛹、越冬。极少数的幼虫能随果实运输，在果内进行越冬。

柑橘大实蝇的发生为害与生态环境关系密切，其对处于日照较短、潮湿、有利于隐蔽而有蜜露的房前屋后的柑橘树危害最重。温度是影响柑橘大实蝇蛹发育的主要生态因子，蛹的发育起点温度为 10.6℃，有效积温为 567.9℃·d。柑橘大实蝇羽化的最适温度为 20~25℃，最适气温为 22℃，气温 5~10℃或 30℃以上蛹不能羽化，30~35℃时 5~8 天，蛹全部死亡。20℃时蛹期为 52~58 天，羽化率为 92.8%；15℃时蛹期为 95~100 天，羽化率为 67.5%；羽化的最适含水量为 10%~15%，交尾最适温度为 22.5~30℃。晴天羽化多，阴天少，雨天极少。

蛹期 180~210 天，在土表 3~5cm 内度过。土壤含水量、土壤深度对柑橘大实蝇蛹的羽化有明显影响。一般情况下，阳坡果园和砂质土壤有利于蛹的越冬、化蛹和羽化，冬春雨量适中，土壤含水量为 10%~15%，土温为 5~12℃时有利于蛹的越冬和羽化，反之过干或过湿都会降低越冬蛹的成活率。蛹入土深度因土壤类型不同而异，如砂土比黏土深，已翻土比未翻土深。

四、防控技术

1. 蛆果处理

加强科普教育和对蛆果的管理，发现蛆果时要及时灭虫，不要将蛆果随意丢弃，严禁人为携带和调运蛆果，并建立废果处理池，及时集中进行虫果无害化处理。

2. 农业防治

冬季冰冻前，结合柑橘园管理，彻底清除虫果、落果和烂果。冬、春季浅翻园土

7～10cm，改变蛹的位置，有利于灭蛹，使之暴露地表，因不适应而死亡或被鸟等天敌捕食。

种植早熟、特早熟和晚熟的柑橘品种，可以使果实的易受害期避开柑橘大实蝇的产卵高峰期，或在大片的柑橘园中零星种植柑橘大实蝇相对较喜好产卵的品种，以降低柑橘大实蝇对其他柑橘的为害。8月中下旬至11月下旬，及时摘除树上有虫青果和过熟果实，捡拾落地果进行集中处理。具体处理方法因地制宜，可采取下列措施：①袋闷，将蛆果装进大塑料袋加少量杀虫剂后，扎紧袋口闷杀果内幼虫；②深埋，集中在坑内（＞50cm）一层蛆果一层石灰闷杀处理；③倒入沤肥水池长期浸泡或用50%灭蝇胺可湿性粉剂7500倍液浸泡2天。

3. 成虫诱杀

可使用高效食物饵剂、性饵剂或诱捕器，也可点喷毒饵诱杀成虫。4月下旬即开始挂诱瓶（诱捕器）诱杀和监测实蝇羽化进度，在成虫羽化觅食期（5月至6月上中旬）柑橘园与杂树林交界区域、成虫交配产卵盛期（6月中下旬后）柑橘园内诱杀成虫，将诱瓶等挂在柑橘园行间，通常10个/1.5亩，瓶离地面1～1.5m高。每3天检查1次诱杀效果，及时清除虫尸，对被虫尸污染严重的诱瓶或虫尸数量较大的诱捕器，应视情况及时更换，保证诱杀效果。

点喷毒饵通常根据实蝇羽化进度，在成虫羽化始盛期（一般在5月底6月初）以柑橘园与杂树林交界区域为重点喷第一次，点喷1/3柑橘树的1/3中下部树冠荫蔽部位。喷后不到24h下雨的要重新喷施，之后7～10天再喷施1次。在成虫交配产卵盛期，即果实膨大期至果实转色期，在柑橘园内树冠浓密处（1/3柑橘树的1/3中下部树冠荫蔽部位）均匀点喷新型饵剂，1500mL/hm²，稀释6～8倍，喷施2次以上。

4. 辐射不育

有条件的地区在果园释放经过^{60}Coγ射线辐射诱变的不育雄蝇，可降低为害率和蛆果率，防除效果较好。

5. 生物防治

柑橘大实蝇的天敌包括蛹期的球孢白僵菌，成虫期的捕食性天敌蜘蛛类等。

6. 化学防治

对于管理不善、危害严重、虫口密度大的抛荒果园，进行施药防治，以减少区域内虫源。在成虫交配产卵盛期，晴天成虫活跃期施药。喷洒树冠浓密处，喷2次以上，根据药的种类，至果实采收前农药安全间隔期以前停药。药剂选择高效低毒低残留的有机磷类和菊酯类：10%氯氰菊酯2000倍液进行全树喷雾、封杀。此外，在成虫羽化高峰期，可在果园地面均匀撒施农药进行防治。药剂可选45%马拉硫磷乳油500～600倍液在树冠周围地面泼浇或5%辛硫磷颗粒剂7.5kg/hm²撒施。

撰稿人：张宏宇（华中农业大学植物科学技术学院）
审稿人：王进军（西南大学）
　　　　周常勇（西南大学柑桔研究所）

第十一节　蜜柑大实蝇

一、诊断识别

蜜柑大实蝇（*Bactrocera tsuneonis*），又名日本蜜柑蝇、橘蛆，属于双翅目（Diptera）实蝇科（Tephritidae），是一种重要的农业检疫性害虫。

成虫：体大型，长 10.0～12.0mm，黄褐色，初羽化浅黄白色；翅展 9.0～11.0mm。头部黄色或黄褐色，触角淡黄褐色。单眼三角区黑色，复眼紫色有光泽。中胸背板红褐色，背面中央有"人"字形的褐色纵纹，肩胛和背侧板胛以及中胸侧板条均为黄色，小盾片黄色。胸部鬃序与柑橘大实蝇有显著区别，共有 8 或 9 对，包括小盾端鬃 1 对，无小盾前鬃，后翅上鬃 2 对，前翅上鬃 2 对，中侧板鬃缺，背侧鬃 2 对（前、后各 1 对），肩板鬃 2 对（内对常较外对弱小）。翅膜质透明，前缘带宽，在 R_{2+3} 脉与 R_{4+5} 脉之间的暗褐色前缘带上有 1 空白透明长形条。足近红褐色，胫节色较深。腹部卵圆形，黄褐色至红褐色，背面具 1 暗褐色至黑色中横带，自腹基部延伸到腹部末端或在末端之前终止，第 3 腹节背板前缘有 1 暗褐色至黑色横带，与上述中纵带相交呈"十"字形。雌成虫第 7～9 腹节背板组成产卵器，产卵器的基节如瓶形，暗褐色，长度约为腹部前 5 节长度之和的一半，受精囊细长，螺旋形。雄成虫第 3 腹板具栉毛，第 5 腹板后缘略凹，阳茎端暗褐色，其上透明的蘑菇状物端半部密生透明小刺（图 3-16，表 3-1，图 3-17A）。

图 3-16　蜜柑大实蝇成虫（张宏宇和李红叶，2018）

表 3-1　蜜柑大实蝇、柑橘大实蝇成虫形态的主要区别特征

蜜柑大实蝇	柑橘大实蝇
体长 10.1~12.0mm	体长 12.0~13.0mm
具前翅上鬃 2 对，肩板鬃 2 对，胸鬃 8 或 9 对	无前翅上鬃，肩板鬃 1 对，胸鬃 6 对
产卵器基节长度为腹部（第 1~5 腹节）长度的一半	产卵器基节长度约等于腹部（第 1~5 腹节）长度
雄成虫腹部第 5 腹板后缘向内凹陷的深度达此腹板长度的 1/5	雄成虫腹部第 5 腹板后缘向内凹陷的深度达此腹板长度的 1/3

卵：长 1.33~1.6mm，白色，椭圆形，中部略弯曲，一端稍尖，另一端钝圆，上有 2 个小突起。

幼虫：共 3 龄。一龄幼虫体长 1.25~3.5mm，口钩小形；二龄幼虫体长 3.4~8.0mm，口钩发达，黑色，长 0.16~0.17mm；三龄老熟幼虫体长 12.0~15.5mm，乳黄色，蛆形，口钩发达，黑色，体节 2~4 节前端有小刺带，腹面仅 2~3 节有刺带（图 3-17B~F）。

蛹：长 8.0~9.8mm，椭圆形，淡黄色至黄褐色，幼虫前气门上的乳突仍清晰可见（图 3-17G）。

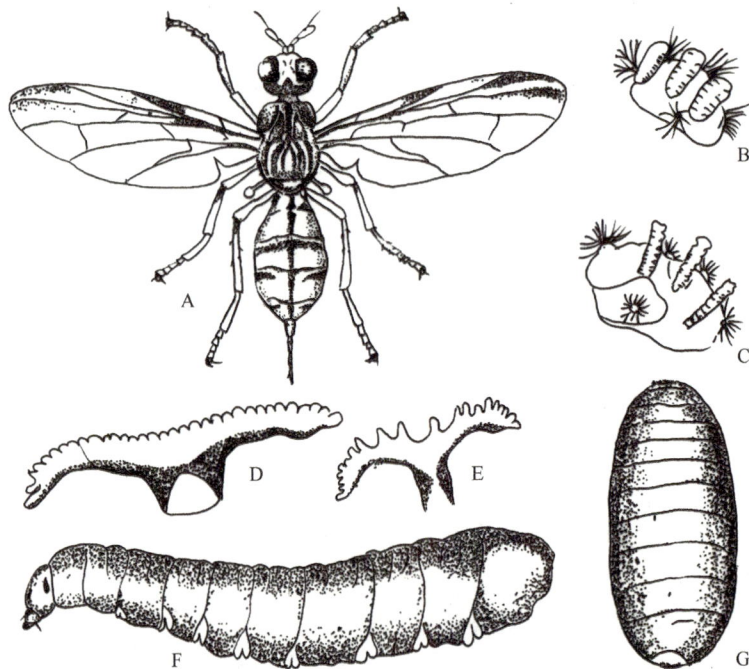

图 3-17　蜜柑大实蝇形态特征手绘图 [仿北京农业大学等（1990）]

A：成虫；B：二龄幼虫后气门；C：三龄幼虫后气门；D：三龄幼虫前气门；E：二龄幼虫前气门；F：幼虫；G：蛹

二、分布为害

蜜柑大实蝇分布于日本和我国台湾，原产于日本九州，有文献报道现越南亦有分布。根据农业农村部最新公布的《全国农业植物检疫性有害生物分布行政区名录（2024

年版）》，蜜柑大实蝇分布于国内四川、贵州、云南、湖南，并有不断扩大分布区的趋势。该虫被许多国家列为禁止输入的检疫对象，也是我国严禁传入的检疫性有害生物之一。

蜜柑大实蝇主要为害柑橘类植物，包括温州蜜柑、宁明橘、长安金橘、扁柑、红橘、椪柑、沙柑、柚、柠檬、甜橙等品种。蜜柑大实蝇以幼虫在受害果内蛀食囊瓣，个别也能潜食种子。当幼虫发育至三龄时，受害果实的大部分已遭破坏，严重受害的果实通常在收获前出现落果，导致柑橘严重减产。通常在该虫严重发生区虫果率为 20%～30%，严重时高达 100%。据报道，该虫在日本主要为害温州蜜柑，受害严重的损失达 60% 以上，在我国广西主要为害宁明橘、长安金柑、扁柑等，果实受害率最高可达 86.29%。在四川省屏山县主要为害红橘，据在五丰公社的金江大队和清凉公社的盐井大队进行的果园调查，受害率都在 30% 左右，严重的在 80% 以上。

三、发生规律

蜜柑大实蝇 1 年发生 1 代，成虫产卵于未成熟的橘果中，幼虫在果中孵化并潜食果肉直至老熟，老熟幼虫从果中钻出并入土化蛹越冬，绝大部分以蛹在土壤 10cm 内越冬，少数幼虫在落果中越冬。

蜜柑大实蝇在不同地区的发育历期不同，在日本九州 6 月初开始羽化，直到 7 月末，6～8 月均能见到成虫，成虫多于 7 月中旬开始交尾产卵，8 月上旬为产卵盛期。在广西等气温较高的地区，成虫在 4 月中旬开始羽化，羽化盛期为 5 月上中旬，7 月下旬至 8 月中旬为产卵盛期；幼虫孵化盛期为 8 月下旬至 9 月下旬，10 月下旬至 12 月中旬幼虫随落果入土。四川省屏山县室内饲养的蜜柑大实蝇于 6 月上旬开始羽化，6 月中旬羽化完毕，11 月中下旬入土化蛹；而田间诱捕试验于 6 月 18 日始见成虫，10 月中旬幼虫开始脱果入土化蛹。

成虫羽化时期先后与蛹越冬场所处的位置温度高低不同有所差异，一般以向阳地的蛹羽化最早，成虫在雨后晴天羽化较多，时间主要集中在中午前后，成虫羽化后至产卵盛期前长达两个月，成虫多在柑橘树冠的叶背活动，活动的最适温度为 22～29℃，最适湿度为 50%～90%。日活动规律受天气影响，在晴天活动量明显高于阴天，活动高峰集中在 16:00～18:00。成虫寿命 40～50 天。

成虫喜食蚜虫和介壳虫的分泌物及叶上的露珠，对糖、酒、醋有强趋性。成虫多在晴天交尾产卵，有多次交尾习性。雌成虫大多集中于果腰部产卵，将卵产在果皮或果瓣内。单雌产卵 30～40 粒，卵期约 20 天。产卵孔呈一针刺状小孔，产卵孔不封闭，孔口灰白色或黑褐色，有龟裂现象。

幼虫在受害果内蛀食发育，早期产卵孵化出的幼虫一般数量较多，其对囊瓣辗转纵横蛀食，这种受害果于 10 月上旬逐渐未熟先黄，造成落果，老熟幼虫随果落地，入土化蛹。后期产卵孵化的幼虫一般数量较少，其对囊瓣依次蛀食，受害果实正常着色，也不掉落，受害果也有未熟先黄、提前落果的现象，但果实不腐烂，通常引起果瓣变白干缩。三龄老熟幼虫有弹跳习性，幼虫脱果以后，先在地表爬行 5～30mm，选择适当场所，钻到 3.3～6.6cm 深的土壤中化蛹，也有极少数幼虫在果内化蛹，向阳地的化蛹率为 91%，阴坡处为 81%。化蛹的深度集中在 5cm 左右的表土层，越深的土层蛹密度越小。化蛹率与温度密切相关，研究表明，在9℃及以下的温度条件下饲养时，蛹均不能羽化为成虫。蛹期通常约200天，但目前对于蜜柑大实蝇蛹的滞育性还有待进一步研究。

四、防控技术

1. 植物检疫

蜜柑大实蝇是我国主要检疫对象之一，应严格检疫。蜜柑大实蝇为害的蛆果，在采果时容易混入健果，通过人为携带和果品运输，成为向外传播的主要途径。此外，蛆果抛入沟渠随水流走，也将危及下游橘区。围蛹则可随果实的包装物或寄主植物所附土壤传播。对从疫区输入的柑橘果实及其包装箱或其他容器进行严格检疫，一旦发现要就地焚烧或深埋。

2. 化学防治

蜜柑大实蝇发生较重的果园，在冬、春两季均匀施用生石灰900～1050kg/hm²，然后深耕翻土，可大大降低虫口数量，在成虫产卵期间，用90%敌百虫晶体1000倍液加3%左右红糖，点喷树冠所有果实，5～10天喷施1次，连续喷施4或5次，如遇雨天可隔天补施1次。其他防治方法参照柑橘大实蝇防治技术。

撰稿人：李晓雪（华中农业大学植物科学技术学院）
审稿人：王进军（西南大学）
　　　　周常勇（西南大学柑桔研究所）

第十二节　柑橘花蕾蛆

一、诊断识别

柑橘花蕾蛆（*Contarinia citri*），又名柑橘蕾瘿蝇、柑橘瘿蝇、花蛆、包花虫等，属于双翅目（Diptera）瘿蚊科（Cecidomyiidae），是柑橘开花期间的一种主要害虫。

成虫：形似小蚊，雌成虫体长1.5～1.8mm，翅展4.2mm，暗黄褐色或灰黄色，被黑褐色细毛。眼黑色，触角念珠状，14节，柄节和梗节分界不明显，粗短，各鞭节基部膨大，端部缢缩，每节膨大部分有2圈放射性的刚毛和许多小毛突。胸部深褐色。翅椭圆形，膜质透明，呈金属闪光，翅上密生黑褐色细毛，径分脉伸达翅缘，终止于翅顶的后方，肘脉中部分叉，平衡棒被细长绒毛。足细长，黄褐色，第1跗节短于第2跗节，腹部可见8节，被细毛，每节相接处具1圈黑褐色粗毛，第9节延长为针状的伪产卵管，缩入体内。前翅膜质透明，被黑褐色细毛。后翅特化为平衡棒。足细长。雄成虫略比雌成虫小，体长1.2～1.4mm。雄成虫触角哑铃状，形似2节，球部环生刚毛；胸部背面隆起，颜色比腹部略深暗；翅长圆形，略呈紫红色，其上被褐色柔软细长毛；足细长，黄褐色，跗节5节，第1跗节短于第2跗节；腹部较细小，可见8节，腹部末端具1对向上弯曲的抱握器、密被绒毛，外生殖器位于第 8 腹节（图 3-18）。

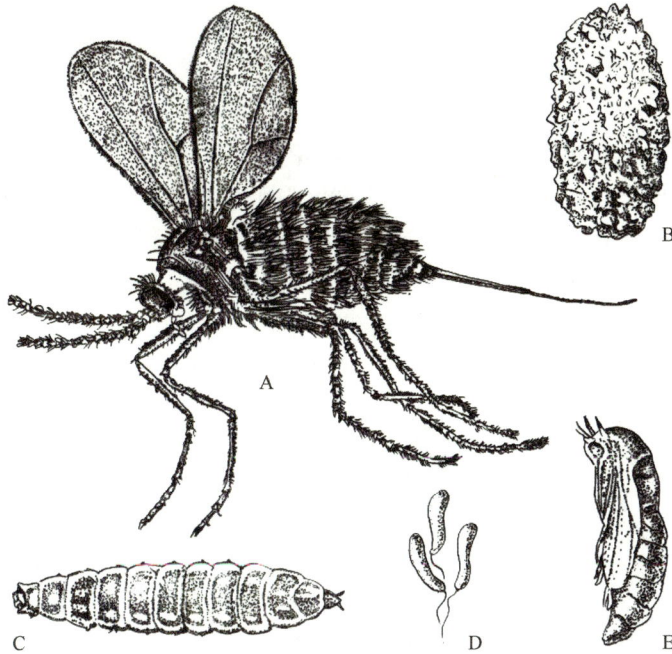

图 3-18　柑橘花蕾蛆生活史手绘图（仿中国农业科学院果树研究所）
A：成虫；B：茧；C：幼虫；D：卵；E：蛹

卵：细小，长椭圆形，白色透明，长约 0.16mm，外包一层胶质物，末端具丝状附属物，卵中央密聚点粒状物。

幼虫：共 3 龄。初孵幼虫乳黄色，渐变浅黄色，老熟幼虫为橙黄色。一龄幼虫体长 0.25～0.27mm，腹部末端钝圆。二龄幼虫腹部末端左右各有 3 个很小的刺，排列成三角形，体长约 1.6mm。三龄老熟幼虫体长约 3mm，前胸腹面具黄褐色"Y"形剑骨片，前段分叉，凹入很深；气孔 9 对，前胸 1 对，腹部每节 1 对，后气门发达；腹部末端有 2 个角化的圆突起，外围有 3 个小刺（图 3-19）。

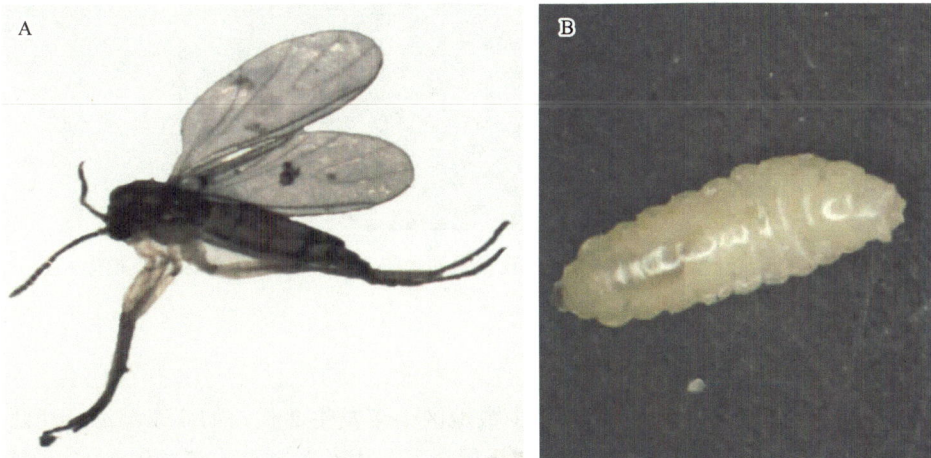

图 3-19　柑橘花蕾蛆成虫（A）与幼虫（B）（张宏宇和李红叶，2018）

蛹：长 1.8～2.0mm，纺锤形，初期乳白色，后期复眼和翅芽黑褐色。外被 1 层黄褐色半透明胶质蛹壳。

二、分布为害

柑橘花蕾蛆在我国四川、重庆、贵州、湖南、湖北、浙江、江西、江苏、广东、广西、福建等各柑橘产区均有分布，寄主植物仅限于柑橘类。一般受害率达 20%～30%，严重时受害率达 50% 以上，造成大量落花从而影响当年产量。

经幼虫在花蕾内蛀食其组织，使花药、花丝呈褐色。有虫花蕾外形较正常花蕾短，但横径显著增大，形成灯笼，常称"灯笼花""算盘子"。花瓣略带绿色，并有分散绿色小点，导致受害花蕾不能正常开花和授粉，最后枯萎脱落，严重影响产量（图 3-20）。

图 3-20　正常花蕾（左上）与柑橘花蕾蛆为害的花蕾（右下）（张宏宇　拍摄）

三、发生规律

柑橘花蕾蛆一般 1 年发生 1 代，在少数地区 1 年发生 2 代，如广东潮汕、江西和福建漳州的部分地区。各地均以老熟幼虫在柑橘树下土中结茧越冬。第二年 2～3 月越冬幼虫化蛹，在柑橘现蕾时，成虫陆续羽化，至花蕾现白时，达到羽化出土盛期。各地成虫出现盛期的时间不一致，福建漳州，广东广州、潮汕和云南西双版纳等地在 2 月下旬和 3 月中旬，重庆江津，四川东部、南部在 3 月下旬至 4 月上旬，浙江黄岩、湖南长沙和江西南昌等地在 4 月上中旬。

初羽化出土的成虫，在土表爬行一段时间后，潜伏在树冠下面杂草或间作作物上，多在早、晚活动，尤以傍晚活动最盛。成虫飞翔力强，扩散 3～4m。羽化后 1～2 天即可交配产卵。成虫寿命一般 2 天，最长可达 7 天。

柑橘花蕾蛆成虫产卵多在花蕾开始露白时，雌成虫交配后将产卵器由花蕾顶端插入花蕾中产卵。凡花蕾顶部结构不紧密或有小孔、裂缝的均有利于成虫产卵；结构紧密的花蕾则雌成虫产卵器不易插入，较少产卵。卵多产在花蕾内花丝、花药和子房周围，常数粒或数十粒排列成堆。成虫产卵有明显的趋光性，向光、向阳面的植株或花的受害率明显高于背光或阴暗面。每头雌成虫一生可产卵 60～70 粒。孵化率较高，达 95.7%～100%，卵期 3～4 天。

幼虫孵化后，在花蕾中蛀食，取食花蕊、子房、花器，导致花蕾膨大变短，花瓣松弛，出现分布不均匀的绿色小斑点，花瓣呈浅绿色，花不能开放，不能授粉、坐果，故称"灯笼花""算盘子"。幼虫在花蕾中为害约 10 天后爬出花蕾，将身体蜷缩，弹落地面，钻入土中；或随花蕾落地，再脱蕾入土，在土中结椭圆形薄茧越夏、越冬，直到第二年春季。一般在柑橘盛花至谢花期，老熟幼虫开始脱蕾入土，时间以清晨和阴雨天的白天最多。幼虫入土位置以树冠周围 30cm 内外的土中最多，树干周围较少，入土深度多为 6～7cm，愈深愈少。越冬幼虫在第二年早春先脱离老茧，逐渐向土面移动，重结新茧化蛹。幼虫期一龄 3～5 天，二龄 6～7 天，三龄最长，直到第二年春季；蛹期 10～20 天。

阴雨天有利于成虫羽化（柑橘现蕾期）和幼虫入土（谢花初期），发生数量大，为害严重。特别是成虫羽化期，雨水多少对柑橘花蕾蛆的发生量影响最大。干旱之后突然下雨，雨后成虫出土很整齐，一般成虫羽化期总是在降雨后出现。幼虫脱蕾期多雨，则有利于其入土，这与第二年发生量有密切关系。

柑橘花蕾蛆的发生受土质影响也较大。保水力差的砂土，温度变化大，黏土干燥后易板结，不利于幼虫呼吸，严重影响幼虫的正常生长发育，死亡率高。保水力好的土壤和砂壤土有利于幼虫生存，特别是在平地、沟地或山阴地的土壤，发生为害严重；一般平原比山地发生多，山阴面比山阳面发生多，阴湿低洼地区发生多。原因是阳光少、湿度大的环境既有利于成虫活动产卵，又有利于幼虫的脱蕾入土和休眠前在土中的活动。

柑橘花期是影响柑橘花蕾蛆发生最密切的一个因素。柑橘花期分为 5 个时期，即现蕾期、蕾顶露白期、花蕾膨大期、含苞待放期和花蕾开放期。现蕾期成虫即将出土，色泽为绿色；蕾顶露白期花蕾的直径约为 2.0mm，这个阶段为成虫出土产卵最多的阶段；花蕾膨大期成虫出土已接近末期；含苞待放期花蕾已经膨大，正待绽蕾开放，此时成虫不再产卵；花蕾开放期属于安全期。花蕾发育的这 5 个时期中，以第 2 期（蕾顶露白）为柑橘花蕾蛆成虫产卵最适时期。

四、防控技术

（一）农业防治

冬季翻耕园地；成虫出土前用地膜覆盖园地，阻止成虫出土。花蕾大量谢落时，在果树下均匀撒施生石灰，以杀死表土的幼虫和蛹。2~3月，结合清园燃烧杂草，以熏杀或驱散成虫。在早春季节，当柑橘花蕾已形成尚露白时，在树干周围的树盘内进行一次浅耕。对于为害不重的柑橘园，人工摘除受害花蕾，凡发现花蕾生长不正常（即花蕾颜色略带浅绿色，受害花蕾呈"算盘珠"状）者应予以摘除，并将摘除的花蕾集中深埋处理，减少下一代或第二年虫源。

（二）生物防治

采用有利于天敌繁衍的耕作栽培措施，选择对天敌较安全的农药，并合理减少施用化学农药，保护和利用天敌昆虫，从而控制柑橘花蕾蛆为害。据报道，引迁黄猄蚁后柚树上花蕾蛆的发生数量明显降低，有虫花率减少了70%~80%。

（三）物理防治

堆草或灯光诱杀幼虫或成虫。

（四）化学防治

当柑橘花蕾蛆发生较为严重时，化学防治成为必要且有效的防治方法。

1. 树冠下地面喷药

根据各地的经验，采取地面喷药对防治成虫出土上树的效果最好。可根据柑橘园各地段或每株树不同受害程度，采用分段或选择植株挑治的办法。撒药宜抢在成虫上树之前进行，即5%花蕾开始现白时，在树冠周围50cm以内，除草松土，然后喷药，或先喷药后松土，即可杀死出土的成虫，可选用以下药剂：① 75%灭蝇胺可湿性粉剂5000倍液；② 90%敌百虫晶体或50%杀螟松乳油1000倍液；③常用浓度的菊酯类及其复配剂。另外，可直接将药剂均匀撒施在树盘地面上：①将48%毒死蜱乳油1kg加细砂土50kg拌成毒土，每亩撒施毒土30~40kg；②每亩撒施5%毒死蜱颗粒剂22.5kg。撒施毒土最好用锄头浅锄，能保持药效1个月左右。

2. 树冠喷药

如果没有开展地面喷药和撒施毒土，或防治不佳，可采取树冠喷药补救。柑橘花蕾现白期成虫出土较多，也是花蕾蛆成虫产卵、为害最重的阶段。因此，一般在3月下旬初至下旬末，在柑橘花蕾现白期，特别是雨后2天抓紧喷药，即可杀死大量成虫，间隔5~7天再喷施1次药，效果显著。可选用以下药剂：5%抑太保乳油1500~2000倍液、48%毒死蜱乳油800~1000倍液、50%辛硫磷乳油1000倍液。上述药剂尚可兼治柑橘潜叶蛾、叶甲、花蓟马等害虫，这段时间对花期的授粉无多大影响，但在养蜂地区需防止蜜蜂中毒。

撰稿人：李晓雪（华中农业大学植物科学技术学院）
审稿人：王进军（西南大学）
　　　　周常勇（西南大学柑桔研究所）

第十三节　橘实雷瘿蚊

一、诊断识别

橘实雷瘿蚊（*Resseliella citrifrugis*），又名柚实雷瘿蚊，属于双翅目（Diptera）瘿蚊科（Cecidomyiidae），是一种造成沙田柚、橘等柑橘类果树严重落果的危险性害虫。

成虫：雄成虫体长 1.6～2.3mm，淡红色至褐红色，下颚须 4 节，稀被刚毛，基节长稍大于宽。触角 2+12 节；鞭节第 1 和第 2 节愈合；基肿结色较深，环丝 1 轮，较短，仅达中茎中部，基部具 1 轮刚毛；端肿结具 2 轮环丝和 1 轮刚毛，环丝较短，端轮环丝长达下结基部。翅面有不规则形毛斑，翅脉简单，仅具纵脉 3 条，R 脉端微向后弯曲，在翅顶与 C 脉相接，Cu 脉分叉。足长，密被针形鳞片，前、中足跗爪分齿，后足跗爪简单，无齿，爪间突短于爪。腹部被针形鳞片，第 1～6 腹板尾毛 1 排，中部两侧各具 1 组刚毛，第 1～6 背板具尾毛 1 排。雄性外生殖器：抱器基节较短，均匀被毛，腹面内缘中部微突起；抱器端节较长，基部 1/3 光滑，其余被毛，端齿强；肛上板"V"形深裂，被微毛，肛下板较长，端缘微凹，端部 1/4 被微毛，近柱形，端部微变异（图 3-21A）。雌成虫体型较雄成虫大，体长 2.1～2.5mm，触角鞭节圆柱形；环丝紧贴。产卵管极长，可翻缩，肛尾叶分离，长椭圆形，稀被刚毛，其余同雄成虫（图 3-21B）。

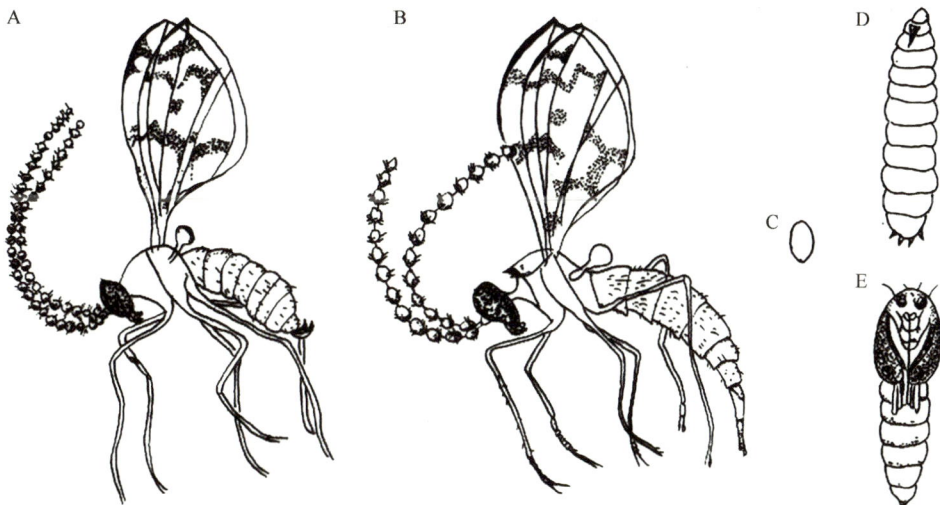

图 3-21　橘实雷瘿蚊形态特征手绘图（仿倪朝选等）

A：雄成虫；B：雌成虫；C：卵；D：幼虫；E：蛹

　　卵：长椭圆形，微小，初呈白色，透明，后乳白色至淡褐色，孵化前卵内出现黄红色斑点（图 3-21C）。

　　幼虫：一般 4 龄，偶见三龄个体，幼虫发育不整齐。成熟幼虫体长 3.0～4.0mm，红色，13 节，纺锤形或圆锥形（图 3-21D）；头壳较短；胸部有三角形红色斑点，末端有 4 个突起，中胸腹板具"Y"形剑骨片；腹部有浅黄色斑，第 8 腹节尾瘤 4 对，其中 1 对无毛。

　　蛹：长 2.7～3.2mm，外被褐黄色丝茧，体红褐色，近羽化时呈黑褐色，头顶具分叉的额刺 1 对。雌蛹足达腹部第 5 节；雄蛹足较长，达腹部第 6 节（图 3-21E）。

二、分布为害

　　橘实雷瘿蚊主要分布于四川、贵州、湖北、广东、广西、山东、湖南、福建、江西等地，其寄主只有柑橘类。

　　成虫和幼虫均可为害柑橘果实。成虫多产卵于果实背阴处的幼果皮层。卵散产或聚生，产卵处常为极细小的愈合硬结点，肉眼较难观察，待幼虫孵化开始蛀食后，沿产卵孔有黄色水渍状晕圈，逐渐扩散。幼虫经过孵化，即开始取食果实白色海绵层，沿果心柱潜食，一般不取食束瓣，横剖可见明显的幼虫蛀食隧道，初期水渍状，后期蛀道变褐，有红色粉末状物（图 3-22），果实外部呈现不均匀的未熟先黄，已转黄的果实则呈浅褐色斑，然后脱落、腐烂。若果内虫少，果实虽不脱落，但储运期间因其继续为害，造成果实腐烂，也无食用价值。在同一果实中，幼虫数量为 1 头到上百头。

图 3-22　柑橘雷瘿蚊幼虫及其为害症状（张宏宇　拍摄）

三、发生规律

橘实雷瘿蚊在四川 1 年发生 3 或 4 代，在福建 1 年发生 4 代，在广东 1 年发生 4 或 5 代。各代发生不整齐，世代重叠为害。该虫一般以老熟幼虫在果园土中越冬，于第二年 3 月底至 4 月初羽化出土。越冬代老熟幼虫多在 20: 00～23: 00 羽化，少数在阴天或阴雨天的白天羽化。成虫羽化后 5～7h 开始寻找配偶，并进行交配。成虫交配后静息 4～5h，之后四处寻找产卵场所，一旦找到柚果果蒂附近或果实背光处等表皮较粗糙的地方即停息产卵。每雌产卵 50～100 粒。产卵部位多在果蒂部附近，产卵处形成一细小硬结。幼虫孵化后蛀食白色海绵层，随着虫龄的不断增加，蛀道逐渐呈曲隧道状。受害果实前期外观无症状，20 天后原产卵孔黄化凹陷，削开外表皮可见成群红色幼虫，幼果未熟先黄，落地腐烂。老熟幼虫红色，于 10 月下旬至 11 月从穿孔处脱果，弹跳入土 3.3～6.7cm 深处化蛹越冬。

成虫有三大趋性：①趋黑，成虫遇光则急速飞向阴暗处，因此，在晴朗的白天均不活动，多躲在地面土穴、土缝等阴暗处，羽化时，如遇强光干扰，则不能正常羽化或羽化率较低；②趋香精油，柚果散发的香精油气味对成虫有强烈的诱集作用；③趋湿，潮湿、隐蔽性大的柚园往往受害较重，高温高湿环境（相对湿度 80% 以上，温度 20～29℃）有利于该虫羽化，凡山地果园、荫蔽潮湿的果园及杂草丛生、园边杂树多的果园和种植密度大的果园发生重，靠近山边阴影下的树发生重，冬春干旱不利于第一代成虫羽化，春末夏初雨水多、土壤湿度大易导致虫害暴发。

四、防控技术

1. 农业防治

改变过度荫蔽的果园环境，合理修剪、剪除过度荫蔽枝叶，以改善通风透光条件，同时清除树盘上过浓、过密的杂草，创造不利于该虫生存的条件。春季及时清除园内虫果和枯枝落叶及杂草，每亩撒施生石灰 100～150kg，然后松土、翻土。开好园内排水沟，降低土壤湿度，创造果树生长的良好环境。果实套袋是预防橘实雷瘿蚊为害最有效的方法，可切断橘实雷瘿蚊的食物源，果园发现虫害果应及时摘除，并深埋、撒施生石灰杀灭幼虫。贮运过程中的虫害果也应集中处理。

2. 生物防治

保护和利用天敌，目前发现橘实雷瘿蚊的天敌有寄生蜂、蚂蚁和蜘蛛等。

3. 化学防治

3 月下旬至 4 月上旬，越冬幼虫化蛹高峰期地面施药，这是防治橘实雷瘿蚊的最佳时间，5 月上旬施药防治第一代成虫。可选用 10% 吡虫啉类可湿性粉剂 2000 倍液加 92% 杀虫单可溶粉剂 2000 倍液混合施用。

撰稿人：李晓雪（华中农业大学植物科学技术学院）
审稿人：王进军（西南大学）
　　　　周常勇（西南大学柑桔研究所）

第十四节　桃　蛀　螟

一、诊断识别

桃蛀螟（*Conogethes punctiferalis*），又名桃蠹螟、桃斑螟、豹纹斑螟、桃多斑野螟，俗称桃食心虫，属于鳞翅目（Lepidoptera）草螟科（Crambidae）。

成虫：平均体长 12.0mm，体黄色至橙黄色，前翅长 11.00～12.50mm，体、翅表面具豹纹状黑色斑点，触角丝状（图 3-23A）。胸背具 7 个斑点；腹部第 1 节和第 3～6 节背面各具 3 个横向排列的黑斑，第 7 节 1 个，第 2 节和第 8 节无黑点；前翅具 25～28 个豹纹状斑点，后翅 15 或 16 个，雄成虫腹部末端黑色，具黑色味刷（图 3-24A）。

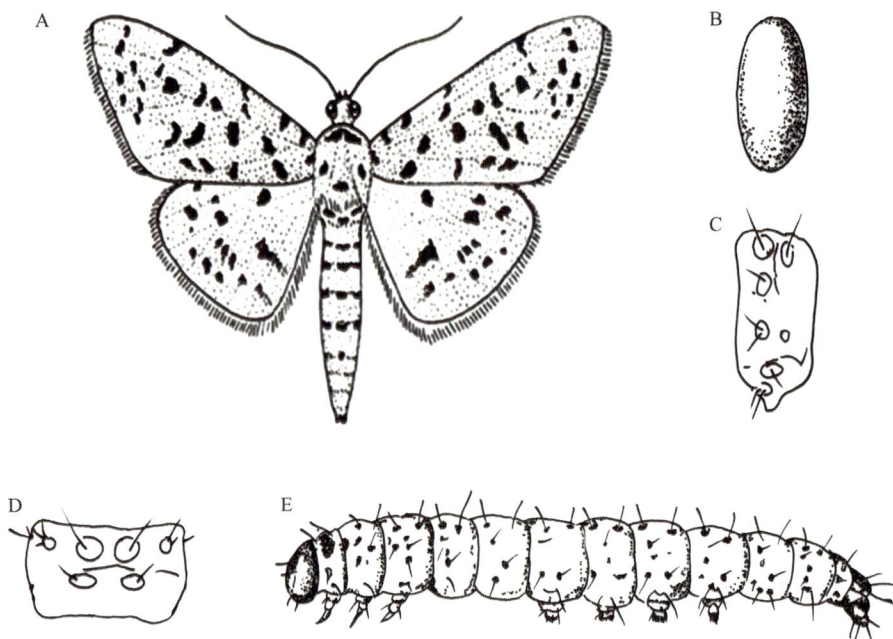

图 3-23　桃蛀螟形态特征手绘图（洪勇辉和张宏宇　绘制）

A：成虫；B：卵；C：幼虫第 4 腹节侧面观；D：幼虫第 4 腹节背面观；E：幼虫

卵：单粒散产，椭圆形，表面粗糙，有细微圆点（图 3-23B）。初产时乳白色，第 2 天变为米黄色或浅黄色，第 3 天呈橘红色或橘黄色，第 4～5 天呈红色或深红色。

幼虫：共 5 龄，初孵幼虫体长 1.20～2.98mm，灰白色中略带红色，随着日龄增加，体色渐深。一龄至四龄幼虫刚蜕皮时体躯柔软、透明，呈淡粉红色，之后体色渐趋淡黄色，略透红色；五龄幼虫近化蛹时灰褐色。老熟幼虫体长 17.14～25.50mm，头、前胸背板深褐色，背线、亚背线、侧线、气门上线、气门线和气门下线褐色。气门上、下方分别具 1 根和 2 根原生刚毛，臀板具 8 根原生刚毛。幼虫胸足发达，5 节，末端具 1 弯形爪。腹部共 10 节，第 3～6 节各着生 1 对腹足，第 10 节着生 1 对臀足。腹足趾钩双序缺环式。幼虫各体节毛片明显，灰褐色至黑褐色；背面的毛片较大，腹部第 1～8 节气门以上各具 6 个毛片，呈 2 横列，前 4 后 2。气门椭圆形，围气门片黑褐色突起（图 3-23C～E，图 3-24B）。

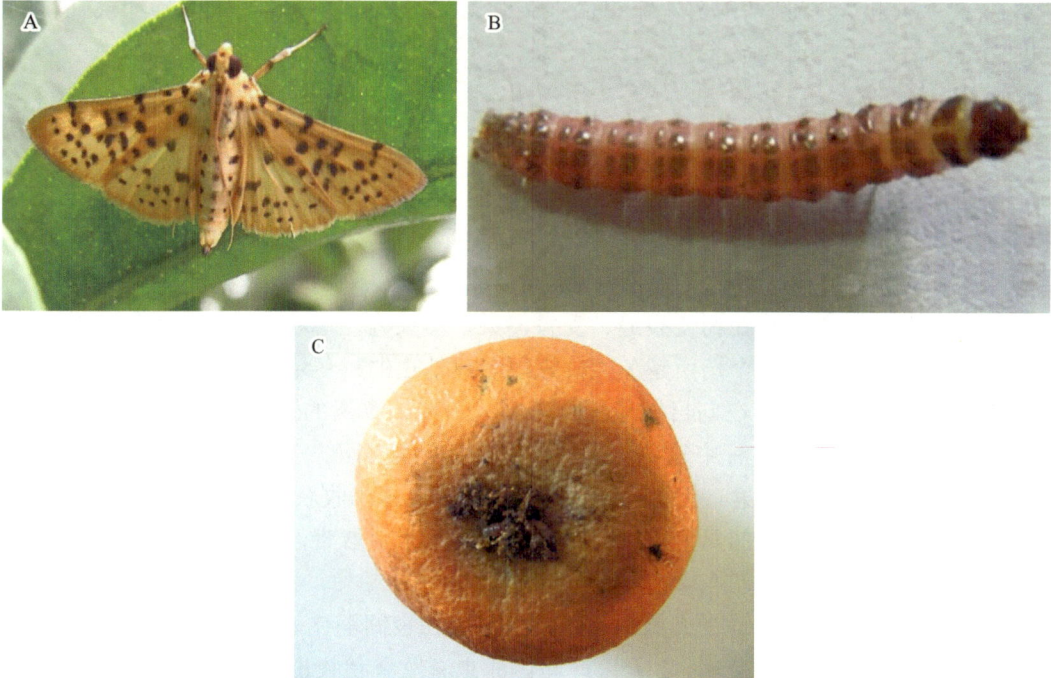

图 3-24　桃蛀螟成虫（A）、幼虫（B）及其为害症状（C）（张宏宇和李红叶，2011）

蛹：为被蛹，纺锤形，头顶钝圆，长约 10mm。初化蛹浅黄色，体躯稍柔软；之后渐变为橘红色或红褐色，近羽化时呈深褐色，翅芽出现明显的豹纹状黑色斑点。位于雌蛹第 8 腹节的生殖孔与第 9 腹节的产卵孔相连呈一纵向裂缝，周围较平坦，无突起。雄蛹第 8 腹节无裂缝，生殖孔位于第 9 腹节，为一纵向裂缝，周围凸起明显。另外，雌蛹第 8 腹节生殖孔和产卵孔与第 10 腹节肛裂缝之间的距离较长，而雄蛹生殖孔与肛裂缝之间的距离明显短于雌蛹生殖孔与肛裂缝之间的距离。

二、分布为害

桃蛀螟广泛分布于东亚、东南亚、南亚及澳大利亚等国家或地区，在我国南北均有分布，分布于辽宁、河北、山西、山东、河南、陕西、江苏、浙江、江西、湖北、湖南、福建、广东、广西、云南、西藏、安徽、台湾、甘肃、四川、贵州等地。桃蛀螟是一种多食性害虫，寄主植物达 100 多种，以幼虫蛀食果实为主。在我国主要钻蛀为害桃、李、杏、板栗、石榴、山楂、玉米、向日葵、蓖麻等，在部分地区特别是河岸和山地柑橘园的部分品种如脐橙上发生为害。柑橘园周围如有玉米、板栗等作物，收获后桃蛀螟可转移为害柑橘，虫粪会分布在蛀孔周围，同时成年果园、果实密集、果实较大、较成熟、脐橙类的外脐品种和露脐宽大的发生概率大（李鸿筹等，2005）。幼虫一般由果脐部蛀入脐橙果实为害，被蛀食处变软腐烂（图3-24C），果实受害后易脱落，通常失去食用价值，严重影响果实品质，一般1果只见1头虫，偶尔可见2或3头，2000～2005年调查显示，湖北省秭归县脐橙果实年均遭受桃蛀螟为害损失达500万kg，占脐橙总产量的7.2%（聂家云和周海燕，2006）。在柑橘大实蝇发生区，果实可遭受大实蝇和桃蛀螟的同时蛀害。

三、发生规律

桃蛀螟1年发生2～5代，有世代重叠现象。各地发生代数因气候条件、营养状况和个体历期不同等影响而有差异。在湖北1年发生4或5代，在江西1年发生5代，在重庆一般1年发生4或5代。

桃蛀螟均以老熟幼虫在树皮裂缝、受害僵果、落果内、落叶下、土缝内、石头缝隙间、受害作物秸秆内等多个场所越冬。桃蛀螟老熟幼虫的越冬场所在不同地区有些许差异。在长江流域一带，多在向日葵遗株和落叶、玉米、高粱的遗株或蓖麻种子中越冬，但以向日葵花盘和玉米茎秆中越冬最多。在重庆，桃蛀螟第一代一般在4月中旬出现，主要为害桃、李、梨果，第二代则转移到玉米上为害。玉米收获后6～7月时柑橘类果实成为其第三代寄主，以后加重为害或再转移到晚季玉米上取食，而后以老熟幼虫在树皮缝隙内或玉米、高粱秸秆等处越冬（李鸿筹等，2005）。

成虫羽化和活动节律均受光照影响，成虫主要在夜间羽化，羽化盛期出现在21:00左右，成虫羽化后1天可交尾，2天可产卵。成虫喜欢昼伏夜出，白天静伏在寄主叶片上或躲藏在附近的杂草丛中，夜晚出来觅食、交配和产卵，通常22:00左右进行交尾，持续交尾1h左右。卵一般单粒散产在寄主表面，适宜温度范围下1周左右孵化。成虫对黑光灯趋性强，但对普通灯光趋性弱。桃蛀螟还对寄主和糖醋液散发的气味有强趋性，喜食花蜜和成熟葡萄、桃汁。

桃蛀螟生长发育和繁殖的适温为23～27℃，在21～30℃条件下，随温度升高，桃蛀螟各阶段的发育历期显著缩短，其中以24℃时的净增殖率最高。不同的寄主植物对桃蛀螟的生长发育和繁殖影响显著。桃蛀螟为典型的短光照诱导滞育型，整个幼虫期的短光照可以诱导五龄幼虫滞育。

四、防控技术

1. 农业防治

果实采收后至新梢萌芽前，及时摘除树上僵果，捡拾树下干、僵、病、虫果实，集中烧毁或深埋。在果树生长期间，随时摘除虫果，将虫果捡拾干净，集中烧毁或深埋，消灭果内幼虫，防止幼虫转果为害。有条件的地区对果实进行套袋，可有效降低桃蛀螟为害。

2. 物理防治

利用成虫的趋光性和对糖醋液的趋性进行灯火诱杀或糖醋液（糖：醋：水为 1：1：10，其内加少量敌百虫混匀）诱杀，也可利用性诱剂诱杀。

3. 生物防治

目前防治桃蛀螟的生物制剂有昆虫病原线虫、苏云金芽孢杆菌（Bt）、青虫菌液和白僵菌等。桃蛀螟的寄生性天敌有绒茧蜂、广大腿小蜂和抱缘姬蜂、黄眶离缘姬蜂等寄生蜂类；捕食性天敌有奇氏猫蛛，但目前采用天敌防治桃蛀螟尚处在探索阶段。

4. 化学防治

桃蛀螟严重发生时，化学防治非常必要，可选用以下药剂喷雾处理：2.5% 高效氯氟氰菊酯水乳剂 1000～2000 倍液、3.2% 甲维盐氯氰微乳剂 1000～1500 倍液、25g/L 多杀霉素悬浮剂 1000～2000 倍液。

撰稿人：李晓雪（华中农业大学植物科学技术学院）
　　　　张宏宇（华中农业大学植物科学技术学院）
审稿人：王进军（西南大学）
　　　　周　彦（西南大学柑桔研究所）

第十五节　柑橘潜叶蛾

一、诊断识别

柑橘潜叶蛾（*Phyllocnistis citrella*），俗称绘图虫、鬼画符等，属于鳞翅目（Lepidoptera）潜叶蛾科（Lyonetiidae）。

成虫：体长 1.5～1.8mm，翅展 4.0～5.3mm。头部平滑，银白色；触角丝状；前胸被银白色毛；前翅披针形，翅基部有两条褐色纵纹，翅中部有"Y"形黑纹，翅尖有 1 个黑色圆斑，大斑之内有 1 个较小白斑；后翅银白色，针叶形，缘毛极长；足银白色。雌蛾腹部末端近圆筒形，雄蛾腹部末端较尖细。

卵：椭圆形，白色，透明，底部平而呈半圆形凸起，长 0.3～0.6mm。

幼虫：初孵幼虫浅绿色，体尖细，三龄幼虫虫体黄绿色，四龄幼虫虫体乳白色，略带黄色，虫隧道明显加宽。

蛹：预蛹长筒形，长约 3.5mm，蛹纺锤形，初化蛹时淡黄色，后渐变深褐色。

二、分布为害

柑橘潜叶蛾在我国分布于江西、江苏、福建、浙江、海南、广西、广东、湖南、湖北、贵州、四川、重庆、上海等地。

柑橘潜叶蛾为害柑橘、金橘、柠檬、二月兰、构橘、四季橘等。幼虫潜入柑橘嫩梢、嫩叶和果实表皮层下取食，形成银白色的弯曲隧道，受害叶片卷曲、变形，易于脱落，影响树势和来年开花结果。受害叶片常常是害虫的越冬场所，其造成的伤口有利于柑橘溃疡病菌的侵入（图3-25）。

图3-25　柑橘潜叶蛾形态特征及其为害症状（张权炳和冉春　拍摄）
A：幼虫与叶片受害状；B：成虫；C：枝梢受害状；D：果实受害状

三、发生规律

柑橘潜叶蛾1年发生9～15代，世代重叠，以蛹或老熟幼虫在晚秋梢或冬梢叶缘卷曲处越冬。4月下旬越冬蛹羽化为成虫，5月即可在田间为害，7～8月夏梢、秋梢抽发盛期为害最重。成虫白天潜伏在叶背或杂草丛中，18:00～21:00产卵，雌成虫选择在0.5～2.5cm的嫩叶背面中脉两侧产卵，幼虫孵化后从卵底潜入嫩叶或嫩梢表皮下蛀食，形成弯曲的隧道，隧道白色光亮，有1条由虫粪组成的细线，四龄幼虫不再取食，多在叶缘卷曲处化蛹。潜叶蛾的适宜温度为20～28℃，26～28℃温度条件下发育快，夏、秋季雨水多，有利于嫩梢抽发，危害比较严重，幼树和苗木受害较重，秋梢受害重。

四、防控技术

1. 农业防治

适时抹芽控梢，摘除过早或过晚抽发不整齐的嫩梢，减少其虫口基数和切断食物链。放梢前半个月施肥，干旱灌水使夏、秋梢抽发整齐，以利于集中施药。冬季清园，结合修剪清除受害枝叶。

2. 生物防治

在重庆9月以后白星啮小蜂、寡节小蜂等寄生性天敌数量较多，应注意保护；在广东捕食性天敌有草蛉和蚂蚁。

3. 化学防治

待多数新梢长0.5～2.0cm时施药，间隔7～10天喷施1次，连续喷施2或3次。可选用以下药剂：1.8% 阿维菌素水乳剂/乳油 1500～4000 倍液、10% 虫螨腈悬浮剂 1500～2000 倍液、5%（50g/L）虱螨脲悬浮剂 1500～2500 倍液、25% 除虫脲可湿性粉剂 2000～4000 倍液、50g/L 氟啶脲乳油 2000～4000 倍液、20% 甲氰菊酯乳油/水乳剂 1200～10 000 倍液、20% 吡虫啉可湿性粉剂 2500～3000 倍液、20% 啶虫脒可湿性粉剂 12 000～16 000 倍液。

撰稿人：冉　春（西南大学柑桔研究所）
审稿人：王进军（西南大学）
　　　　周常勇（西南大学柑桔研究所）

第十六节　卷叶蛾类

为害柑橘的卷叶蛾有 7 种，其中拟小黄卷叶蛾、褐带长卷叶蛾、拟后黄卷叶蛾、小黄卷叶蛾分布广泛，危害严重。卷叶蛾食性杂，寄主范围广，可为害柑橘、龙眼、荔枝等果树。

一、拟小黄卷叶蛾

拟小黄卷叶蛾（*Adoxophyes cyrtosema*），又名柑橘褐带卷叶蛾、吊丝虫、柑橘丝虫，属于鳞翅目（Lepidoptera）卷蛾科（Tortricidae）。

（一）诊断识别

成虫：成虫为黄褐色小蛾（图 3-26A），雌成虫长约 8mm，翅展约 18mm；雄成虫体较小，翅展约 17mm。前翅黄色，翅上有褐色基斑、中带和端纹；后翅淡黄色，基角及外缘附近白色，前翅的 R_4 和 R_5 脉共短柄，该特征区别于其他卷叶蛾类。雄成虫前翅后缘近基角处有近方形的黑褐色纹，两翅并拢时呈六角形斑点，可以根据花纹与雌成虫区别。

卵：椭圆形，初产时淡黄色，后变深黄褐色，孵化时褐色，卵粒呈鱼鳞状排列成卵块，上覆盖胶质薄膜（图 3-26B）。

幼虫：体黄绿色，初孵幼虫体长约 1.5mm，老熟幼虫体长 11～18mm。除一龄幼虫头部黑色外，皆为黄色。头壳和前胸背板黄色或淡黄白色，胸足淡黄褐色（图 3-26C）。

蛹：纺锤形，黄褐色，长约 9mm，宽 1.8～2.3mm（图 3-26D）。

（二）分布为害

拟小黄卷叶蛾分布于我国各柑橘产区。除为害柑橘类果树外，还为害龙眼、荔枝、茶、花生、桑、大豆、桃、梨、枇杷、石榴、板栗、银杏、柳、棉花等 30 种植物，在柑橘上常以幼虫为害嫩芽、嫩叶、花蕾和果实，且常将数片幼嫩叶片或将叶片与果实缀合在一起，躲藏于其中取食；开花期蛀食花蕾后，使花蕾不能正常开放；为害果实，常从果蒂处钻蛀进入，幼果被蛀食后大量脱落，蛀食即将成熟的果实，使病菌从伤口处入侵，从而腐烂脱落。

图 3-26　拟小黄卷叶蛾形态特征（张权炳和冉春　拍摄）
A：成虫；B：卵；C：幼虫；D：蛹

（三）发生规律

拟小黄卷叶蛾 1 年发生 7～9 代，世代重叠，多以老熟幼虫存在于潜叶蛾等为害的卷叶内或杂草中，第二年 3 月中下旬化蛹，羽化为成虫，成虫多在清晨羽化，羽化当日或 2～3 天后交尾，交尾后当天或 2～4 天后产卵。成虫夜间活动，日间栖息于柑橘叶上，静伏不动，趋光性较强，喜食糖、醋及发酵物，不取食、补充营养物也能正常交尾产卵。卵多产于叶面，每雌产 1～7 个卵块，平均 2 或 3 个卵块，每个卵块有卵 3～152 粒，平均 54～64 粒，产卵有向光性，喜在粗糙处产卵。幼虫非常活泼，遇惊扰后常迅速向后爬行或吐丝下垂，遇风便飘散迁移至其他枝条为害，每头幼虫可转移为害幼果多达十几个。拟小黄卷叶蛾卵期 5～6 天，幼虫期 14～25 天，蛹期 5～7 天，成虫寿命 1 周左右。幼虫一生蜕皮 3～5 次，一般 5 龄。以第二代在第一次生理落果后 5～6 月严重为害幼果，引起大量落果；5～8月转而为害嫩叶，9～12月果实即将成熟，转而蛀果，引起果实腐烂。

（四）防控技术

1. 农业防治

柑橘园不宜种植豆科等间作作物，冬季清扫柑橘园枯枝落叶和杂草，清除越冬幼虫和蛹，减少越冬虫源；5～8月，人工摘除卵块，捕捉幼虫、蛹。

2. 物理防治

在成虫发生高峰期，将糖酒醋液（红糖：黄酒：醋：水=1：2：1：6）盘置于柑橘园，溶液深1.5cm，距地面1m处，诱杀成虫，每公顷30盘。

3. 生物防治

对于发生严重的柑橘园，在4～5月产卵期间释放松毛虫赤眼蜂控制1代、2代卵，每亩每次2.5万头，连续释放3或4次。注意保护寄生蜂、胡蜂、绿边步行虫、核多角体病毒等天敌。

4. 化学防治

在谢花后期、幼果期或果实成熟前的幼虫盛孵期喷药防治幼虫，间隔5～7天喷施1次，防治1或2次。可选用以下药剂：16 000IU/mg苏云金芽孢杆菌可湿性粉剂150～250g/亩、20%甲氰菊酯乳油/水乳剂2000～3000倍液、25g/L溴氰菊酯乳油1500～2500倍液、45%毒死蜱乳油1000～2000倍液等。

二、褐带长卷叶蛾

褐带长卷叶蛾（*Hornona coffearia*），又名柑橘长卷蛾、茶淡黄卷叶蛾、茶卷叶蛾、咖啡卷叶蛾，属于鳞翅目（Lepidoptera）卷蛾科（Tortricidae）。

（一）诊断识别

成虫：体暗褐色（图3-27A），雌成虫体长8～10mm，翅展25～28mm；雄成虫体略小。胸部背面黑褐色，腹面黄白色，前翅暗褐色，翅基部黑褐色斑纹约占翅长的1/5。雌蛾前翅近长方形，翅尖深褐色，前翅长于腹部；雄蛾前翅前缘基部有1近圆形凸出部分，休息时反折于肩角，前翅较短，仅遮盖腹部，具宽而短的前缘褶，向翅背面卷折成圆筒形，后翅淡黄色。

卵：椭圆形，淡黄色，多粒卵呈鱼鳞状排列，上方覆有胶质薄膜。

幼虫：共6龄，体长1.2～23mm，六龄幼虫体长20～23mm，黄绿色。头部黑至深褐色，一龄幼虫前胸背板为绿色，其他各龄幼虫前胸背板为黑色（图3-27B）。

蛹：雌蛹长12～13mm，雄蛹长8～9mm，黄褐色。

图 3-27　褐带长卷叶蛾形态特征及其为害症状（张权炳和冉春　拍摄）
A：成虫；B：幼虫；C：幼虫为害叶片

（二）分布为害

褐带长卷叶蛾在我国各柑橘产区均有分布，幼虫为害柑橘、龙眼、茶树、板栗、枇杷、梨、苹果、咖啡等多种植物，幼虫吐丝将几片叶结成包，在其中取食叶肉，留下一层表皮，形成透明枯斑（图 3-27C），之后随虫龄增大，食叶量大增，蚕食成叶和蛀果，潜伏于两果实接触处啃食果皮，蛀入果实。幼果和成熟果实均可受害，常引起落果。

（三）发生规律

褐带长卷叶蛾 1 年发生 4～6 代，以幼虫在柑橘卷叶或附近杂草中越冬，越冬幼虫于早春先在嫩叶、嫩梢、花蕾、幼果或叶上取食一段时间后化蛹，继而羽化，重庆以第二代在第一次生理落果后为害严重。成虫在清晨羽化，白天静伏于枝叶上，夜间活动，略具趋光性。卵多产于叶面主脉附近或叶面稍凹下部分，卵块呈鱼鳞状排列，椭圆形，成虫寿命长的可达 13 天，短的仅 3.5 天，平均 8 天，通常每头雌成虫产卵 2 块，卵数 150～220 粒，各代卵期 6～12 天。幼虫期平均 12.1～21.5 天，越冬幼虫长达 177 天，越冬代幼虫多在老叶间化蛹，部分幼虫可在落果中化蛹，其他均在老叶间化蛹，蛹期 5～9 天。幼虫共 6 龄，幼虫趋嫩且活泼，吐丝连结 3～5 片叶，藏居其中，受惊即吐丝下坠逃跑。芽叶稠密的发生较多，5～6 月多雨高湿有利于其发生，秋季干旱则发生轻。

（四）防控技术

同拟小黄卷叶蛾。

三、拟后黄卷叶蛾

拟后黄卷叶蛾（*Archips compacta*），又名褐黄卷叶蛾、褐卷叶蛾、苞头虫、裙子虫，属于鳞翅目（Lepidoptera）卷蛾科（Tortricidae）。

（一）诊断识别

成虫：体和翅黄褐色（图 3-28A）。雌成虫体长约 8mm，翅展 18～20mm，前翅具褐色网状纹，静止时，翅外形似裙子，故称"裙子虫"，雄成虫略小。前翅花纹复杂，前缘近基角处深褐色，近顶角前方有指甲形黑褐色纹，其后下方有1浅褐色纹斜向臀角；后缘近基部有似梯形的深褐色纹，两翅相连时，在中部形成长方形纹。

图3-28 拟后黄卷叶蛾形态特征及其为害症状（张权炳和冉春 拍摄）
A：成虫；B：蛹；C：嫩梢受害状；D：果实受害状

卵：椭圆形，深褐色，长约0.8mm，宽约0.6mm，常由140～200粒卵呈鱼鳞状排列形成卵块，卵块两侧各有1列黑色鳞毛。

幼虫：老熟幼虫长约22mm，头、前胸背板红褐色，前胸背板后缘两侧黑色，体黄绿色，前、中足黑褐色，后足浅黄色。

蛹：体长约11mm、宽2.7mm，红褐色（图3-28B）。

（二）分布为害

拟后黄卷叶蛾分布于重庆、四川、福建、广东、广西等省（自治区、直辖市）。寄主植物除柑橘外，还有苹果、李、桃、柿、茶、黄豆等。以幼虫吐丝将1叶折合或缀合3～5片叶，藏在其中食害嫩叶（图3-28C）。有时可将一片嫩梢叶吃光或钻蛀幼果，引起落果，幼虫为害近成熟果，常引起腐烂脱落（图3-28D）。

（三）发生规律

拟后黄卷叶蛾1年发生6代。以幼虫在杂草丛中或卷叶内越冬，5月下旬幼虫开始食害嫩梢，在重庆于5月中旬和6月上旬各有一次高峰期，在广东于4月、5月与拟小黄卷叶蛾、褐带长卷叶蛾混合发生，为害幼果，引起落果，5月下旬转移为害嫩叶，吐丝将1叶折合或3～5片叶缀合成包，藏在其中为害，9月开始转移为害果实，造成落果。

（四）防控技术

同拟小黄卷叶蛾防治。

四、小黄卷叶蛾

小黄卷叶蛾（*Adoxophyes orana*），又名苹果卷叶蛾、棉褐带卷蛾、茶小卷叶蛾、茶叶蛾、桑斜纹卷叶蛾，属于鳞翅目（Lepidoptera）卷蛾科（Tortricidae）。

（一）诊断识别

成虫：体长6～10mm，黄褐色，前翅有2条深褐色斜纹，形似"h"状，外侧比内侧的一条细，雄成虫体较小，体色稍淡，前翅有前缘褶（图3-29A）。

卵：扁平，椭圆形，淡黄色，数十粒至上百粒排成鱼鳞状（图3-29B）。

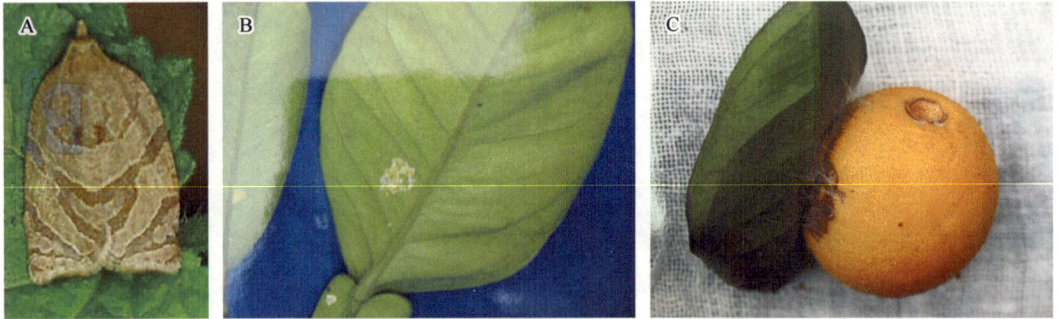

图3-29　小黄卷叶蛾形态特征及其为害症状（张权炳和冉春　拍摄）
A：成虫；B：卵；C：果实受害状

幼虫：初孵幼虫淡绿色，老龄幼虫头较小，前胸背板淡黄色，胸腹部翠绿色，体长13～15mm，雄成虫腹部背面有1对性腺，腹末有臀栉6～8根。

蛹：体长9～11mm，黄褐色。

（二）分布为害

小黄卷叶蛾在我国各柑橘产区均有发生，除柑橘类外，还为害梨、苹果、桃、李、杏、樱桃、醋栗、棉、茶、桑等果树和经济作物，以为害嫩梢、嫩叶、花蕾、果实（图3-29C）为主，为害症状与拟小黄卷叶蛾相似。

（三）发生规律

小黄卷叶蛾1年发生6或7代，多以幼虫越冬，当冬季气温较高时幼虫也能活动取食。4月中下旬成虫羽化，雌成虫常在7:00～9:00和19:00～21:00羽化，而雄成虫则在9:00～11:00和15:00～17:00羽化。成虫白天潜伏在林间，晚上活动，黄昏后19:00～23:00最活跃，具趋光性和趋化性，但飞行力弱。成虫羽化后的当日就可交尾，交尾常在19:00以后和9:00以前，交尾4～6h后产卵，每雌可产1～3个卵块，共300～400粒，卵块常产在叶片上。初孵幼虫活泼，借吐丝和爬行分散，将叶片缀合在一起，藏在其中并取食嫩叶和幼果，共5龄。

（四）防控技术

同拟小黄卷叶蛾。

撰稿人：冉　春（西南大学柑桔研究所）
审稿人：王进军（西南大学）
　　　　周常勇（西南大学柑桔研究所）

第十七节 恶性叶甲

一、诊断识别

恶性叶甲（*Clitea metallica*），又名恶性啮跳甲、包蜗、黑蚤虫、狗蚤子、黄懒虫、牛污涂、黄滑牛等，属于鞘翅目（Coleoptera）叶甲科（Chrysomelidae）。

成虫：椭圆形，雌成虫体长3.0～3.8mm，雄成虫体较小，头、胸及鞘翅均为蓝黑色，有金属光泽，触角黄褐色，11节，从触角基部至复眼后缘有倒"八"字形沟纹，前胸背板密布小刻点，鞘翅上有纵列的小刻点10行，胸部腹面黑色，足黄褐色，后足腿节膨大，腹部腹面黄褐色。

卵：长椭圆形，长约0.6mm，初为白色，有光泽，后变为黄白色，将孵化时为深褐色，卵壳外有一层黄褐色的网状黏膜。

幼虫：共3龄，老熟幼虫体长达9mm，头黑色，胸、腹部草黄色，前胸背板半月形，中央有1纵线分为左右两块，中、后胸侧各有1个黑色突起，胸足黑色。

蛹：椭圆形，长约2.7mm，初为黄白色，后变为橙黄色，腹部末端有1对叉状突起，叉端色较深。

二、分布为害

恶性叶甲分布于浙江、江西、湖南、广东、广西、福建、四川、云南等地，寄主仅限于柑橘类，春梢受害最重。全年以第一代幼虫为害春梢，第二代为害夏梢最为严重，以后各代极少发生。成虫和幼虫取食嫩叶、嫩芽，常将叶片吃成缺刻和孔洞，或将叶背表皮和叶肉吃掉，仅留表面蜡质层或叶脉。当虫口密度大时，可将新叶、老叶一起吃光，芽、叶被食后残缺，花蕾受害后干枯，幼虫喜群集取食嫩叶，并从体壁分泌黏液护体，同时将排出的条状粪便物采用尾部上翘附于背上，有一层黑色黏状物，最终导致嫩叶被污染，叶片变焦黑色而脱落，成虫还可将幼果咬成孔洞，变黑而脱落（图3-30）。

图 3-30 恶性叶甲成虫及其为害症状（张宏宇 拍摄）

三、发生规律

恶性叶甲在浙江、湖南、四川、贵州等地 1 年发生 3 代，在江西和福建 1 年发生 3 或 4 代，在广东 1 年发生 6 或 7 代，均以成虫在树皮缝、地衣、苔藓下及卷叶和松土中越冬，于 10 月下旬左右越冬。春梢抽发期越冬成虫开始活动，第一代为 4 月上旬至 6 月上旬，第二代为 6 月下旬至 8 月下旬，第三代（越冬代）为 9 月上旬至第二年 3 月下旬（陈胜文等，2019a）。广东地区越冬成虫可见于 2 月下旬，部分发生早的全年可达 7 代。

成虫善跳跃，有假死性，羽化后 2～3 天开始取食。雌成虫能交尾多次，交尾后当天或隔天开始产卵，卵多产于叶面叶尖或叶缘，雌成虫产卵前在产卵处以口器咬成小穴，然后在穴中产卵 2 粒，并分泌胶质涂布卵面，卵周围的叶片组织微呈黑色，每头雌成虫产卵百余粒，多者达数百粒，卵期平均为 20 天。幼虫共 3 龄，幼虫期一般为 10 天左右，幼虫孵化后群集取食嫩叶，初孵幼虫先在叶背取食叶肉，留下表皮，随着幼虫长大，将叶片吃成孔洞或缺刻，老熟幼虫一般在枯萎卷叶巢中化蛹，也有的在树皮裂缝或蜘蛛卷叶巢中、地衣、苔藓下化蛹，虫蛹分布在距主干 0.5m、深 1cm 左右的范围内，成虫钻入腐朽枝干中深度不超过 2cm 处越冬。

四、防控技术

1. 农业防治

剪除带虫枝条和枯死枝干，修剪时剪口要平，并涂保护剂，清除落叶、落果，并集中烧毁或深埋。清除树上地衣、苔藓、树皮裂缝及地面杂草，用石灰堵塞树上虫洞和树穴，以减少其化蛹和越冬场所。在 11 月底至 12 月中旬用生石灰、水、食盐、石硫合剂或者石灰、硫酸铜配制的涂白液刷白树干。加强老柑橘园的改造，通过间移、间伐过密植株，加强通风透光，同时加强肥水管理，增强树体抗性。

2. 物理防治

在幼虫化蛹前在树干上、树杈处捆扎带泥稻草绳，引诱其幼虫入内化蛹，在羽化前解下稻草绳烧毁。在成虫盛发期于柑橘树下铺上塑料薄膜等，再摇动树干使假死成虫掉在薄膜上，集中烧毁。也可采用灯光诱杀和黄板诱杀。

3. 化学防治

第一代柑橘恶性叶甲卵盛孵期，也是柑橘初花期，是防治的关键时期。可选用以下药剂：1.8% 阿维菌素 2000 倍液、20% 甲氰菊酯乳油 2000～3000 倍液、5% 溴氰菊酯乳油 2000～2500 倍液。

撰稿人：李晓雪（华中农业大学植物科学技术学院）
审稿人：王进军（西南大学）
　　　　周常勇（西南大学柑桔研究所）

第十八节　潜　叶　甲

我国为害柑橘的潜叶甲种类有柑橘潜叶跳甲（*Podagricomela nigricollis*）、枸橘潜叶跳甲（*P. weisei*），均属于鞘翅目（Coleoptera）叶甲科（Chrysomelidae）。

一、诊断识别

（一）柑橘潜叶跳甲

成虫：体长 3.0～3.7mm、宽 1.7～2.5mm，椭圆形，头及前胸黑色，翅鞘及腹部均为橘黄色，眼为球形，呈黑色，触角丝状，11 节，前胸背板遍布小刻点，翅鞘上有纵列刻点 11 行，足黑色，中、后足胫节各具 1 刺，跗节 4 节，后足腿节膨大，善于跳跃（图 3-31）。

图 3-31　柑橘潜叶跳甲成虫（张宏宇　拍摄）

卵：椭圆形，长 0.68～0.86mm，米黄色。

幼虫：体长 4.7～7.0mm，深黄色，头部颜色较浅，前胸背板硬化，胸部两侧钝圆，从中胸起宽度渐减，各腹节前部狭窄、后部宽，几乎呈梯形，胸足 3 对，呈灰褐色，末端各具深蓝色、透明的球形小泡。

蛹：长 3.0～3.5mm，淡黄色至深黄色，头部向腹部弯曲，口器达到前足基部，复眼呈肾形，触角弯曲，体有刚毛多对，腹部末端具有 1 对臀叉，其端部黄褐色。

（二）枸橘潜叶跳甲

成虫：体长 2.8～3.5mm，椭圆形，头部黄褐色，前胸背板及鞘翅黑绿色且有金属光泽，翅鞘上有纵列刻点 11 行，胸腹部黑褐色，足黄褐色。

卵：椭圆形，黄色，横粘于叶上，表面有六角形或多角形网状纹。

幼虫：与柑橘潜叶跳甲相似，体长 4.7～5.8mm，体深黄色，前胸背板硬化，胸部各节两侧钝圆，从中胸起宽度渐减。

蛹：椭圆形，深黄色，腹部末端背面有 2 个刺状钩。

二、分布为害

柑橘潜叶甲过去只在我国少数柑橘产区为害，但迄今已普遍发生于四川、湖北、湖南、浙江、江西等柑橘产区，且为害有逐年上升趋势，可造成较大的经济损失。柑橘潜叶跳甲成虫大多为害柑橘嫩芽、幼叶，在叶背取食叶肉，残留叶片上表皮呈现透明斑块；以幼虫为害最为严重，通常潜入春梢嫩叶表皮下取食叶肉，形成较宽的弯曲虫道，虫道内有幼虫排泄物形成的黑线，受害嫩叶枯黄脱落，同时幼虫可以转叶为害，受害严重的植株全株嫩叶相继脱落，导致落花、落果，严重影响产量，以 4～5 月春梢受害最重（图 3-32）。

图 3-32　柑橘潜叶跳甲幼虫及其为害症状（张宏宇　拍摄）

三、发生规律

柑橘潜叶甲以成虫于土壤中或者树干裂缝内、苔藓、地衣中越冬，卵产于嫩叶叶背或者叶缘上，单雌平均产卵 300 粒。幼虫孵化后从叶背潜入，蜿蜒取食为害，并且将黑色粪便排泄于虫道内，形成一条黑线（段志坤，2014；图 3-28），可以转叶为害。幼虫共经历 3 次蜕皮成为老熟幼虫，老熟幼虫可以随叶片落下，咬出孔洞并爬出虫道，转入树干周围疏松土壤中做蛹室化蛹，入土深度为 3cm 左右。当年羽化的成虫为害后可转入土壤或树干裂缝中越夏、越冬。

柑橘潜叶跳甲在大多数地区 1 年发生 1 代，不同地区发生规律有一定差异，以江西赣州柑橘栽培区为例，越冬成虫于 3 月上旬开始活动，3 月中旬至 4 月上旬为产卵盛期，4 月为幼虫孵化为害期，5 月上旬为化蛹盛期，5 月中旬为成虫羽化盛期，5 月下旬成虫开始蛰伏，6 月上旬末其为害基本结束（王博，2012）。枸橘潜叶跳甲在农业生产中发生较少，但发生规律与柑橘潜叶跳甲相似，1 年发生 1 代，以湖北宜都柑橘栽培区为例，每年 3 月中旬开始活动，3 月下旬至 4 月中旬产卵，3 月末至 5 月中旬幼虫为害春梢，4 月中旬至 5 月中旬开始化蛹，4 月末至 5 月中旬羽化，5 月中下旬开始蛰伏越夏（曾泉，2003）。

四、防控技术

1. 农业防治

清除园内枯枝败叶、杂草、树上的地衣、苔藓以及树干裂皮等易于成虫潜伏的场所，堵塞树缝；增加柑橘园的通光透风，降低植株密度，同时加强肥水管理。

2. 物理防治

利用成虫具有假死性的特点，可于 4 月清晨在地面铺一层薄膜后大力摇晃柑橘树，迅速收集薄膜上的成虫，然后杀死；越冬成虫出蛰前可以通过悬挂黄色粘虫板来粘杀成虫，降低虫口密度。

3. 生物防治

保护和利用天敌，主要有蚂蚁、瓢虫、食虫椿象等。

4. 化学防治

当发现每叶上有 2 或 3 头虫时即可喷药防治，可选用以下药剂：① 20% 甲氰菊酯乳剂 2000～3000 倍液，还可兼治柑橘全爪螨等叶螨类；② 25% 喹硫磷乳剂或 40% 乐斯本乳油 1000 倍液；③ 2.5% 溴氰菊酯乳油或 20% 甲氰菊酯乳油 3000 倍液等。

撰稿人：李晓雪（华中农业大学植物科学技术学院）
审稿人：王进军（西南大学）
　　　　周常勇（西南大学柑桔研究所）

第十九节　柑橘象甲

我国为害柑橘的象甲常见有柑橘灰象甲（*Sympiezomias citri*）、柑橘绿鳞象（*Hypomeces squamosus*）、柑橘小绿象甲（*Platymycteropsis mandarinus*）3 种，均属于鞘翅目（Coleoptera）象甲科（Curculionidae）。柑橘灰象甲又名柑橘灰象、大灰象虫、灰鳞象虫，柑橘绿鳞象别名大绿象虫、蓝绿象、绿绒象虫、棉叶象鼻虫等，柑橘小绿象甲别名柑橘斜脊象甲。

一、诊断识别

（一）柑橘灰象甲

成虫：体长 8.0～12.0mm，灰白色，前胸背面密布不规则瘤状突起，中央生黑色宽纵纹，头管较粗，背面黑色（图 3-33）。

图 3-33　柑橘灰象甲成虫（柯伟政　拍摄）

卵：椭圆形，长 1.1～1.4mm，乳白色，孵化前变为紫灰色。

幼虫：无足型，初孵体长 1.0～2.0mm，乳白色；末龄幼虫体长 11.0～13.0mm，乳白色至浅黄色，头黄褐色。

蛹：长 7.5～12.0mm，淡黄色，头管弯向胸前，上额形似大钳状，前胸背板隆起，中胸后缘微凹，背面有 6 对短小毛突，腹部背面各节横列 6 对刚毛，腹部末端具 1 对黑褐色刺。

（二）柑橘绿鳞象

成虫：体长 13.0～16.0mm、宽 4.8～6.0mm，体肥大而扁，略呈梭形，体壁黑色，密被均一且金光闪闪的蓝绿色鳞片，鳞片间散生银灰色绒毛（图 3-34）。

卵：长约 1.0mm，卵形，浅黄白色，孵化前暗黑色。

图 3-34　柑橘绿鳞象成虫（陆永跃　拍摄）

幼虫：无足型，初孵乳白色，末龄体长 15.0～17.0mm，体肥大，多皱褶，乳白色至黄白色。

蛹：为裸蛹，长约 14mm，黄白色。

（三）柑橘小绿象甲

成虫：体长 5.0～9.0mm、宽 1.8～3.1mm，体长椭圆形，均密被淡蓝绿色闪光鳞片（图 3-35），触角和足红褐色。

图 3-35　柑橘小绿象甲成虫（黄孙滨　拍摄）

卵：椭圆形，长约 0.6mm，乳白色。

幼虫：长 6～7mm，淡黄色，腹末节呈管状凸出，背面有 4 根细长刚毛，腹面肛门背方有 3 个骨化瓣，中央瓣较大，肛门腹部及两侧亦有骨化部分。

蛹：长 5～6mm，淡黄色，前胸背板有 10 对钩状毛突，中后胸背板各有 4 对钩状毛突，腹节背面各有 4 或 5 对钩状毛突，腹部末端有 1 对黑褐色臀棘，臀棘末端分叉。

二、分布为害

柑橘灰象甲在国内分布于湖南、安徽、浙江、江西、福建、广东、广西、贵州等省（自治区）；柑橘绿鳞象分布于我国南方各地；柑橘小绿象甲分布于广东、广西、福建、湖南、湖北、陕西等省（自治区）。3 种象甲的寄主范围都比较广，除柑橘外，均可为害花生、大豆、芝麻、玉米、粟、蓖麻、田菁、桃、李、梨、棉花、油桐、乌桕、无患子、龙眼、荔枝、桉树、银合欢等植物，是果树等经济作物的重要害虫，以成虫群集咬食植物的新梢、嫩叶，有时也为害花和幼果，叶片被咬食成大小不一的孔洞、缺刻，严重时仅剩嫩叶主脉或嫩枝。柑橘幼果受害后果面出现凹入缺刻，成熟后出现虫伤疤，严重影响外观品质，受害严重时幼果全部被吃光或引起落果。

三、发生规律

柑橘灰象甲 1 年发生 1 代，以成虫和幼虫在土中越冬。成虫于 3 月开始活动和上树为害，3～8 月均可见成虫，4 月为盛发期，前期主要取食春梢嫩叶，5 月开始取食幼果。卵块产于枝梢顶部的两片老熟叶片之间近叶缘处，并分泌黏液使叶片自然黏合，4 月下旬开始孵化，幼虫孵出后即落地入土，在 10～15cm 土中取食根部和腐殖质。

柑橘绿鳞象在广西 1 年发生 1 代，以成虫和幼虫在土壤中越冬。一般 3 月下旬至 4 月初成虫陆续出土，4 月上中旬盛期为害春梢，5 月中旬后转而为害早夏梢。在福州 6 月中下旬为成虫出土高峰，8 月虫口减少，10 月底成虫在田间基本不可见。成虫白天活动和取食，尤以午后至黄昏在叶面较活跃，其余时间常隐藏于叶背，善爬不善飞，飞翔力弱，有群集性和假死性，当惊动时即坠落地上。成虫一生可交尾多次，卵单粒，散产在两叶片的合缝处，产卵后分泌黏液将两叶片黏合，以保护卵粒。产卵期长达 57～98 天。幼虫孵化后落地，在土壤内生活，取食腐殖质或杂草、树木须根，直至越冬。幼虫一般 5 龄，少数 6 龄，老熟幼虫在土中筑造蛹室，在其中化蛹，蛹室有 1 条通向表土的蛹道，以便羽化的成虫出土。

柑橘小绿象甲在广西南宁 1 年发生 2 代，以幼虫在土壤中越冬。第二年 4 月下旬至 5 月上旬第一代成虫出土，为害早夏梢直至 6 月上旬；第二代成虫在 7 月中旬陆续出土，8 月中旬至 9 月中旬为发生盛期。在为害初期，一般先在果园的边缘开始发生，常 3～5 头在一片叶片上咬食，每株树常有数十头甚至数百头以上的成虫群集为害，使新梢叶片严重缺刻，影响光合作用能力。成虫敏锐性强，稍有动静即躲避到叶的另一面藏匿，惊动或振动即坠地假死。

四、防控技术

1. 农业防治

冬季采果后结合深翻园土和施肥，减少越冬虫源；合理搭配作物布局。

2. 物理防治

在 3～4 月成虫大量上树前，采用黏胶环包扎或直接用黏胶涂抹树干，防止成虫上树；在成虫大量出现期，振动树枝，使虫子坠落以捕杀成虫。

3. 生物防治

土壤施用斯氏线虫或玫烟色棒束孢可有效防治柑橘象甲的幼虫。

4. 化学防治

可选用以下药剂：1.8% 阿维菌素乳油 1500～3000 倍液、20% 啶虫脒可湿性粉剂 2000～4000 倍液、20% 甲氰菊酯或 2.5% 溴氰菊酯等。

撰稿人：岑伊静（华南农业大学植物保护学院）
审稿人：王进军（西南大学）
　　　　周常勇（西南大学柑桔研究所）

第二十节　柑橘爆皮虫

一、诊断识别

柑橘爆皮虫（*Agrilus auriventris*），又名柑橘旋皮虫、橘长吉丁虫、锈皮虫，属于鞘翅目（Coleoptera）吉丁虫科（Buprestidae）。

成虫：体长 6.0～9.0mm，古铜色，具金属光泽，前胸背板上有许多细皱纹，鞘翅紫铜色，密布细小刻点，上有金黄色花斑，鞘翅端部有若干明显的小齿（图 3-36）。

卵：扁椭圆形，乳白色至土黄色。

幼虫：末龄幼虫体长 12～20mm，扁平细长，乳白色或淡黄色，表面多皱褶，头部和中、后胸甚小，前胸特别膨大，腹部各节前、后缘约等宽，末端有 1 对黑褐色坚硬的钳状突。

蛹：长 8.5～10.0mm，扁圆锥形，淡黄色。

图 3-36　柑橘爆皮虫成虫（李竹　拍摄）

二、分布为害

柑橘爆皮虫分布较广泛，主要分布在陕西、吉林、辽宁、黑龙江等地区，在我国各柑橘产区也普遍发生。成虫取食嫩叶成小缺刻，有假死性。卵散产于树干裂缝皮下，少数产在树干的地衣或苔藓下，或2～10粒卵排列在一起。幼虫侵害初期，侵入树皮浅处为害，树皮上呈现分散的芝麻大小的流胶点。幼虫外形渐长，在树干皮层和木质部间蛀食形成不规则的蜿蜒虫道，并排泄虫粪于其中，随后虫粪堵塞虫道，将韧皮部破坏殆尽，使养分不能正常运输，严重时使树皮与木质部分离，韧皮部枯死，树皮爆裂。老年树、树皮粗糙、裂缝多的橘树品种受害较重，并且可以诱发流胶病。末龄幼虫在虫道末端蛀入木质部做蛹室越冬，蛀入孔呈新月形。

三、发生规律

柑橘爆皮虫1年发生1代，以各龄幼虫在树干皮层下（低龄幼虫）或木质部（老熟幼虫）内越冬。越冬幼虫于2月中旬开始取食和老熟化蛹，以4月下旬化蛹最多，同时开始羽化为成虫，5月上旬为羽化盛期，5月中旬成虫开始咬穿木质部和树皮作"D"形羽化孔出洞，5月下旬为出洞盛期，5月下旬开始产卵，6月中下旬为主卵盛期，卵期15～24天，7月上中旬为孵化盛期。初孵幼虫在皮层蛀食为害，伤口有泡沫状流胶，是明显的特征。由于成虫陆续出洞、产卵，幼虫发生陆续不断，致使树上终年有幼虫。

四、防控技术

1. 农业防治

在成虫出洞前（4月中旬以前）彻底挖除并烧毁受害严重和枯死的橘树。

2. 物理防治

在成虫出洞前用塑料薄膜或稻草包扎有虫源的树干，然后涂刷带有药液的湿泥（80% 敌敌畏乳油加10～20倍的黏土），可阻止成虫出洞产卵；在成虫产卵前的5月进行树干涂白，减少产卵。

3. 化学防治

初孵幼虫盛发期刮杀、毒杀幼虫（80% 敌敌畏乳油5～10倍液）；6～8月注意勤检查，发现树干上有泡沫状物或汁液浸出时，用小刀刮杀皮下幼虫或在受害处间隔1～1.5cm纵划2或3刀，深达木质部，再涂药液灭杀初孵幼虫；成虫出洞高峰期用"绿晶"0.3%印楝素乳油稀释液喷射树冠，消灭成虫。

撰稿人：豆　威（西南大学）
审稿人：王进军（西南大学）
　　　　周常勇（西南大学柑桔研究所）

第二十一节 星 天 牛

一、诊断识别

星天牛（*Anoplophora malasiaca*），又名橘星天牛、牛头夜叉、花牯牛、花夹子虫，属于鞘翅目（Coleoptera）天牛科（Cerambycidae）。

成虫：体长22.0～39.0mm，漆黑色，有金属光泽，触角自3～11节每节基部有淡蓝色绒毛，复眼黑褐色，前胸背板中瘤明显，两侧各具粗大刺突，小盾片和足的跗节具灰色细毛，鞘翅基部密布颗粒状瘤突，翅面具白色绒毛组成的小斑，每翅约有20个，排列成不整齐的五横行，犹如晚间天空的繁星，因而得名，雄成虫触角超过体长的一倍，雌成虫触角仅超过体长的1/4（图3-37A）。

图3-37 星天牛成虫（A）、幼虫及其为害症状（B）（邓崇岭 拍摄）

卵：长卵圆形，乳白色，孵化前变成黄褐色，长约5.0mm。

幼虫：淡黄色，老熟幼虫体长40.0～60.0mm，头部前端黑褐色（图3-37B）。前胸背板有一黄褐色的"出"字形斑纹。

蛹：长约30.0mm，乳白色，后呈暗褐色。

二、分布为害

星天牛主要分布于华北、华东、西北、西南、中南各地，主要为害柑橘、苹果、梨等果树及杨、柳、苦楝、洋槐等的根颈部。成虫咬食细枝皮层，树皮被咬成"L"或"⊥"形裂口（图3-38A），将卵产在其中。幼虫孵化后，主要为害成年树的主干基部和主根，先在树干皮下迂回蛀食，经3～4个月再蛀入木质部食害，幼虫在木质部先直入后转而向上，蛀孔外堆积有虫粪（图3-38B）。

三、发生规律

星天牛1年发生1代，个别2年发生1代，以幼虫在树干基部或主根木质部内越冬。成虫于4月下旬至5月上旬出现，5～6月为羽化盛期，黄昏交尾产卵。卵多产在树干近地面部分，幼虫孵化后，经 3～4 个月再蛀入木质部为害，幼虫期达 10 个月，第二年 3～4 月在隧道中化蛹。成虫寿命约 30 天，成虫羽化后，喜在晴天中午活动、交配，在树干近地面 33cm 以下的地方咬破皮层产卵。每只雌星天牛一生可产卵 8～20 粒，卵期 9～14 天。

图 3-38　星天牛成虫（A）与幼虫（B）的为害症状（邓崇岭　拍摄）

四、防控技术

1. 农业防治

剪除枯枝，在成虫盛发期，人工捕杀成虫；在产卵盛期，刮除虫卵等。

2. 生物防治

1）种植诱饵树种即星天牛嗜食树种，作用是诱集天牛而后集中灭杀和处理，减少星天牛对目标树种的为害。星天牛的诱饵树种多为苦楝，其有效诱集距离在 200m 左右，在成虫高峰期引诱的数量占总数量的 71.6%。

2）星天牛的天敌昆虫种类比较少，应用天敌的报道有花绒寄甲、川硬皮肿腿蜂等，后者对星天牛的寄生效果最高可达 43.63%，平均为 26.93%，具有很好的生防效果。

3. 化学防治

可选用氯氰菊酯等农药，对星天牛有良好的灭杀效果。

撰稿人：豆　威（西南大学）
审稿人：王进军（西南大学）
　　　　周常勇（西南大学柑桔研究所）

第二十二节　柑橘全爪螨

一、诊断识别

柑橘全爪螨（*Panonychus citri*），又名柑橘红蜘蛛，属于蜱螨目（Acarina）叶螨科

（Tetranychidae），是柑橘园最为常见的一种害螨。

成螨：雌成螨体长 0.39mm，近椭圆形，紫红色，背面有 13 对瘤状小突起，每个突起上着生 1 根白色刚毛，足 4 对（图 3-39）。雄成螨鲜红色，体略小，长 0.34mm，腹部后端较尖，近楔形，足较长。

图 3-39 柑橘全爪螨雌成螨（李传振 拍摄）

卵：扁球形，直径 0.13mm，鲜红色，顶部有一垂直的长柄，柄端有 10～12 根向四周辐射的细丝，可附着于枝叶表面。

幼螨：体长约 0.2mm，色较淡，足 3 对。

若螨：若螨与成螨相似，体较小，一龄若螨体长 0.2～0.25mm，二龄若螨体长 0.25～0.3mm，均有 4 对足。

二、分布为害

柑橘全爪螨在我国柑橘产区均有分布，主要以成螨、若螨、幼螨刺吸柑橘叶片、绿色枝梢和果实汁液，破坏叶绿体，受害处呈现许多灰白色小斑点，严重时，叶片和果面呈灰白色，叶片提早脱落，甚至导致落果和树势衰弱，直接影响果品的产量和品质（图 3-40）。

图 3-40　柑橘全爪螨为害症状（李传振　拍摄）

三、发生规律

　　柑橘全爪螨 1 年发生代数与发生地年平均气温有关。在年平均温度 22℃以上的地区，1 年发生 30 代左右；在年平均温度 20℃左右的地区，1 年发生代数可达 20 代；在年平均温度 18℃的地区，1 年发生约 16 代；在年平均温度 15～17℃的地区，1 年发生 12～15 代。柑橘全爪螨在田间世代重叠，各虫态并存，以成虫和卵越冬，暖冬年份可见若螨。在近叶柄处、枝条棱沟处、柑橘潜叶蛾等为害的僵叶或枝条裂缝处越冬。柑橘全爪螨田间种群密度与温度、湿度、食物、天敌种群和人为因素等相关。一般气温在 12～26℃有利于其发生。发育和繁殖的适宜温度为 20～30℃。当相对湿度为 85% 时，25℃时完成 1 个世代约需 16 天，30℃时则为 13～14 天；冬季完成 1 代需 63～71 天。一年中春秋两季是发生严重期。夏季高温对其生长不利，虫口密度有所下降。柑橘全爪螨行两性生殖，也可行孤雌生殖，孤雌生殖的后代为雄性。每头雌成螨可产卵 30～60 粒，春季世代卵量最多。卵主要产于叶背主脉两侧、叶面、嫩梢和果实上。

四、防控技术

1. 农业防治

　　冬季彻底清园，清理僵叶、卷叶并集中烧毁，减少越冬虫源；柑橘园实行生草栽培，保护园内藿香蓟类杂草和其他有益草类，或间种豆科类绿肥植物，调节园区温度、湿度，改善田间小气候，有利于捕食螨等天敌的栖息繁衍。

2. 生物防治

保护和利用自然天敌，如捕食螨、食螨瓢虫等食量大的天敌；人工引移释放捕食螨，"以螨治螨"。福建报道：每株脐橙树挂 1 袋胡瓜钝绥螨（1000 头），半个月后柑橘全爪螨虫口减退率为 93.7%～97.6%，一个月后虫口减退率达 100%。释放时间一般在 4 月至 5 月上旬及 8 月中下旬至 9 月上旬。根据树冠大小，每株树挂 1 或 2 袋。释放捕食螨前必须控制每叶柑橘全爪螨数在 2 头以下时才能有明显效果，同时禁止喷施对捕食螨杀伤力强的农药。

3. 化学防治

加强虫情检查，局部发生时实行挑治，减少全园喷药次数。当 100 片叶片平均虫口密度为 1 或 2 头时，进行全面喷药防治；轮换使用农药，不滥用农药；采果后至春梢萌发前可喷施以下药剂：① 73% 克螨特乳油 1500 倍液；② 松脂合剂 8～10 倍液；③ 95% 机油乳剂或 99% 绿颖矿物油 100～200 倍液；④ 30% 松脂酸钠水乳剂（虫螨腈）1500～2500 倍液。春梢和幼果期后应选用防治效果良好的专一性农药，可选用以下药剂：① 20% 哒螨灵可湿性粉剂 1500～2000 倍液；② 25% 单甲脒水剂 1000～1500 倍液；③ 1.8% 阿维菌素乳油 2000～2500 倍液；④ 24% 螨危悬浮剂 3000～4000 倍液；⑤ "绿晶" 或 "全敌" 0.3% 印楝素乳油 1000 倍液；⑥ 0.5% 川楝素乳油 500 倍液；⑦ 0.3% 苦参碱水剂 500～800 倍液。

撰稿人：豆　威（西南大学）
审稿人：王进军（西南大学）
　　　　周常勇（西南大学柑桔研究所）

第二十三节　柑橘始叶螨

一、诊断识别

柑橘始叶螨（*Eotetranychus kankitus*），又名柑橘黄蜘蛛、柑橘四斑黄蜘蛛，属于蜱螨目（Acarina）叶螨科（Tetranychidae）。

成螨：雌成螨体长 0.384mm、宽 0.183mm，椭圆形，浅白色或黄绿色，前足体（前躯段）和末体（后躯段）的两侧各有 1 个小黑斑点（图 3-41）。雄成螨体较雌成螨小。

卵：扁球形，初产时乳白色，后转橙黄色，将孵化时灰白色。卵顶端有 1 根较粗的柄。

幼螨：近圆形，初孵时淡黄色，足 3 对，约 1 天后雌螨背面即可见 4 个黑斑。

若螨：体型似成螨，但比成螨略小，体色较深。

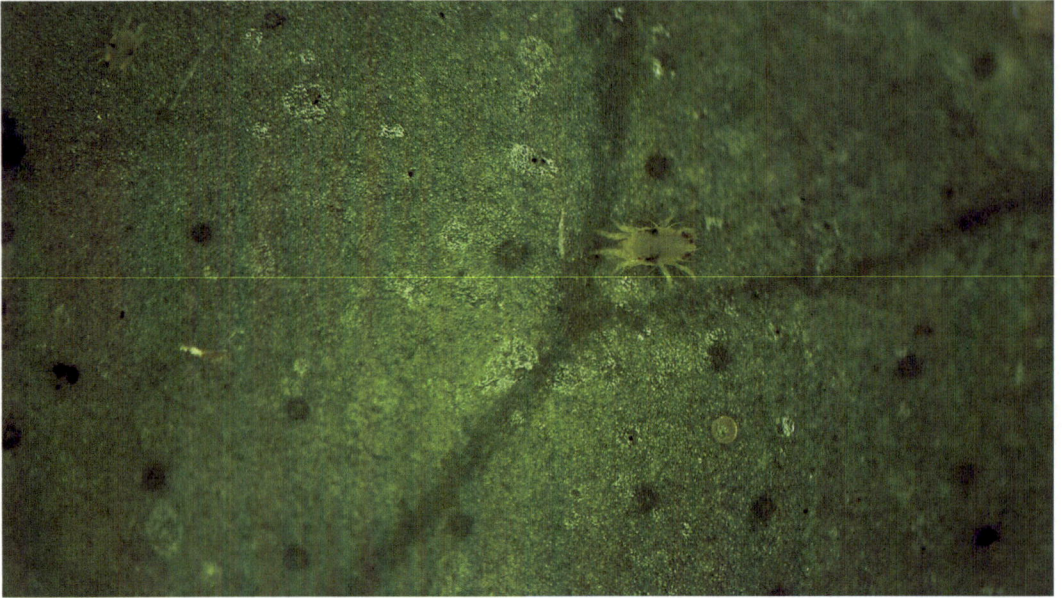

图 3-41　柑橘始叶螨雌成螨（李亚迎　拍摄）

二、分布为害

　　柑橘始叶螨在我国主要分布于四川、重庆、湖北、江西、浙江、广西和陕西等大部分柑橘产区。柑橘始叶螨主要为害柑橘、桃、葡萄、豇豆等作物的叶片、花蕾、果实及嫩梢，尤以春梢嫩叶受害最重。成螨、幼螨和若螨喜群集在叶背主脉、支脉、叶缘处为害，受害叶片失绿形成大黄斑，叶背凹陷，凹陷部常有丝网覆盖（图 3-42）。受害的果实会形成灰白色斑点并引起落果，受害严重时引起大量落叶、落花、落果、枯枝，影响树势和产量。

图 3-42　柑橘始叶螨为害症状（刘怀　拍摄）

三、发生规律

柑橘始叶螨在我国南方1年发生13～20代，世代重叠。在年平均温度18℃左右的地区，1年发生16代以上；在15～16℃的地区，1年发生12～14代。该螨以卵和雌成螨在树冠内膛、中下部的叶背凹陷处越冬。一年中以柑橘开花前后，在春梢叶片上发生为害多，4月上旬至5月上旬是全年为害最严重的时期，6月以后虫口急剧下降，10月后略回升。柑橘始叶螨喜阴湿环境，多在叶背栖息，在树冠内部、中下部及叶背光线较暗的部位发生较重，树冠郁闭有利于其发生，天气干旱时为害重。

四、防控技术

1. 农业防治

做好冬季修剪，剪除柑橘始叶螨为害的僵叶，减少越冬虫源。加强栽培管理，增强树势，提高植株抗性。

2. 生物防治

保护和利用天敌，施药时注意保护捕食螨和食螨瓢虫。

3. 化学防治

参照柑橘全爪螨防治方法用药，可选用以下药剂：110g/L乙螨唑悬浮剂4000～5000倍液+1.8%阿维菌素乳油1500～2000倍液、99%矿物油乳剂250倍液、15%哒螨灵乳油1000～1500倍液、43%联苯肼酯悬浮剂2000倍液、24%螺螨酯悬浮剂4000～5000倍液、99%矿物油乳剂150倍液+5%阿维菌素乳油2000～2500倍液等。

撰稿人：豆　威（西南大学）
审稿人：王进军（西南大学）
　　　　周常勇（西南大学柑桔研究所）

第二十四节　侧多食跗线螨

一、诊断识别

侧多食跗线螨（*Polyphagotarsonemus latus*），又名茶黄螨、茶跗线螨、嫩叶螨等，属于蜱螨目（Acarina）跗线螨科（Tarsonemidae）。

成螨：雌成螨体长0.21mm，椭圆形，淡黄色至橙黄色，半透明，腹部末端平截；体背部有一条纵向白带；足4对，较短，第四对足纤细。雄成螨体长0.19mm，近菱形，尾部稍尖。第四对足胫节和跗节细长，向内侧弯曲，远端1/3处有一根特别长的鞭状毛，爪退化为纽扣状。

卵：长 0.10mm，椭圆形，无色透明，表面纵横排列整齐的乳白色突起。

幼螨：体长 0.11mm，椭圆形，初孵白色，后趋透明，体背有一白色纵带，足 3 对。

若螨：体长 0.15mm，长椭圆形，淡绿色。

二、分布为害

侧多食跗线螨为世界性害螨，除柑橘类果树外，还可为害茶、茄子、番茄、棉花、辣椒、黄麻、大豆、花生、葡萄、白菜、菜豆等多种经济和观赏植物，在全国茶区及大部分蔬菜区均有发生。该螨趋嫩性很强，主要为害幼嫩芽叶，如幼芽、嫩叶、嫩枝、幼果，使受害叶片失去光泽、变硬、变脆、变厚、萎缩、生长缓慢或停滞。受害的嫩梢，表皮木栓化，龟裂，在湿度较大的环境下易发生柑橘炭疽病，产生枯梢；嫩梢叶片受害后呈灰白色，生长畸形，叶片硬化内卷，形似柳叶状或筒状（图 3-43）；受害的幼果果皮增厚，畸形，后期愈合成龟裂状疤痕。

图 3-43 侧多食跗线螨为害症状（邓崇岭 拍摄）

三、发生规律

侧多食跗线螨 1 年发生 40～50 代，发育繁殖的最适温度为 16～23℃，世代重叠。该螨以雌成螨在杂草上、柑橘叶片上的吹绵蚧卵囊下或矢尖蚧等盾蚧类死亡壳体内越冬。卵多产于嫩叶背面和芽尖，每雌产卵 2～102 粒。幼螨、若螨和雌成螨主要借助风力、苗木、昆虫和鸟类传播。每年 6～7 月和 9～10 月为盛发期，11 月后显著减少。夏、秋季高温多雨条件下发生多、为害重。夏、秋梢和幼果至果实膨大期受害重，春梢和大果很少受害。幼苗和幼树抽梢多，受害重。多行两性生殖，不交配虽能产卵，但其后代多为雄性。其后代的雌雄性比也与营养条件有关，一般是营养丰富时雄性多，反之则少。

四、防控技术

1. 农业防治

做好果园杂草、落果和残枝落叶的清除，避免在果园和苗圃内及附近种植茄科蔬菜，以减少发生和传播机会，保持果园通风透光。

2. 化学防治

在 5 月下旬越冬成螨开始活动期和 6～8 月幼螨盛发期喷药防治，喷药的重点为嫩芽、嫩叶、花和幼果。可选用以下药剂：① 1.8% 阿维菌素乳油 4000～5000 倍液；② 73% 克螨特乳油 1500～2000 倍液；③其他一些杀虫杀螨兼具的混配药剂和植物源或矿物源杀虫剂。

撰稿人：豆　威（西南大学）
审稿人：王进军（西南大学）
　　　　周常勇（西南大学柑桔研究所）

第二十五节　蓟　　马

为害柑橘的蓟马种类主要有茶黄蓟马（*Scirtothrips dorsalis*）、柑橘蓟马（*Scirtothrips citri*）、温室蓟马（*Hercinothrips femoralis*）、八节黄蓟马（*Thrips flavidulus*）、色蓟马（*T. coloratus*）、花蓟马（*Frankliniella intonsa*）、黄蓟马（*T. flavus*）、棕榈蓟马（*T. palmi*）、稻管蓟马（*Haplothrips aculeatus*），以及入侵我国的西花蓟马（*F. occidentalis*）等 10 余种，属于缨翅目（Thysanoptera）蓟马科（Thripidae）或管蓟马科（Phlaeothripidae），本节着重介绍茶黄蓟马、八节黄蓟马、西花蓟马。

一、诊断识别

（一）茶黄蓟马

成虫：雌成虫体长约 0.9mm，橙黄色，头部前缘和中胸背板前缘灰褐色，触角颜色稍暗于体色，但第 3～5 节基部颜色常较淡，前翅橙黄色，近基部有一小淡色区，复眼暗红色，单眼间鬃位于两后单眼前内侧的 3 个单眼内线连线之内（图 3-44）。

A　　　　　　　　　　　　　　　　　B

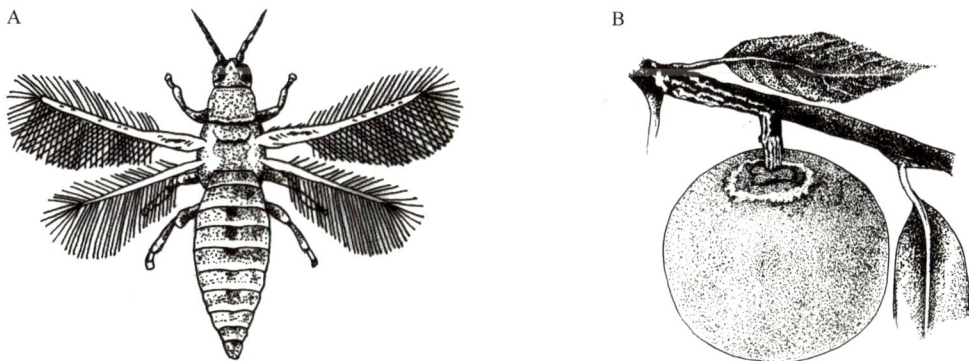

图 3-44　蓟马成虫（A）及其为害症状（B）手绘图（洪勇辉和张宏宇　绘制）

若虫：初孵若虫白色，透明，复眼红色，触角粗短，以第3节最大，头、胸约占体长的一半，胸宽于腹部；二龄若虫体长0.5～0.8mm，淡黄色；三龄若虫（前蛹）黄色，复眼灰黑色，触角第1节、第2节大，第3节小，第4～8节渐尖，翅芽白色，透明，伸达第3腹节；四龄若虫（蛹）黄色，复眼前半部红色，后半部黑褐色，触角倒贴于头及前胸背面，翅芽伸达第4腹节（前期）至第8腹节（后期）。

（二）八节黄蓟马

成虫：雌成虫体长约1.1mm，体、翅和足黄色，触角8节，除第3～5节端半部、第6～8节暗黄棕色外，其余黄色；单眼间鬃位于前后单眼内缘或中心连线上；中胸盾片布满横纹，后胸盾片前中部有几条短横纹，其后为网纹，两侧为纵纹；前脉基部鬃7根，端鬃3根，后脉鬃16根；腹部第8节背片后缘梳完整，梳毛细。雄成虫较雌成虫细小而色淡，黄白色（图3-45）。

图3-45　八节黄蓟马成虫（张宏宇和李红叶，2011）

（三）西花蓟马

成虫：雌成虫体长1.4～1.7mm，体淡黄色至褐色，触角8节，单眼间鬃1对，位于前后单眼外连线的内侧，复眼后鬃6对，由内向外第4对最长，前缘、左右前角各有1对，左右后角2对，后缘中央有5对鬃，其中从中央向外第2对鬃最长，前翅淡黄色，上脉鬃18～21根，下脉鬃13～16根，排列均匀完整。

卵：长0.2mm，产于叶片表皮下，起初为白色，肾形，即将孵化时眼点呈现为红色。

若虫：多为2龄，一龄若虫初孵为乳白色，之后为淡黄色；二龄若虫为淡黄色至黄色。

二、分布为害

不同柑橘园中蓟马的优势种各不相同。在宜昌柑橘园中优势种为八节黄蓟马、茶黄蓟马、棕榈蓟马，占比分别为30.77%、28.21%、23.08%；而在赣州柑橘园中的优势种为八节黄蓟马、棕榈蓟马、茶黄蓟马，占比分别为50.94%、20.75%、14.15%。西花蓟马是一种危害性极大的入侵害虫，食性杂，扩散性强，寄主范围不断扩大，已经在许多柑橘园中发现其为害。

蓟马在江西赣州、湖北等柑橘主产区已经由次要害虫上升为主要害虫。蓟马体型小，在发生初期往往容易被忽略，同时蓟马繁殖能力强，可以在短时间内大量繁殖暴发为害，如果错过最佳防治时期往往会造成严重的后果。

蓟马主要以若虫或成虫为害柑橘的花、嫩梢、叶片、幼果，以为害花和幼果为主。蓟马为害柑橘苗木时，顶端嫩芽受害后不能向上生长，呈丛状分枝。为害柑橘叶片时，受害叶片失绿，中脉两侧形成灰白色条斑，严重时叶片下垂扭曲。盛开期的花受害后易脱落。幼果受害后会在果蒂周围形成木栓化灰白色的疤痕，严重影响柑橘的外观以及果实大小。

三、发生规律

茶黄蓟马1年发生多代，以蛹越冬。第一代成虫于5月达到高峰，第二代于6月中下旬达到高峰，以后世代重叠。成虫活泼，善于爬动和作短距离飞行。在自然状态下，茶黄蓟马雄成虫较少，一般能占到总群体的24%~48%，茶黄蓟马多以两性生殖为主，也存在孤雌生殖。一天中以9:00~12:00和15:00~17:00为飞翔盛期，日光强烈时多栖息于叶背和芽内。阴天全天活动，雨天或低温天气一般不活动。成虫对绿色有着较强的趋性。

八节黄蓟马1年发生5或6代，主要以若虫或成虫在土壤中越冬，4~5月谢花后到幼果直径4cm期间是为害高峰期。成虫、若虫均可为害柑橘的花、幼果和叶，吸食其汁液，特别是在谢花后到幼果直径小于4cm时期，若虫在萼片下锉食柑橘幼果。不同温度下，八节黄蓟马的存活率存在显著差异。在25~28℃时，八节黄蓟马若虫存活率达80%；34℃时存活率最低，只有40%的若虫羽化为成虫。

西花蓟马的寄主植物范围极为广泛，喜将卵产于花、叶、幼果或嫩芽组织内，在温度稳定的条件下1年可以连续发生12~15代，15~35℃条件下均能发育，25~35℃条件下两周即可完成1代。

蓟马成虫产卵于寄主幼嫩组织表皮中，以一龄若虫、二龄若虫和成虫开始为害。三龄若虫行动缓慢，不再取食，下到地面准备化蛹，所以三龄若虫又称前蛹。四龄若虫又称蛹，在地表苔藓及较潮湿的枯枝落叶层中化蛹。蓟马成虫极活泼，喜跳跃，受惊后能从栖息场所迅速跳开或举翅迁飞。成虫有趋向嫩叶取食和产卵的习性。成虫、若虫还有避光趋湿的习性。白天多在荫蔽处为害，夜间阴天在叶面上为害。

四、防控技术

1. 农业防治

春夏季节在柑橘园中以及周围尽可能保留一些植被，增加整个柑橘园的湿度，减少阳光对地面的辐射，使得环境不利于蓟马的生长；加强肥水管理，增强树势。

2. 物理防治

在柑橘园内悬挂蓝色粘虫板诱杀蓟马。

3. 生物防治

蓟马的捕食性天敌较多，包括捕食蝽、捕食螨、草蛉、蜘蛛等。此外，虫生真菌如白僵菌和绿僵菌亦可用于蓟马的防治。

4. 化学防治

可选用的药剂如下：① 10% 吡虫啉 2000 倍液；② 1% 阿维菌素 2000 倍液；③ 4.5% 高效氯氰菊酯乳油 2000 倍液等。

撰稿人：李晓雪（华中农业大学植物科学技术学院）
审稿人：王进军（西南大学）
　　　　周常勇（西南大学柑桔研究所）

第四章

柑橘草害

第一节 牛 筋 草

一、诊断识别

牛筋草（*Eleusine indica*），又名蟋蟀草，属于禾本科（Poaceae）䅟属（*Eleusine*）一年生草本植物。根系极发达。秆丛生，基部倾斜，高 10～90cm。叶鞘两侧压扁而具脊，松弛，无毛或疏生疣毛；叶舌长约 0.1cm；叶片平展，线形，长 10～15cm，宽 0.3～0.5cm，无毛或上面被疣基柔毛。穗状花序 2～7 个指状着生于秆顶，很少单生，长 3～10cm，宽 0.3～0.5cm；小穗长 0.4～0.7cm，宽 0.2～0.3cm，含 3～6 朵小花；颖披针形，具脊，脊粗糙；第一颖长 0.15～0.2cm；第二颖长 0.2～0.3cm；第一外稃长 0.3～0.4cm，卵形，膜质，具脊，脊上有狭翼；内稃短于外稃，具 2 脊，脊上具狭翼。囊果卵形，长约 0.15cm，基部下凹，具明显的波状皱纹。鳞被 2，折叠，具 5 脉（图 4-1）。

二、分布为害

牛筋草在我国各柑橘产区发生严重，结籽量大，种子成熟后易随农事活动快速传播，其根系发达，生物量较大，与果树争水争肥，影响柑橘园生产（图 4-2）。

三、发生规律

牛筋草花果期为 6～10 月，种子发芽时间为 4～9 月，气温低于 15℃时种子不萌发，当温度高于 25℃时，牛筋草种子萌发率超过 90%，种子成熟时间为 7～12 月，逆境条件下（干旱、除草剂等）会促进牛筋草种子成熟（杨彩宏等，2009）。牛筋草种子成熟后飘落，可借助风力、流水、动物取食排泄、动物皮毛和人的衣物表面吸附完成散布传播。

四、防控技术

牛筋草结籽量大、生育期长、根系发达，影响柑橘生长。牛筋草的治理须因地制宜地采用多种措施协调配合，可采用物理、化学和生态控草方式相结合的综合防治措施防治牛筋草。

图 4-1　牛筋草形态特征（冯唐奇　拍摄）

A：植株；B：茎；C 和 D：花序；E：种子

图 4-2　柑橘园发生的牛筋草种群（袁祥瑞　拍摄）

（一）物理防控

主要包括人工除草、机械除草、地膜覆盖等。

（二）化学防控

1）主要防治药剂：草甘膦铵盐、草甘膦异丙胺盐、草铵膦。

2）主要施药方式和时期：茎叶喷雾处理，茎叶喷雾宜在牛筋草的幼苗期尽早进行，可提高防控效果。由于草甘膦铵盐、草甘膦异丙胺盐和草铵膦都是灭生性除草剂，在喷施时应注意避免药液雾滴漂移到果树的绿色部位，防止药害的发生。

3）注意事项：长期使用除草剂，牛筋草易产生抗药性，在果园形成单一优势抗药性种群；且果园长期使用除草剂，对土壤理化性质、土壤微生物及果园生态都可能存在潜在风险。因此，应基于多种措施协调的综合防治措施，针对柑橘园杂草发生情况科学应用化学除草剂。

（三）生态防控

柑橘园生草控草是一种生态控草的绿色技术，包括人工种草和自然生草两种；生草前采用物理和化学防控措施清除柑橘园牛筋草，减少其发生量；生草过程中，在树盘外蓄留人工生草品种或良性杂草，同时利用人工拔除或化学除草剂精准点杀牛筋草，使良性植物形成优势种群，占领生态位，达到对牛筋草可持续生态防控的目的。

1）人工生草：在柑橘园播种适合当地土壤气候且对果园有益的草种，使之既能抑制杂草生长，又不与柑橘生长强烈争水争肥。

2）自然生草：通过人工拔除或者化学除草剂点杀杂草，在树盘外自然蓄留良性草种，良性草种须易生长，生草量大，矮秆，浅性须根，与柑橘无共同病虫害且有利于柑橘害虫天敌寄生及微生物活动，如马唐、双穗雀稗等都可以自行繁殖。

撰稿人：马洪菊（华中农业大学植物科学技术学院）
审稿人：周常勇（西南大学柑桔研究所）
　　　　周　彦（西南大学柑桔研究所）

第二节　稗

一、诊断识别

稗（*Echinochloa crus-galli*），又名稗子，属于禾本科（Poaceae）稗属（*Echinochloa*）一年生草本植物。秆高 50～150cm，光滑无毛，基部倾斜或膝曲。叶鞘疏松裹秆，平滑无毛，下部长于节间而上部短于节间；叶舌缺；叶扁平，线形，长 10～40cm，宽 0.5～2.0cm，无毛，边缘粗糙。圆锥花序直立，近尖塔形，长 6～20cm；主轴具棱，粗糙或具疣基长刺毛；分枝斜上举或贴向主轴，有时再分小枝；穗轴粗糙或生疣基长刺毛；小穗卵形，长 0.3～0.4cm，脉上密被疣基刺毛，具短柄或近无柄，密集在穗轴的一侧；第一颖三角形，长为小穗的 1/3～1/2，具 3～5 脉，脉上具疣基毛，基部包卷小穗，先端尖；第二颖与小穗等长，先端渐尖或具小尖头，具 5 脉，脉上具疣基毛（图 4-3）。

二、分布为害

稗在我国各柑橘产区发生严重（图 4-4）；稗适应性强，生长茂盛，株高可达 1.5m

（陆永良等，2014）。稗生长快、抗逆性强、生物量大，发生严重时影响柑橘生长。

图 4-3 稗形态特征（夏向东和袁祥瑞 拍摄）

A：植株；B：幼苗；C 花序；D：花序主轴；E：第一真叶；F 和 G：小穗腹背面；H：第二外稃；I：内稃

图 4-4 柑橘园的稗种群（袁祥瑞 拍摄）

三、发生规律

稗种子在平均气温 12℃以上即可萌发，最适宜的发芽温度为 25～35℃（敖礼林，2021）。稗一般从早春开始生长，随着温度升高和降水增加而快速生长，从 7 月上旬开始抽穗开花，9 月成熟，生育期为 120～140 天。稗种子可借助风力、水流传播扩散，也可随收获作物混入粮谷中进行传播。

四、防控技术

对于果园中的稗应采取物理、化学和生态控草相结合的方式尽早进行防治，幼龄期的稗易于彻底防除。具体防控技术同牛筋草。

撰稿人：马洪菊（华中农业大学植物科学技术学院）
审稿人：周常勇（西南大学柑桔研究所）
　　　　周　彦（西南大学柑桔研究所）

第三节　大　白　茅

一、诊断识别

大白茅（*Imperata cylindrica* var. *major*），又名丝茅、茅针，属于禾本科（Poaceae）白茅属（*Imperata*）多年生草本植物。具横走多节被鳞片的长根状茎。秆直立，高25～90cm，具 2～4 节，节具长 0.2～1.0cm 的白柔毛。叶鞘无毛或上部及边缘具柔毛，鞘口具疣基柔毛，鞘常聚集于秆基，老时破碎呈纤维状；叶舌干膜质，长约 0.1cm，顶端具细纤毛；叶线形或线状披针形，长 10～40cm，宽 0.2～0.8cm，顶端渐尖，中脉在下面明显隆起并渐向基部增粗或成柄，边缘粗糙，上面被细柔毛；顶生叶短小，长1～3cm。圆锥花序穗状，长 6～15cm，宽 1～2cm，分枝短缩而密集，有时基部较稀疏；小穗柄顶端膨大成棒状，无毛或疏生丝状柔毛，长柄长 0.3～0.4cm，短柄长 0.1～0.2cm；小穗披针形，长 0.25～0.40cm，基部密生长 1.2～1.5cm 的丝状柔毛。颖果椭圆形，长约0.1cm（图 4-5）。

二、分布为害

大白茅在我国湖南、四川、云南、福建、湖北、江西、浙江、广东、广西等柑橘产区普遍发生，其中在湖南郴州市发生严重。大白茅再生力强，根遇湿润土壤易成活，难以根除。

三、发生规律

大白茅喜阳耐旱，花果期 5～8 月（孟静等，2020）；其种子体积小、数量多，颖果随熟随落，可利用多种途径传播到其他生境，入土后就能发芽，形成杂草种子库，繁殖能力强，生长周期短（徐晓霞，2020）。

图 4-5　大白茅的植株（A）及其种群（B）（吴彪　拍摄）

四、防控技术

大白茅的环境适应能力强，扩散能力也极强，一旦形成草害则难以彻底清除。所以在柑橘园建园前，应提前清除大白茅。对于建园后出现的大白茅，应采取物理、化学和生态防控相结合的综合防治措施防治白茅。

（一）物理防控

由于白茅的根茎扩散速度快，对土壤中大白茅的根茎和种子进行防除，是防控白茅的有效方法。建园前可以对土壤进行深翻，拣除暴露的大白茅根茎；或深翻土，将根深埋于地下，埋土的深度越大，芽根成活率越低。深翻的土壤经人工拣除大白茅后，让其在阳光下暴晒数日，通过暴晒使埋藏在土壤中的种子，包括未拣除的大白茅根茎丧失活力。晒土过程中，要定期对土壤进行翻耕。对于建园后果园中出现的零星大白茅，在为害前通过人工方式及时拔除。同时对果园周围可能入侵的大白茅源头进行清理，防止大白茅入侵。

（二）化学防控

1）主要防治药剂：草铵膦、草甘膦异丙胺盐、草甘膦以及草甘膦与 2,4-D 复配药剂。

2）主要施药方式和时期：茎叶喷雾处理，茎叶喷雾宜在大白茅幼苗期尽早进行，以提高防控效果，精准靶杀大白茅。

3）注意事项：应在白茅的幼苗期尽早施药，此时易于彻底防除大白茅。由于草甘膦和草铵膦是灭生性除草剂，在喷施时应注意避免药液雾滴漂移到果树的绿色部位，防止药害的发生。

（三）生态防控

生态防控技术同牛筋草。

撰稿人：马洪菊（华中农业大学植物科学技术学院）
审稿人：周常勇（西南大学柑桔研究所）
　　　　周　彦（西南大学柑桔研究所）

第四节　小　蓬　草

一、诊断识别

小蓬草（*Erigeron canadensis*），又名小飞蓬，属于菊科（Asteraceae）飞蓬属（*Erigeron*）一年生草本植物。根纺锤状，具纤维状根。茎直立，高 50～100cm 或更高，圆柱状，有条纹，被疏长硬毛，上部多分枝。叶密集，基部叶花期常枯萎；下部叶倒披针形，长 6～10cm，宽 1.0～1.5cm，顶端尖或渐尖，基部渐狭成柄，边缘具疏锯齿或全缘；中部和上部叶较小，线状披针形或线形，近无柄或无柄。头状花序多数，小，排列成顶生多分枝的大圆锥花序；花序梗细，长 0.5～1.0cm，总苞近圆柱状，长 0.25～0.40cm；总苞片 2 或 3 层，淡绿色，线状披针形或线形，顶端渐尖；雌花多数，舌状，白色，长 0.25～0.35cm，舌片小，稍超出花盘，线形，顶端具 2 个钝小齿；两性花淡黄色，花冠管状，长 0.25～0.30cm，上端具 4 或 5 个齿裂，管部上部被疏微毛。瘦果线状披针形，长 0.12～0.15cm，稍扁压，被贴微毛；冠毛污白色，1 层，糙毛状，长 0.25～0.30cm（图 4-6）。

二、分布为害

小蓬草在我国各柑橘产区普遍发生。小蓬草是一种恶性入侵物种（马金双，2018），种子千粒重小且结实率高，易于远距离传播，繁殖迅速，竞争和适应能力很强，生物量大，可分泌化感物质抑制邻近其他植物生长，在柑橘园中易形成单一优势群落，对柑橘生长及果园农事操作存在不利影响，应及时防除（图 4-7）。

三、发生规律

小蓬草以种子繁殖，在有些地域其幼苗可越冬繁殖；种子落地以后进入短暂休眠，从 10 月中旬开始出苗，花期为第二年 5～9 月（高侃，2008）；种子成熟后飘落，可借助风力、流水、动物皮毛及人类活动完成散布传播。

图 4-6　小蓬草形态特征（冯唐奇　拍摄）
A：植株；B：幼苗；C 和 D：花序；E：种子

图 4-7　柑橘园发生的小蓬草植株（A）及其种群（B）（吴彪　拍摄）

四、防控技术

　　小蓬草是柑橘园恶性杂草，结实率高、千粒重小、传播远、繁殖快、生育期长，影响柑橘生长，须采用物理、化学等多种除草方式相结合的综合防治措施。具体防控技术同牛筋草。

撰稿人：马洪菊（华中农业大学植物科学技术学院）
审稿人：周常勇（西南大学柑桔研究所）
　　　　周　彦（西南大学柑桔研究所）

第五节　一　年　蓬

一、诊断识别

一年蓬（*Erigeron annuus*），又名千层塔、治疟草，属于菊科（Asteraceae）飞蓬属（*Erigeron*），是一年生或二年生草本植物。茎粗壮，高 30～100cm，直立，上部有分枝，绿色，下部被开展的长硬毛，上部被较密的上弯的短硬毛；基部叶长圆形或宽卵形，长 4～17cm，宽 1.5～4.0cm，或更宽，顶端尖或钝，基部狭成具翅长柄，边缘具粗齿；下部叶与基部叶同形，但叶柄较短；中部和上部叶较小，长圆状披针形或披针形，长 1～9cm，宽 0.5～2.0cm，顶端尖，具短柄或无柄，边缘有不规则的齿或近全缘；最上部叶线形，边缘被短硬毛，两面被疏短硬毛或近无毛；头状花序数个或多数，排成疏圆锥花序，长 0.6～0.8cm，宽 1.0～1.5cm，总苞半球形，总苞片 3 层，草质，披针形，长 0.3～0.5cm，宽 0.05～0.10cm，近等长或外层稍短，淡绿色或多少褐色，背面密被腺毛和疏长节毛；外围雌花舌状，2 层，长 0.6～0.8cm，管部长 0.10～0.15cm，上部被疏微毛，舌片平展，白色或淡天蓝色，线形，顶端具 2 小齿；中央两性花管状，黄色，檐部近倒锥形，裂片无毛；瘦果披针形，长约 0.1cm，扁压，被疏贴柔毛（图 4-8）。

二、分布为害

一年蓬在我国大部分地区的柑橘园中均有分布，其中在湖南和浙江的柑橘园中发生较多；一年蓬扩散速度快，发生量大，侵入柑橘园常形成单优势群落，应及时防除。

三、发生规律

一年蓬花期在 6～9 月，以种子繁殖，种子体积小而数量巨大，其果实具有特殊的冠毛，易于随风传播，扩散能力强。

四、防控技术

一年蓬茎秆粗壮，植株高大，种子产量极高，且种子小而轻，具冠毛，可随风广泛传播，影响柑橘生长，须采用物理防控、化学防控和生态防控方式相结合的综合防治措施。

（一）物理防控

人工翻耕土壤，减少种子萌发，人工刈割或机械除草。

图 4-8　一年蓬形态特征（马洪菊　拍摄）

A：幼苗；B：花序；C 和 D：植株

（二）化学防控

1）主要防治药剂：草甘膦、苯嘧磺草胺。

2）施药方式和时期：茎叶喷雾处理，一年蓬幼苗期为最佳施药时期。

3）注意事项：在喷施时应注意避免药液雾滴漂移到果树的绿色部位，防止药害的发生。

（三）生态防控

生态防控技术同牛筋草。

撰稿人：马洪菊（华中农业大学植物科学技术学院）

审稿人：周常勇（西南大学柑桔研究所）

　　　　周　彦（西南大学柑桔研究所）

第六节 鬼 针 草

一、诊断识别

鬼针草（*Bidens pilosa*），又名三叶鬼针草，属于菊科（Asteraceae）鬼针草属（*Bidens*）一年生杂草。茎直立，高 0.3～1.0m，钝四棱形，无毛或上部被极稀疏的柔毛，基部直径可达 0.6cm。茎下部叶较小，3 裂或不分裂，通常在开花前枯萎；中部叶具长 1.5～5.0cm 无翅的柄，三出，小叶 3 枚，很少为具 5（～7）小叶的羽状复叶，两侧小叶椭圆形或卵状椭圆形，长 2.0～4.5cm，宽 1.5～2.5cm，先端锐尖，基部近圆形或阔楔形，不对称，具短柄，边缘有锯齿；顶生小叶较大，长椭圆形或卵状长圆形，长 3.5～7.0cm，先端渐尖，基部渐狭或近圆形，具长 1～2cm 的柄，边缘有锯齿，无毛或被极稀疏的短柔毛；上部叶小，3 裂或不分裂，条状披针形。头状花序直径 0.8～0.9cm，有长 1～6cm 的花序梗。总苞基部被短柔毛，苞片 7 或 8 枚，条状匙形，上部稍宽，草质，边缘疏被短柔毛或无毛，外层托片披针形，背面褐色，具黄色边缘，条状披针形。无舌状花，盘花筒状，长约 0.5cm，冠檐 5 齿裂。瘦果黑色，条形，略扁，具棱，长 0.7～1.3cm，宽 0.1cm，上部具稀疏瘤状突起及刚毛，顶端芒刺 3 或 4 枚，长 0.1～0.2cm，具倒刺毛（图 4-9）。

二、分布为害

鬼针草广泛分布于我国华中、华南、华东、西南等地。由于其具有自交亲和、高结实率、高萌发率等特点，不仅能快速定植，而且具有较强的表型可塑性和适应性，能迅速扩张栖息地，对周边环境及生物多样性造成严重影响，成为一种恶性杂草，与柑橘争夺养分，影响柑橘的产量与品质。白花鬼针草与原变种鬼针草的区别主要在于头状花序边缘具舌状花 5～7 朵，舌片椭圆状倒卵形，白色，长 5～8mm，宽 3.5～5.0mm，先端钝或有缺刻（图 4-10）。

三、发生规律

鬼针草种子在温度适宜（11℃以上）、土壤湿润的条件下即可萌发（严文斌等，2013），种子发芽的主要季节是春、夏季（约占 66%），在广西南宁除气温最低的 1 月上旬种子发芽率较低外，其余时间均可自然发芽。春、夏季气温高，土壤湿润，是鬼针草的生长旺季。

鬼针草可借助风雨、水流，附着于人、物上进行远距离传播；自然状态下，鬼针草植株扩散到一个新生境后，在 1 或 2 代后就产生一个大的种群，成为优势植被后鬼针草对其周围植株具有抑制作用。

图 4-9　鬼针草形态特征（袁祥瑞　拍摄）

A：幼苗；B：植株；C：花序；D：果实；E：种子

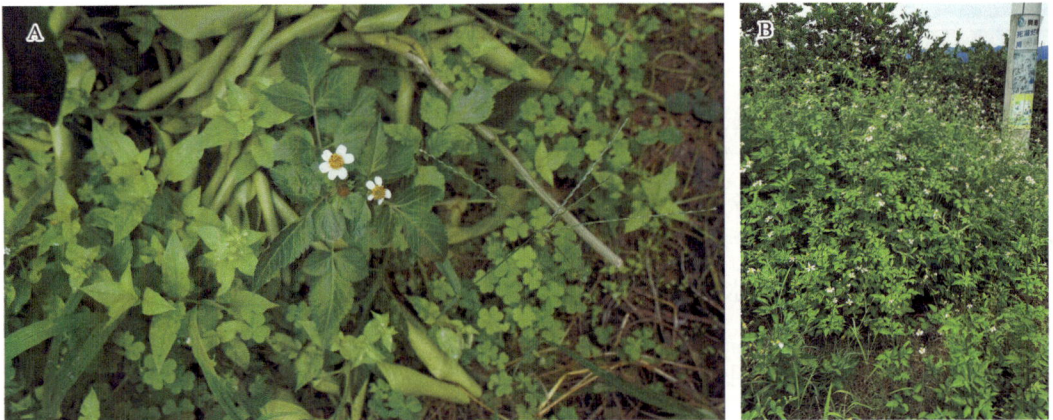

图 4-10　柑橘园的鬼针草植株（A）及其种群（B）（袁祥瑞　拍摄）

四、防控技术

鬼针草种子一年多次成熟，环境侵占性强，大面积扩散，治理鬼针草应因地制宜地采用多种措施协调配合，可采用物理、化学和生态控草方式相结合的综合防治措施。具体防控技术同牛筋草。

撰稿人：马洪菊（华中农业大学植物科学技术学院）
审稿人：周常勇（西南大学柑桔研究所）
　　　　周　彦（西南大学柑桔研究所）

第七节　喜旱莲子草

一、诊断识别

喜旱莲子草（*Alternanthera philoxeroides*），又名空心莲子草、水花生、革命草，属于苋科（Amaranthaceae）莲子草属（*Alternanthera*）多年生草本植物，是我国重要的外来入侵杂草之一。茎基部匍匐，上部上升，管状，不明显4棱，长55～120cm，具分枝，幼茎及叶腋有白色或锈色柔毛，茎老时无毛，仅在两侧纵沟内保留。叶矩圆形、矩圆状倒卵形或倒卵状披针形，长2.5～5.0cm，宽0.7～2.0cm，顶端急尖或圆钝，具短尖，基部渐狭，全缘，两面无毛或上面有贴生毛及缘毛，下面有颗粒状突起；叶柄长0.3～1.0cm，无毛或微有柔毛。花密生，呈具总花梗的头状花序，单生在叶腋，球形，直径0.8～1.5cm；苞片及小苞片白色，顶端渐尖，具1脉；苞片卵形，长0.2～0.3cm，小苞片披针形，长0.2cm；花被片矩圆形，长0.5～0.6cm，白色，光亮，无毛，顶端急尖，背部侧扁（图4-11）。

图4-11　喜旱莲子草形态特征（吴彪　拍摄）
A：植株；B：花序

二、分布为害

喜旱莲子草在我国各大柑橘产区均有分布,其中在四川南充、泸州和重庆发生量大。喜旱莲子草能够与柑橘竞争营养和水分等;此外,其根系发达,除草剂很难根除,严重影响柑橘生产,应及时防除(图4-12)。

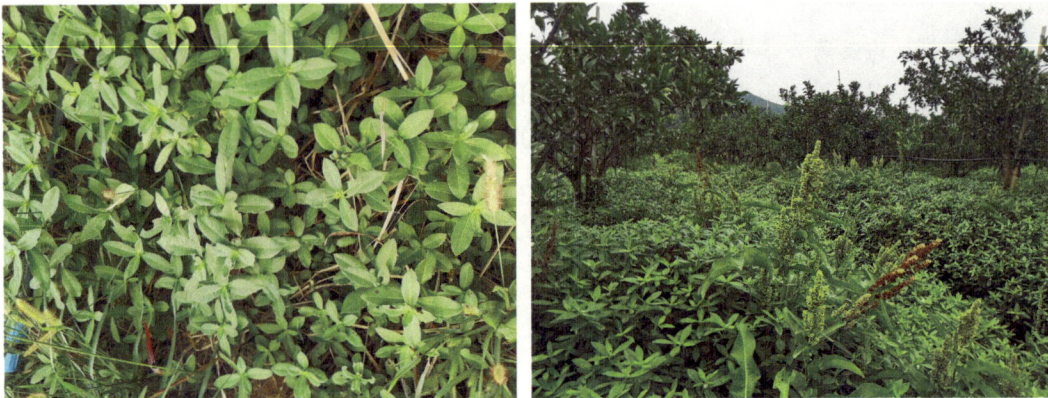

图4-12 柑橘园的喜旱莲子草种群(马洪菊 拍摄)

三、发生规律

喜旱莲子草在日平均气温达9.5℃时开始萌芽生长,10.0℃时大量萌芽生长,兼具有性和无性繁殖两种方式,以根茎无性繁殖为主;花期5～10月;种子借助流水、风力、动物粪便和附着动物毛发的方式完成传播(王颖等,2015)。

四、防控技术

喜旱莲子草根系深,影响果树生长,防除必须因地制宜地采用多种措施协调配合,可采用物理、化学和生态控草方式相结合的综合防治措施防治喜旱莲子草。

(一)物理防控

采取人工除草、机械除草、地膜覆盖等,铲除应尽可能深挖。

(二)化学防控

1)主要防治药剂:氯氟吡氧乙酸和草甘膦。

2)施药方式和时期:茎叶喷雾处理,一般在其发芽期,即每年的春季和秋季进行施药。

3)注意事项:为有效兼顾防除喜旱莲子草和其他杂草,可将氯氟吡氧乙酸与草甘膦等混合使用。在施药时要严格做到不漏喷、不重喷;喷药时尽量做到精准、雾细、均匀。

（三）生态防控

生态防控技术同牛筋草。

撰稿人：马洪菊（华中农业大学植物科学技术学院）
审稿人：周常勇（西南大学柑桔研究所）
　　　　周　彦（西南大学柑桔研究所）

第八节　牛　　膝

一、诊断识别

牛膝（*Achyranthes bidentata*），又名牛磕膝、倒扣草、怀牛膝，属于苋科（Amaranthaceae）牛膝属（*Achyranthes*）多年生草本植物。株高 0.7～1.2m，根圆柱形，直径 0.5～1.0cm，土黄色。茎有棱角或四方形，绿色或带紫色，有白色贴生或开展的柔毛，或近无毛，分枝对生。叶椭圆形或椭圆状披针形，少数倒披针形，长 4.5～12.0cm，宽 2.0～7.5cm，顶端尾尖，尖长 0.5～1.0cm，基部楔形或宽楔形，两面有贴生或开展的柔毛；叶柄长 0.5～3.0cm，有柔毛。穗状花序顶生及腋生，长 3～5cm，花期后反折；总花梗长 1～2cm，有白色柔毛；花多数，密生，长 0.5cm；苞片宽卵形，长 0.2～0.3cm，顶端长渐尖；小苞片刺状，长 0.2～0.3cm，顶端弯曲；花被片披针形，长 0.3～0.5cm，光亮，顶端急尖，有 1 中脉。胞果矩圆形，长 0.2～0.3cm，黄褐色，光滑。种子矩圆形，长 0.1cm，黄褐色（图 4-13）。

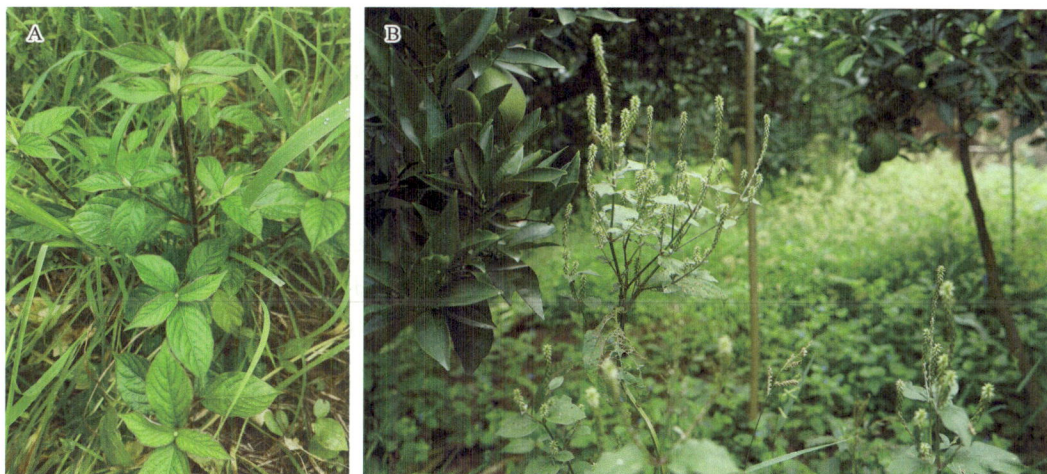

图 4-13　牛膝形态特征（袁祥瑞　拍摄）
A：植株；B：花序

二、分布为害

牛膝在云南、四川、湖北和湖南等柑橘产区广泛分布，植株较高，对柑橘园农事活动具有一定影响（图 4-14）。

图 4-14　柑橘园的牛膝植株（吴彪　拍摄）

三、发生规律

牛膝适宜生长于温暖、干燥的环境，不耐严寒。在温度 21～23℃时，牛膝种子 4～5 天出芽，温度降低，则延缓出芽；生育期较长，年生长周期为 200～300 天；一般花期为 8～10 月，8 月以后为根部生长旺盛期，10 月下旬植株开始枯黄，进入休眠期（王喆和金虎，2022）。牛膝主要利用风雨和水流对其种子进行传播扩散。

四、防控技术

具体防控技术同牛筋草。

撰稿人：马洪菊（华中农业大学植物科学技术学院）
审稿人：周常勇（西南大学柑桔研究所）
　　　　周　彦（西南大学柑桔研究所）

第九节　木　　贼

一、诊断识别

木贼（*Equisetum hyemale*），又名笔头草，属于木贼科（Equisetaceae）木贼属（*Equisetum*）多年生蕨类植物。成株可高过 1m 或更高，中部直径 0.5～0.9cm，节间长 5～8cm，绿色，不分枝或自基部有少数直立的侧枝；根状茎横走或直立，呈黑棕色，节和根有黄棕色长毛；地上枝多年生，枝一型，有脊 16～22 条，脊的背部弧形或近方形，无明显小瘤或有小瘤 2 行；鞘筒 0.7～1.0cm；鞘齿 16～22 枚，披针形，长 0.3～0.4cm；孢子囊穗卵状，长 1.0～1.5cm，直径 0.5～0.7cm，顶端有小尖突，无柄（图 4-15）。

图 4-15　木贼的植株（A）及其种群（B）（袁祥瑞　拍摄）

二、分布为害

木贼在云南、四川、浙江、湖北、湖南等省柑橘产区均有分布，其中四川省南充市发生量较大；适宜生长海拔为 100～3000m；常生于山坡潮湿地或疏林下；直立生长，与植物争夺营养的能力较强，孢子产量大，会随农事活动和雨水等自然事件转移至其他区域，难以根除（图 4-16）。

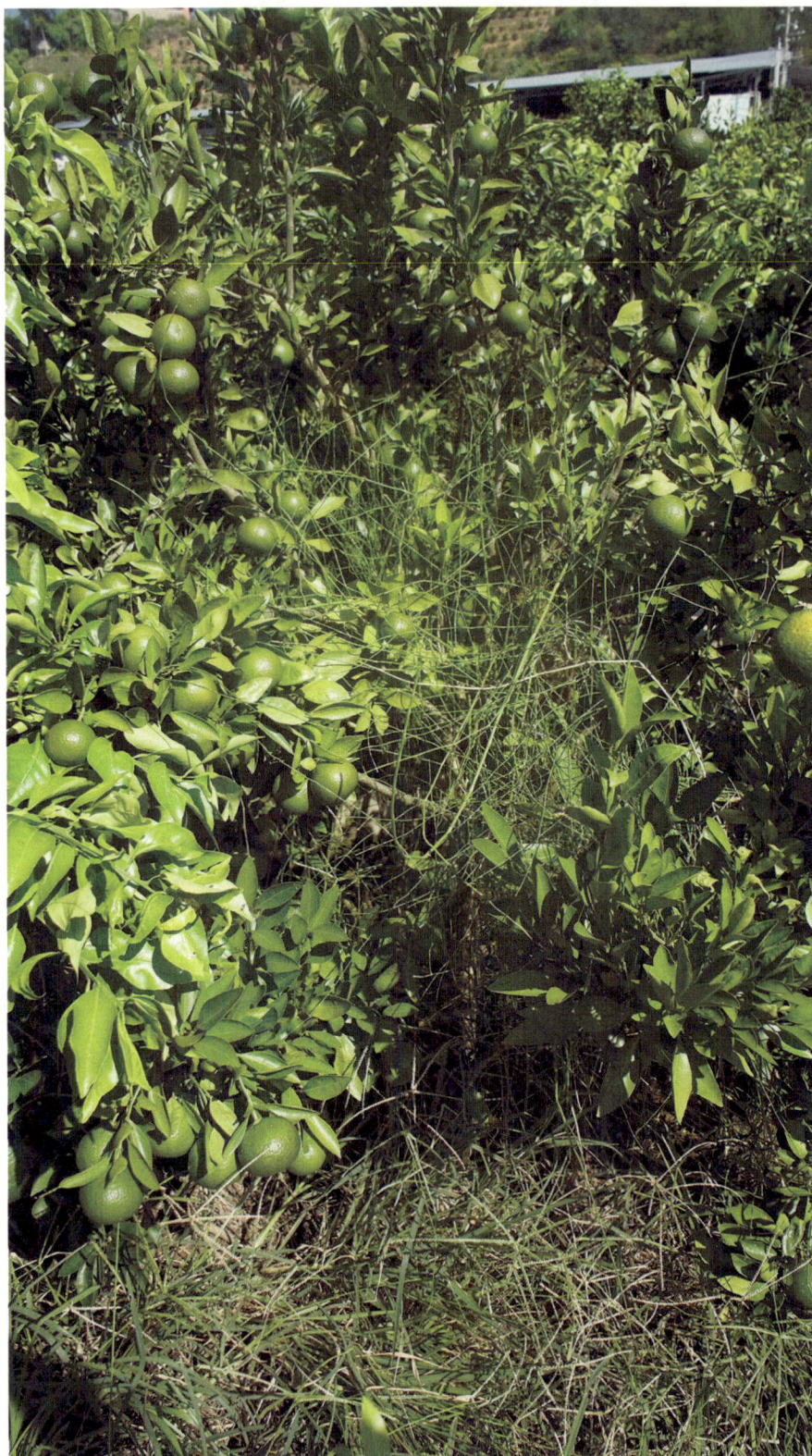

图 4-16　柑橘园的木贼种群（袁祥瑞　拍摄）

三、发生规律

木贼一年四季常绿，可进行孢子繁殖和无性繁殖，再生能力强，喜生于林下、林间、路旁阴坡湿地。

四、防控技术

木贼治理需要因地制宜地采用多种措施协调配合，可采用物理、化学和生态控草方式相结合的综合防治措施进行控制。

（一）物理防控

物理防控主要包括人工除草、机械除草等。

（二）化学防控

1）主要防治药剂：草铵膦、草甘膦。
2）施药方式和时期：茎叶喷雾处理，一般在其幼苗萌发期进行，宜除早、除小。
3）注意事项：在施药时要严格做到不漏喷、不重喷；喷药时尽量做到精准、雾细、均匀。

（三）生态防控

生态防控技术同牛筋草。

撰稿人：马洪菊（华中农业大学植物科学技术学院）
审稿人：周常勇（西南大学柑桔研究所）
　　　　周　彦（西南大学柑桔研究所）

第十节　龙　　葵

一、诊断识别

龙葵（*Solanum nigrum*），又名野海椒、野茄秧，属于茄科（Solanaceae）茄属（*Solanum*）一年生直立草本。株高 0.2～1.0m，茎无棱或棱不明显，绿色或紫色，近无毛或被微柔毛。叶卵形，长 2.5～10.0cm，宽 1.5～5.5cm，先端短尖，基部楔形至阔楔形而下延至叶柄，全缘或每边具不规则波状粗齿，光滑或两面均被稀疏短柔毛，叶脉每边 5 或 6 条，叶柄长度为 1～2cm。蝎尾状花序腋外生，由 3～6（10）朵花组成，总花梗长 1.0～2.5cm，花梗长约 0.5cm，近无毛或具短柔毛；花冠白色，筒部隐于萼内；花丝短，花药黄色，长约 0.1cm；花柱长约 0.2cm，中部以下被白色茸毛，柱头小，头状。浆果球形，直径 0.8cm，熟时黑色。种子多数，近卵形，直径 0.1～0.2cm，两侧压扁（图 4-17）。

图 4-17　龙葵形态特征（袁祥瑞　拍摄）

A：植株；B：花；C：叶；D：花梗

二、分布为害

在我国各柑橘产区均有分布，其中在云南保山、德宏柑橘产区普遍发生；龙葵成株高可达 1m 以上，对柑橘园农事活动具有一定影响；此外，调查发现柑橘潜叶蛾可取食龙葵，龙葵可能为柑橘潜叶蛾的中间寄主（图 4-18）。

图 4-18　柑橘园的龙葵种群（冯唐奇和马洪菊　拍摄）

三、发生规律

龙葵具有多实性、落粒性，繁殖能力强，喜潮湿、温暖，生长快等特性，5～6 月出苗，7～8 月开花，8～10 月果实成熟，经种子繁殖（侯晓玉，2017）。

四、防控技术

龙葵防治应因地制宜地采用多种措施协调配合，可采用物理、化学和生态控草方式相结合的综合防治措施进行控制。

（一）物理防控

人工拔除时一定要在浆果成熟前，防止人工拔除过程中龙葵种子散落于柑橘园。

（二）化学防控

1）主要防治药剂：草甘膦、草铵膦。
2）施药时期：应除早、除小，在龙葵发生早期用药。
3）注意事项：喷药时尽量做到精准、雾细、均匀。

（三）生态防控

生态防控技术同牛筋草。

撰稿人：马洪菊（华中农业大学植物科学技术学院）
审稿人：周常勇（西南大学柑桔研究所）
　　　　周　彦（西南大学柑桔研究所）

第十一节　扛　板　归

一、诊断识别

　　扛板归（*Persicaria perfoliata*），又名贯叶蓼、刺犁头、河白草、蛇倒退、蛇不过、老虎舌、杠板归，属于蓼科（Polygonaceae）蓼属（*Persicaria*）一年生草本植物。茎攀援，多分枝，长1～2m，具纵棱，沿棱具稀疏的倒生皮刺。叶三角形，长3～7cm，宽2～5cm，顶端钝或微尖，基部截形或微心形，薄纸质，上面无毛，下面沿叶脉疏生皮刺；叶柄与叶片近等长，具倒生皮刺，盾状着生于叶片的近基部；托叶鞘叶状，草质，绿色，圆形或近圆形，穿叶，直径1.5～3.0cm。总状花序呈短穗状，不分枝顶生或腋生，长1～3cm；苞片卵圆形，每苞片内具花2～4朵；花被5深裂，白色或淡红色，花被片椭圆形，长0.3cm，果时增大，呈肉质，深蓝色；雄蕊8，略短于花被；花柱3，中上部合生；柱头头状。瘦果球形，直径0.3～0.4cm，黑色，有光泽，包于宿存花被内（图4-19）。

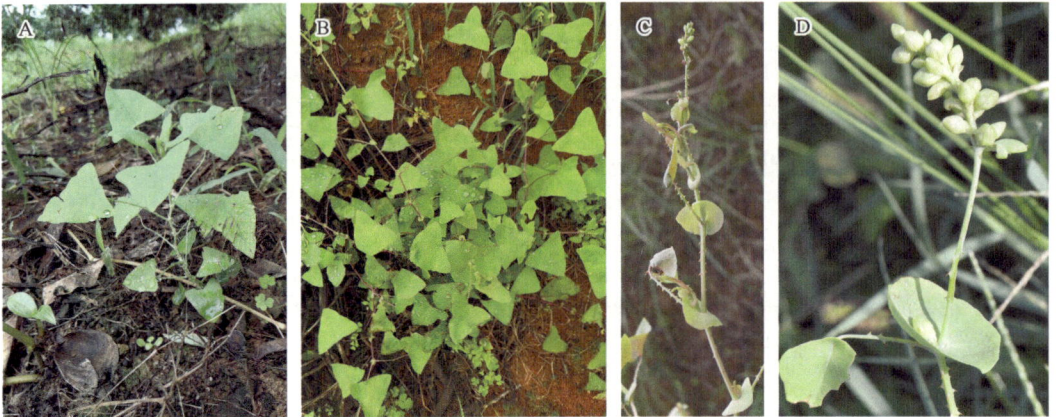

图4-19　扛板归形态特征（冯唐奇　拍摄）
A：植株；B：种群；C：茎；D：花序

二、分布为害

　　扛板归广泛分布于江西、湖北、湖南、浙江等柑橘产区，其中，在重庆市柑橘园普遍发生；扛板归可攀援至柑橘树上，攀爬、蔓延速度非常快，发生严重时可覆盖整株柑橘树，影响柑橘生长，且其茎叶上具刺，不利于农户进行农事操作，应及时防除（图4-20）。

图 4-20　柑橘园的扛板归种群（冯唐奇和马洪菊　拍摄）

三、发生规律

扛板归以种子繁殖，种子最适发芽温度为 22～28℃，在 3～4 月出苗，花期为 6～8 月，果期为 7～10 月，11 月至第二年 2 月为休眠期，生育期为 180 天左右（赵海英等，2007）。扛板归种子成熟后飘落，可借助风力、流水、动物取食排泄、动物皮毛及人的衣物表面吸附完成散布传播。

四、防控技术

具体防控技术同牛筋草。

撰稿人：马洪菊（华中农业大学植物科学技术学院）
审稿人：周常勇（西南大学柑桔研究所）
　　　　周　彦（西南大学柑桔研究所）

第十二节　乌　蔹　莓

一、诊断识别

乌蔹莓（*Causonis japonica*），又名五爪龙、虎葛、五叶莓等，属于葡萄科（Vitaceae）乌蔹莓属（*Causonis*），是多年生草质藤本植物。小枝圆柱形，有纵棱纹，无毛或微被疏柔毛；卷须 2 或 3 叉分枝，相隔 2 节间断与叶对生；叶为鸟足状 5 小叶，中央小叶长椭圆形或椭圆披针形，长 2.5～4.5cm，宽 1.5～4.5cm，顶端急尖或渐尖，基部楔形，侧生小叶椭圆形或长椭圆形，长 1～7cm，宽 0.5～3.5cm，顶端急尖或圆形，基部楔形或近圆形，边缘每侧有 6～15 个锯齿，上面绿色，无毛，下面浅绿色，无毛或微被毛；侧脉 5～9 对，网脉不明显；叶柄长 1.5～10.0cm，中央小叶柄长 0.5～2.5cm，侧生小叶无柄或有短柄，侧生小叶总柄长 0.5～1.5cm，无毛或微被毛；托叶早落；花序腋生，复二歧聚伞花序；花序梗长 1～13cm，无毛或微被毛；花梗长 1～2mm，几无毛；花瓣 4，三角状卵圆形；果实近球形，直径约 1cm，有种子 2～4 颗；种子三角状倒卵形，顶端微凹，基部有短喙，种脐在种子背面近中部呈带状椭圆形（图 4-21）。

图 4-21　乌蔹莓形态特征（马洪菊　拍摄）

A 和 B：植株；C：花序

二、分布为害

乌蔹莓在湖南、湖北、云南、浙江和四川等柑橘产区零星发生，其中湖北省丹江口市、秭归县柑橘产区内发生极为严重，为部分柑橘园优势杂草；乌蔹莓在柑橘园内发生量大，且在柑橘树树冠下密集生长，缠绕覆盖柑橘（图4-22），成为柑橘园优势杂草后对柑橘生长影响较大，应及时防除。

图 4-22　柑橘园的乌蔹莓种群（马洪菊　拍摄）

三、发生规律

乌蔹莓花期在 3～8 月，果期在 8～11 月，以种子繁殖。

四、防控技术

乌蔹莓可攀援至柑橘树上，对其生长造成严重影响，须采取以物理防控和化学防控为主、生态防控为辅的综合措施。

（一）物理防控

主要为人工除草和机械除草。

（二）化学防控

1）主要防治药剂：草甘膦、草甘膦与 2 甲 4 氯的复配药剂。
2）施药方式和时期：茎叶喷雾处理，乌蔹莓幼苗期为最佳施药时期。
3）注意事项：喷药时尽量做到精准、雾细、均匀。

（三）生态防控

生态防控技术同牛筋草。

撰稿人：马洪菊（华中农业大学植物科学技术学院）
审稿人：周常勇（西南大学柑桔研究所）
　　　　周　彦（西南大学柑桔研究所）

第五章

柑橘有害生物绿色防控技术模式集成与示范

第一节　指导思想与策略

从柑橘园生态系统的整体出发，以危害重或频发的病虫草害为主攻对象，贯彻"预防为主，综合防治"的植物保护工作方针、"公共植保，绿色植保"理念，坚持突出重点、分类指导、分区治理的原则，依据发生规律，采取因时因地制宜、降本环保增效的策略，针对来势凶险且传播快的对象，在前沿扩散区，以化学应急防治为主，针对频发的对象，以找准关键时间节点和农业措施为基础，综合运用生物、物理、化学等技术措施，将柑橘园主要有害生物的种群密度控制在经济允许的水平以下，达到经济、社会和生态效益协同增长的目的。

第二节　基本思路与要素

以柑橘园生态系统为单元，对其生物群落结构、主要病虫草害的生物学特性与成灾机制、防治指标及关键防控技术开展研究，针对重大的防控对象，宜提前开展危害损失风险评估，及时建立监测预警系统，根据不同产区柑橘生产情况和优势病虫草害种类，因时因地制宜，制定应急防控和绿色防控技术方案，集成试验示范基地技术模式并推广应用。

一、模式集成应以柑橘园生态系统为管理单元

通过长期的调查研究，揭示生态系统中各组分（包括柑橘、有害生物、有益生物及气候、土壤、水肥、地形地势、农事活动等非生物因素）的功能、反应及其相互关系。这些生物和非生物因素在柑橘园生态系统中有其特定的地位、功能和作用，保持着相互依存、相互制约的复杂关系。在采取任何一项技术措施或改变任何一个组分时，都有可能对整个生态系统产生一定的影响，从而引起有害生物优势种类、种群数量和为害属性的变化。应科学区分病虫草本身的益害属性，查明为害的优势种群，明确主治与兼治对象。生态系统的管理范围一般应根据有害生物的迁移规律和范围来决定。对于柑橘黄

龙病、柑橘溃疡病、实蝇、柑橘全爪螨等危害性大的有害生物，综合治理需要考虑长期效益。

二、模式集成应树立生态观、经济观和环保观

病虫草害防治应以经济、生态和社会三大效益为目标，综合考虑主治和兼治对象、降本增效和绿色环保等因素，在系统研究其危害损失规律的基础上，充分利用自然控制因素，因时因地制宜，科学制定主次对象的防治指标，协同采用其他必要的防控措施，从而减少化学农药的用量，预警防范危险性大的对象扩散至无疫区，持续运用绿色防控技术模式，使有害对象长期处于低度危害状态，把病虫草害种群数量与危害损失控制在经济允许的水平。

三、关键防治技术是技术模式的主要部件

我国适宜柑橘生产的区域广泛，以丘陵山地为主，纬度跨19°，因而气候因素对病虫草害种类及其种群结构影响较大，导致不同区域的发生规律存在时空差异。另外，针对当下劳动力短缺，在种植和储藏等环节上，不断融入了省力化机械和信息化数智手段，从而有必要针对实际情况，对关键防控技术开展分类分区域的研究和指导，传统的农业防治措施如冬季清园是基础，新时代对生态环保等要求更高，因此高效安全、简便实用的生物防治、生态调控、物理防治等技术措施更受青睐。因此，按照不同柑橘园生态进行防控技术措施的合理搭配集成，扬长避短，充分发挥其有机协调、相辅相成的综合功效，不断提高绿色防控理论与技术水平，是新时代赋予的新要求。与此同时，加强对病虫草害的基础生物学、成灾机制、综合防治理论等应用基础研究，是开展应用技术研发、制定最佳防治策略、组建绿色防控技术模式的理论基础和科学依据，两者相辅相成。

四、试验示范与技术培训是构建模式的必需环节

试验示范与技术培训工作是将科学技术转化为现实生产力的枢纽，具有桥梁和纽带作用，也是通过具体应用将各项科研成果进行转化，形成技术体系的必要过程与途径，同时还是通过应用实践，检验科研成果的先进性、科学性、实用性和成熟性的标准。因此，试验示范与技术培训是绿色防控技术体系的重要组成部分。

第三节　技术模式集成与应用

一、柑橘病害绿色防控技术模式集成与应用

我国柑橘产区覆盖20个省（自治区、直辖市），目前我国柑橘产量已是世界第二大产量国巴西的三倍多。柑橘在我国栽培地域跨度大，已成为我国唯一可实现四季有鲜果挂树的水果。病害防控历来是柑橘生产的重要方面，特别是大发展后需谨防大病流行，更是产业可持续发展的重要保障。因我国栽培的柑橘品种繁多，物候期区域差异又大，

几乎每个月都有品种处于成熟期，加之生境地多为丘陵山地，给采收和机械化作业带来了一定难度，且产后果实仍处于活体状态，从而导致病害种类多、防控难度大的基本格局。同时，因过去长期过度施用化肥、农药等导致生态局部失衡，又因劳动力总体老龄化和平均科学文化素质不高，给农事操作尤其是病害识别、绿色防控技术普及推广带来了难度。此外，主要病害在不同区域和季节存在差异，随频繁的人员交流和物流快递业的迅速兴起，加大了外来危险性病害入侵风险，给柑橘这个我国和全球最大的水果产业病害防控带来了前所未有的挑战。

柑橘病害包括病原性病害和生理性病害，其中病原性病害又可分为病毒类病害、真菌病害、细菌病害、线虫病害。目前针对病毒类病害，主要通过茎尖嫁接或茎尖嫁接+热处理等技术获得无毒母本树，利用柑橘主要经无性繁殖的特点，构建无病毒良种苗木繁育体系，通过加强苗木监管，从源头加以控制。但针对具有虫媒传播的病害，上述方法又仅为基础性措施，这是因为无法保障无病苗木在田间不被虫媒传病再度感染。在我国发生的既可经嫁接传染又可经虫媒传播的病害有柑橘黄龙病、柑橘衰退病、柑橘黄脉病，这3种病害传播速度快，病原又寄生于柑橘组织细胞内，在柑橘体内经韧皮组织营养流进行周身系统传染，一旦被感染，迄今暂无药可治，更无法根治！尤其柑橘黄龙病又是世界性检疫病害，对产业最具毁灭性，是产业的头号杀手，各柑橘生产大国均高度重视对其进行防控，防控策略必须以防为主、分类治理。以柑橘黄龙病为例，根据我国柑橘生产区域布局与该病及其虫媒发生为害情况，近年按区域分成四大类，进行绿色综合防控技术集成研究试验与示范，取得了良好的防控效果。

其他病害的流行规律和病原生物学特性等研究相对系统全面，包括农业防治、生物防治、生态调控、物理防治、化学防治等在内的一系列防控技术方案也相对成熟，挑战传统观念、缓解生态压力的绿色防控技术模式集成也就相对容易。但因果农长期存在无病不预防、有病就打药的简单方式，病害发生期和流行规律在物候期不同栽培区域及不同品种上仍存在较明显差异。例如，在有冻害的区域或栽培密度过大致使湿度过大的果园，要特别监测预警柑橘树脂病、柑橘炭疽病、柑橘煤烟病、柑橘脚腐病等真菌病害的发生流行，其中果皮松软的橘类如红橘特别易感柑橘褐斑病，近年在北缘地区陕西汉中温州蜜柑产区出现柑橘轮斑病的流行，且扩散到重庆万州等地。又如，近年推广较多的沃柑等杂柑特别易感柑橘溃疡病、尤力克柠檬易感柑橘黄脉病，后者于2010年首次在我国云南被发现，随后几年内我国大部分柑橘产区均检测到此病，对柠檬产业危害极大。因此，仍需在深入研究的基础上，根据不同柑橘品种的生长发育期特点、农事操作流程和病害发生为害的时空规律等，抓住关键防控期和关键防控点，在不同橘区综合协调应用各项关键防控措施和配套的绿色防控技术，有机协调各项措施与自然控制因素，组装集成绿色防控技术模式，以期获得综合功效。

（一）构建柑橘无病毒良种苗木三级繁育技术体系

商业栽培柑橘园的苗木普遍使用嫁接苗，因其既可缩短童期、提早结果，又可增强砧木抗病虫害能力。但该繁育方式也给病毒类病害的传播带来便捷，这是因为病毒类病原均可经嫁接传染。因此，若嫁接接穗采自田间母树，往往易携带1至多种病毒类病原，从而易经无性繁殖导致病毒类病害流行：一是我国 20 世纪发展的柑橘园无病毒栽培普及程度不高，田间植株带毒率偏高；二是传统育苗一般未经刀具消毒，且高接换种现象较为普遍，而有的病毒类病原如柑橘裂皮病类病毒尚可经嫁接刀具、修剪工具机械传播；四是柑橘在田间长期栽培过程中易经虫媒传播上述部分病原。因此，针对以无性繁殖为主的柑橘，经脱毒技术获得无毒母本树非常关键。在此基础上，分两级建立 1 或 2 个国家级和 10 余个省级无病毒采穗圃，再建立 100 余个无病毒苗圃（繁育场），以几何数量级扩繁接穗，并加强苗木产地检疫/调运检疫监管，对苗木带毒率开展定期/不定期抽查监管，从而构建起柑橘良种苗木无病毒三级繁育技术体系并推广应用，以保障大发展所需安全供苗。从种苗源头抓起，从而可大大降低后期病害防控压力，既可获得事半功倍的效果，又能取得绿色防控功效。

（二）构建柑橘非疫区、阻截带等防控技术体系

针对大病如柑橘黄龙病，按区域分类实施防控策略可取得事半功倍的成效。目前我国已有 350 余个县级行政区域有柑橘黄龙病/媒介柑橘木虱分布，按全国 5 条柑橘优势带布局界定，尚有两条带（长江上中游柑橘带、鄂西—湘西宽皮柑橘带）未受此病干扰，但均已逼近。基于上述紧迫压力，2007 年农业部在重庆市实施建立迄今仍是我国唯一的柑橘非疫区，2017 年又在四川省宜宾市屏山县金沙江河谷地带建立柑橘黄龙病阻截带，2019 年专家动议在邵阳市新宁县雪峰山区域建立另一条柑橘黄龙病阻截带，旨在延缓柑橘黄龙病媒介柑橘木虱的不断北扩速度，从而延缓柑橘黄龙病的北扩趋势，进而保障上述两条尚未受柑橘黄龙病干扰的优势柑橘带的可持续发展。重庆柑橘非疫区建设初期除针对柑橘黄龙病外，还针对柑橘溃疡病、柑橘大实蝇、橘小实蝇、蜜柑大实蝇，《全国农业植物检疫性有害生物分布行政区名录》分别于 2009 年不再包含柑橘大实蝇、橘小实蝇，于 2020 年不再包含柑橘溃疡病，但仍将它们列入了重庆市农业植物检疫性有害生物名单。针对柑橘非疫区建设，重庆市颁布了市长令，界定了相应的核心区、缓冲区，建设了 68 个监测站、3000 余个监测点、1 个检测鉴定中心、1 个疫情铲除中心和 1 个监测预警平台等，具有良好功效。针对阻截带建设，四川省农业厅（现四川省农业农村厅）组织界定了相应的缓冲区、核心区、监测哨点、检测和监测预警平台，亦起到了良好成效。上述技术体系构建，既体现了以防为主的宗旨，又符合绿色防控要求。

（三）协同运用其他综合防控技术

1. 农业防治技术

农业防治技术更为绿色，是防控的基础性措施。一是选用抗（耐）病品种，使用无病苗木，把好种源关口；二是做好冬季清园工作，集中销毁或深埋病残枝叶，清园可用 45% 的晶体石硫合剂 100～200 倍液或机油乳剂 100～200 倍液，降低病源基数；三是加强栽培管理，注意生草或覆盖稻秆、安装灌溉设施等抗旱，冬季或早春补充施肥，针对真菌病害较重的柑橘园，宜适当稀植，增强通风透光性以降低湿度，并及时修剪枯枝、病枝，适当追施钾肥，少施氮肥，以增强树势；四是针对储藏期病害较重的品种，宜适

当早采，在采摘、运输、储藏等过程中要尽量避免果面受伤；五是针对生理性病害，尽量避免果面受伤，采取地面覆膜保水，树顶盖膜避雨、避霜、避雪，刷白树干避日灼等措施进行预防。

2. 化学防治技术

化学防治技术具备快速高效的特点，但长期单一化过度依赖化学药剂，容易造成不易分解的有毒有害物质随生物链富集的现象，导致生态失衡，带来环境压力。绿色防控要求最大程度地趋其利而避其害，提倡减少农药使用量，以预防为主，这样既能取得事半功倍的效果，又能保护生态环境。根据大多柑橘病害发生流行于柑橘嫩梢期的特点，可抓住几次发梢时期，因地因病制宜地选用高效、低毒、低残留的绿色农药新品种或新剂型，采用最低有效剂量，使用高效的药械和施用方式，推行持证上岗达标防治，提倡兼容性杀菌剂、杀虫（螨）剂、植物生长调节剂和叶面肥混用，肥水药一体化施用，针对同一种病害推行不同时期交替使用杀菌剂的不同类型，这样既可多效并举节省劳动力，又可延缓抗药性的产生。

3. 生物防治技术

针对无药可治的病毒类病害，生产上除通过使用抗（耐）病品种外，主要依赖使用无病苗木加以控制，如柑橘茎陷点型衰退病强毒株系在少数国家（巴西、南非、澳大利亚等）采用弱毒株系交叉保护技术获得成功，21世纪以来我国已筛选了部分可供生产中使用的该病毒弱毒株系。针对柑橘线虫病害和少量柑橘真菌病害，研究发现有部分有益真菌可用于其防治，但我国生产中几乎没有应用。针对柑橘细菌病害（柑橘溃疡病、柑橘黄龙病），采用转基因技术培育抗（耐）病种质材料的研究工作较多，目前部分品种获得了农业农村部颁发的安全性评价证书，进入田间中试阶段，采用基因编辑技术和病毒诱导基因沉默技术培育抗（耐）病种质材料的研究工作尚处于起步和前期积累阶段。相对于柑橘害虫生物防治技术，柑橘病害防控可用的生物防治技术偏少。但是，部分柑橘害虫与部分柑橘病害又存在互惠共生情形，如3种虫传柑橘病害（柑橘黄龙病、柑橘衰退病、柑橘黄脉病），要想防控好此类病害，必先防控好其媒介害虫。另外，柑橘溃疡病的流行，通常与柑橘潜叶蛾的发生存在显著正相关关系，因此防控好柑橘潜叶蛾是防控柑橘溃疡病的有效措施。

柑橘病害以病原性病害居多，而病原大多凭肉眼不可见，果农在田间主要依靠感染后出现特征性症状识别此类病害，而我国果农平均科学文化素质不高，科普又不能及时到位，导致柑橘病害防控推广工作难度系数加大。如何有机协同运用上述技术集成绿色防控技术模式，仍然是当前面临的挑战。以柑橘黄龙病的防控技术模式为例，通过首期国家重点研发计划项目的实施，在落实"种植无病苗、大面积集中连片联防联控柑橘木虱、及时清除病树"三项基本措施的基础上，集成构建了按区域分4类防控的技术模式：①非疫区，严格执行检疫条例，以防为主；②阻截带，在流行前沿区实施阻截，在缓冲区开展早期预警，提倡用其他作物替代柑橘，砍除芸香科九里香、黄皮等柑橘木虱寄主植物；③低度流行区，及时清理丢荒果园，推广中心户长制和/或村规民约开展联防联控，集中处理夏梢；④重度流行区，及时清理丢荒果园，推广大苗移植，建设防风林，推广"矮化、密植、早结、丰产"栽培技术。根据该病关键时期（嫩梢期/高龄若虫/果园边沿区/冬季清园期）因地制宜地示范应用上述绿色防控技术模式，项目示范区164万亩，发病率降至1.5%，农药利用率提高13.2%，农药施用量减少37.5%，上述集成的绿色防控技术模式正在全国推广应用。

二、柑橘害虫绿色防控技术模式集成与应用

我国各地主要柑橘产区，因种植的柑橘品种不同，尤其早熟及晚熟品种为柑橘园害虫提供了不同阶段的食物资源。同时，化学药剂的施用、作物品种的替换、不同农事发生变化等也导致害虫为害时期与程度存在一定差异。此外，主要害虫也随时间、季节而变化。例如，1~2月柑橘园中主要害虫防治对象是螨类和蚧类；在春梢萌芽的3月和初花盛开的4月，蚜虫、蓟马、花蕾蛆等害虫危害严重；在落果期（5~6月），金龟子、天牛、粉虱等成为柑橘园的主要害虫；7~8月的果实膨大期，是粉虱和潜叶蛾等害虫的关键危害时期；在9~12月的果实膨大后期和采收期，柑橘全爪螨、锈壁虱和实蝇类害虫危害严重。不同产区、不同季节柑橘害虫的发生特点差异很大。

因此，柑橘害虫绿色防控技术模式的集成与应用因产区、品种等各不相同。同时，随着可持续农业生产观念的增强，害虫防治的传统观念面临挑战。特别是分子生物学、遗传工程等高新技术的应用，使害虫防控技术水平不断提高。转基因抗虫技术已在多种作物上获得成功，植物源生物农药、微生物杀虫增效剂、昆虫激素信息素类似物等新一代农药在害虫防治中也发挥着重要作用，化学药剂已由过去的灭杀防治剂发展到昆虫生长调节剂、昆虫行为调节剂等农药，农药施用与生态环境的矛盾逐渐得到缓和。化学药剂是传统害虫防治的主要措施，虽然会带来农药残留、环境污染等问题，但由于其杀虫速效性快，在当今柑橘园害虫防控中仍是不可或缺的一环，特别是在柑橘园害虫局部成灾应急防控中起着重要的作用。

柑橘各产区因品种、物候期、优势害虫种类、害虫发生期等差异明显，导致绿色防控关键技术各不相同。归纳起来，柑橘害虫绿色防控技术模式的集成与应用基于以下几个关键技术。

（一）柑橘害虫生境调控技术

生境调控技术可以改善柑橘园农业生物的生态环境，减少柑橘园害虫的发生，主要包括生草栽培、构建生态隔离带、柑橘园生态管理与害虫生态治理等。

生草栽培是在柑橘园种植白车轴草、藿香蓟、鼠茅、百喜草等根系较浅的草本植物。生草栽培有利于改善柑橘园生态环境，如种植香根草能改善柑橘园土壤物理性质，增强土壤通气透水性和蓄水保肥能力；纽荷尔脐橙间种绿肥和自然生草区能提高土壤酶如土壤脲酶等的活性；种植白车轴草能够提升土壤养分如速效磷和有效铁的含量。生草栽培有利于提升柑橘品质，如生草栽培能显著提升枳砧温州蜜柑的单果重、果实可溶性固形物含量和果实色泽度。生草栽培可为天敌提供栖息场所，利用柑橘生草如野艾蒿、藿香

蓟诱栖害虫天敌，每 $100m^2$ 野艾蒿上有 $200\sim2000$ 头捕食性瓢虫，藿香蓟每 100 片叶上有捕食螨 $20\sim30$ 头，以此形成自然天敌种群。

构建生态隔离带是重要的生境调控手段。在柑橘园周围规划保留的空地或预留的自然植被带内构建生态隔离带，不但可以减少不良气候对柑橘生长的影响，还在一定程度上阻止害虫的危害和病原物的入侵，同时还可防止柑橘重大害虫的传播，如柑橘园间作非芸香科植物作为防护林可以改变柑橘园的气味组成，在一定程度上影响柑橘园害虫的数量及空间分布；在柑橘园中种植番石榴树防护林可保护柑橘免遭柑橘黄龙病的侵染。

柑橘园生态管理与害虫生态治理对维持柑橘园生态系统的稳定性至关重要。柑橘园生态管理与害虫生态治理主要包括科学修剪、控芽抹梢、适度稀植和冬季清园等。科学修剪应遵循"三稀三密"的基本原则，利用短截、疏剪、回缩修剪、抹芽放梢以及拉枝、扭枝和曲枝等多种修剪方式，将柑橘修剪成自然圆头形或自然开心形。修剪的主要技术要点包括：对于密度过大的柑橘园，首先进行密改稀；树冠郁闭的成年树枝进行大枝修剪；生长较旺的树不要短截修剪；注意抬高树干，将树冠底部 $50cm$ 以下的枝梢修理干净；修剪时应把病虫枝、枯枝修剪掉，但需保留内膛小枝；衰老树需更新修剪。严格控梢能够阻断害虫的食物链，有效减轻其危害。抹梢时应适当保留部分新梢，抹除的时间越早越好，至少在开花前抹除，可利用肥水控制或采用抑制剂控制，或人工抹除夏梢，使潜叶蛾、柑橘木虱、蚜虫、卷叶蛾、凤蝶、刺蛾等害虫食物缺乏，也可减少柑橘溃疡病、柑橘炭疽病等病害的发生。此外，通过进一步控制秋梢的发生期，避免潜叶蛾成虫产卵高峰，可有效减轻其危害。依据品种、砧木、土壤类型、改土方式和气候条件等因素对柑橘园进行适度稀植。树冠矮小的金柑（金橘）较树冠高大的柚种植密；生长弱势的特早熟温州蜜柑比生长势旺的夏橙种植要密。针对生长旺的品种，采用乔化砧木；而针对生长势较弱的品种，采用矮化砧木。山地、坡地和地下水位高的果园，栽植密度较高；土壤深厚肥沃的果园，栽植密度较稀。通过修剪、刷白、清扫、喷药等方式进行冬季清园，可以有效减少病虫基数，为来年的果园管理节省劳力和物力成本。冬季，在害虫下树越冬前，应及时对树干束草或用废布片包扎主干，诱捕恶性叶甲、蜗牛等隐蔽越冬害虫。冬春季剪除病虫枯枝，挖除柑橘黄龙病病株，砍除携带有柑橘爆皮虫、天牛等的虫枝，刮除树干老翘皮，清除园内残枝、落叶和杂草等，可大幅降低越冬病虫基数。冬季翻耕有利于疏松土壤，破坏柑橘病虫害的越冬环境，消灭实蝇、叶甲和瘿蚊等土壤越冬害虫。在冬季气温 $10℃$ 以上时，进行全园喷石硫合剂消毒，有条件的果园可在冬季和春季喷施 2 次石硫合剂。

（二）柑橘害虫生物防控技术

天敌是控制柑橘园害虫种群的重要因子。柑橘园害虫天敌主要包含捕食螨、捕食性瓢虫、寄生蜂、捕食性蝽、捕食性草蛉五大类群。捕食螨具有种类丰富、发育历期短、生殖力高、捕食量大、靶标广泛的特点，可以适应多种环境，对柑橘叶螨、粉虱、蚜虫等小型刺吸性害虫具有较强的捕食能力和较好的防控作用。在我国柑橘园广泛使用的品种包括巴氏新小绥螨、胡瓜新小绥螨、加州新小绥螨、尼氏真绥螨等。捕食性瓢虫具有分布广泛、捕食量大、靶标广泛的特点，可以捕食多种柑橘蚜虫、介壳虫、粉虱、叶螨等害虫。柑橘园中释放捕食性瓢虫如黑缘红瓢虫，对矢尖蚧等柑橘介壳虫类害虫可以起到很好的防控效果；异色瓢虫是柑橘木虱的重要捕食性天敌，对柑橘木虱若虫和卵的捕食量累计可达 80%～100%，控制效果显著。寄生蜂的种类丰富、寄主范围广泛，包括柑橘园内多种鳞翅目、鞘翅目和半翅目的害虫。柑橘园重大害虫橘小实蝇的寄生蜂种类多达 34 种，包括卵寄生蜂（如阿里山潜叶茧蜂）、幼虫寄生蜂（如长尾潜蝇茧蜂）等。捕食性螨是一类肉食性或杂食性天敌昆虫，不同种类的捕食性螨食性有所不同。在柑橘园生态系统中，较为常见的猎螨（如黄猎螨等）能捕食多种鳞翅目和鞘翅目的害虫、软体动物等。捕食性草蛉具有活动能力强、捕食量大的特点，是柑橘园内蚜虫、介壳虫、柑橘木虱、粉虱、叶螨的重要天敌，并且可以捕食多种鳞翅目、半翅目昆虫的卵。在南方柑橘园中以普通草蛉居多，是柑橘木虱和柑橘蚜虫的重要天敌之一。

天敌的规模化、标准化繁育是生防技术应用的前提和保障。柑橘园害虫的多种优质天敌昆虫（螨类）的规模化、标准化繁育通常以"植物—害虫—天敌"三级模式生产，部分天敌以基于人工饲料研发或替代猎物筛选改良的二级模式生产。三级繁育模式是指"扩繁植物—接入害虫—引入天敌"的生产模式，也包括利用人工饲料饲养猎物/寄主，或寻找替代猎物/寄主，进而接入天敌扩繁的生产模式。"大豆—大豆蚜—七星瓢虫"是较为典型的"植物—害虫—天敌"三级繁育模式；此外，通过麦麸饲养巴氏新小绥螨的替代猎物粉螨，然后再饲养巴氏新小绥螨，也是一种较为成熟的三级繁育模式。天敌昆虫（螨类）人工饲料研发是将"三级"繁育模式提升为"二级"繁育模式的关键突破口。大草蛉成虫和幼虫口器不同，采用不同的大草蛉人工饲料饲养，与天然猎物饲养的大草蛉相比，成虫产卵历期和寿命均无显著差异，幼虫存活率和羽化率较高。

目前，柑橘园害虫的生物防治技术主要涉及天敌昆虫（螨类）的利用、病原微生物的利用、昆虫性信息素的利用和植物源农药的利用等方面。在柑橘园生态系统中，天敌昆虫（螨类）的利用主要集中于害虫的捕食性天敌和寄生性天敌。捕食螨作为多种柑橘园害虫的捕食性天敌，在柑橘害虫的生物防治中发挥重要作用。利用胡瓜新小绥螨防控柑橘全爪螨和锈壁虱的控制期长达 6 个月，可减少化学农药使用量 40%～60%。此外，抗逆性捕食螨品系的培育与应用对逆境条件下靶标害虫的防控效果显著，如耐高温品系的巴氏新小绥螨在应对重庆、四川等地的短时高温胁迫时，仍有较高的存活率和捕食量。除捕食螨外，其他捕食性天敌如捕食性瓢虫等在柑橘园生态系统中也有广泛的利用，寄生性天敌如寄生蜂类在柑橘潜叶蛾等害虫的防治中也有所应用。昆虫病原真菌如球孢白僵菌、金龟子绿僵菌等在防治柑橘木虱等害虫中发挥着重要作用。利用胡瓜新小绥螨携带白僵菌控制柑橘木虱，柑橘木虱在第 3 天的死亡率达 100%。利用性诱剂诱杀橘小实蝇成虫是柑橘园果实成熟期防治橘小实蝇的重要措施之一。此外，利用植物源农药如柠檬素类、黄酮类和生物碱等能够对柑橘园害虫造成拒食、引诱或毒杀作用，导致柑橘园害虫无法进行正常生理活动而死亡。

（三）柑橘害虫行为调节技术

柑橘害虫行为调节技术是柑橘害虫绿色防控技术模式体系的重要组成部分，主要通过物理、信息素、辐射技术和推–拉技术防控柑橘害虫。

在小型果园中，利用机械和物理方法防治害虫是较为经济有效的策略。在柑橘木虱和潜叶蛾成虫羽化前清理成年树上抽出的零星嫩芽、销毁害虫在树上集中产卵的部位、捕捉在树干上化蛹的害虫、用草束或纸板条缠绕树干并定期清理，均可有效降低害虫的种群基数。此外，频振式杀虫灯诱杀效果明显，具有诱杀虫量大、杀虫谱广、杀害保益比例高等特点，应用频振式杀虫灯可减少化学农药的用量，从而减少环境污染。

昆虫信息素是昆虫分泌的在同种物种间起化学通讯作用的微量化合物，是物种特定的通信系统。模拟自然界昆虫信息素合成性诱剂，通过释放器将其释放至田间以诱杀橘小实蝇的方法已被广泛应用。此外，基于柑橘大实蝇对不同柑橘品种的产卵偏好、幼虫对不同品种柑橘果肉的取食选择性以及柑橘果实挥发油化学成分解析，利用食物诱剂调控柑橘大实蝇成虫的行为并对其进行防控。

利用电波、γ射线、X射线、红外线、紫外线、激光以及超声波等电磁辐射处理有害生物的辐射技术是害虫综合治理措施中的重要防控手段，包括直接杀灭病虫和辐射不育技术等。在用 ^{60}Co 作为γ射线源处理下，柑橘大实蝇、橘小实蝇、褐色橘蚜等柑橘害虫大量死亡，少数存活者也常表现为不育。辐射不育技术具有专一性强、无公害、防效持久等优势，该技术只对防治对象发生作用，同时避免了杀虫剂的大量使用。在柑橘园采用诱捕器可以引诱在田间释放的辐射不育柑橘大实蝇雄成虫，辐射不育雄成虫具有与野生雄成虫竞争交尾的能力。

推–拉技术是集引诱和趋避技术为一体的对环境影响较小的复合型害虫调控技术，利用驱避剂使害虫远离被保护的作物资源（推），并用引诱剂将其引向装有杀虫剂或病原的诱捕器（拉），进而杀死或控制害虫种群。在防治柑橘园橘小实蝇时，采用黄色、白色、绿色的诱捕器悬挂于距地面25cm和50cm处，可以诱集橘小实蝇成虫（拉）；使用橘小实蝇非寄主植物乙醇提取液、植物精油或有机溶剂提取物对橘小实蝇产卵具有驱避作用（推）。金属化聚乙烯反光膜对柑橘木虱具有显著的驱避效果（推）；将黄板挂向南面方向、高150cm处以及间距4～5m时，诱集柑橘木虱的效果最佳（拉）。

2022年我国柑橘产量约是1978年的158倍，说明改革开放后特别是21世纪以来，柑橘产业发展迅猛，该成就是伴随着我国存在柑橘大病大虫流行条件前提下取得的，虽然也存在局部流行问题，但都在短时期内得到了有效防控，柑橘植保减损效益十分显著。柑橘病虫草害存在诸多差异性，虽然其生物学特性大同小异，但具体体现在发生规律上时，与区域和品种等关系密切，虫（螨）世代数还与气候关系密切，因而没有简单归一的绿色防控技术模式。本章以概述和个案方式介绍过几种集成绿色防控技术模式，这些虽然已经经过试验示范验证，并通过编印明白纸、挂图、技术手册、微信小程序、微视频、技术讲座等方式进行了宣传培训、推广，但因存在上述生物多样性因素，读者仍宜因地因病虫草害在各自所处地的实际发生情况下，按照本章指导思想和策略，具体制定更具针对性的绿色防控技术方案。

撰稿人：周常勇（西南大学柑桔研究所）
　　　　王进军（西南大学）
审稿人：周常勇（西南大学柑桔研究所）

参 考 文 献

艾鹏鹏, 杨瑞, 张民照, 等. 2014. 桃蛀螟各虫态形态学特征观察. 北京农学院学报, 29(3): 53-55.

敖礼林. 2021. 稻田稗草的危害及综合防控措施. 科学种养, (7): 5-7.

北京农业大学, 华南农业大学, 福建农学院, 等. 1990. 果树昆虫学. 2 版. 下册. 北京: 中国农业出版社.

卜木祥. 1997. 橘实雷瘿蚊的发生与防治. 植物检疫, 11(5): 3.

蔡明段, 易干军, 彭成绩. 2011. 柑橘病虫害原色图鉴. 北京: 中国农业出版社: 195-198.

蔡竹固, 庄再扬. 1989. 柑橘黑点病之田间发病消长. 中国园艺, 35(4): 239-246.

曹诗红, 鲁家奎, 曹昌明, 等. 2009. 宜都市柑橘恶性叶甲和潜叶甲发生规律与防治. 湖北植保, (3): 13-14.

陈昌胜, 黄峰, 程兰, 等. 2011. 红橘褐斑病病原鉴定. 植物病理学报, 41(5): 449-455.

陈公敏. 2018. 六种食物对桃蛀螟生长发育和繁殖的影响. 泰安: 山东农业大学硕士学位论文.

陈国庆, 黄振东, 蒲占湑, 等. 2014. 影响柑橘外观品质的主要病虫害及其防治. 浙江柑橘, 31(1): 24-27.

陈国庆, 姜丽英, 徐法三, 等. 2010. 防治柑橘黑点病药剂的离体和田间筛选. 浙江大学学报（农业与生命科学版）, 36(4): 440-444.

陈泉, 徐永红, 何锦辉, 等. 2022. 柑橘轮斑病抗性鉴定方法的建立. 果树学报, 39(2): 295-301.

陈绍光. 1988. 柑橘黑腐病害研究. 湖北农业科学, 11: 19-21.

陈胜文, 何永梅, 李迪. 2019b. 柑橘煤烟病的症状识别与综合防治. 植物医生, 32(1): 74-76.

陈胜文, 孔志强, 何永梅. 2019a. 柑橘恶性叶甲的识别与综合防治. 果农之友, (3): 41, 47.

陈玉远, 林捷新, 陈猛. 2013. 蚜果虫、桔实蕾瘿蚊综合防治实用技术. 现代园艺, (13): 1.

成家壮, 韦小燕. 2002. 贮藏柑桔上疫霉种的鉴定. 西南农业大学学报, 24(4): 310-311.

成家壮, 韦小燕, 范怀忠. 2004. 广东柑橘疫霉研究. 华南农业大学学报, 25(2): 31-33.

程本泽, 王兴隆, 桂质荣, 等. 1991. 柑桔花蕾蛆的化学防治技术. 植物保护, 17(6): 24.

邓崇岭. 2017. 实用柑橘病虫害防治原色图谱. 南宁: 广西科学技术出版社.

邓家锐, 罗磊, 敖义俊, 等. 2019. 柑橘三种害叶类昆虫的识别与防治要点. 果农之友, (7): 31-32.

邓劲松. 2010. 5% 吡虫啉·丁硫克百威乳油对柑橘蚜虫的防治效果. 植物医生, 5(2): 31-32.

邓晓玲, 郑永钦, 郑正, 等. 2019. 柑橘黄龙病菌基因组学的研究进展. 华南农业大学学报, 40(5): 137-148.

邓秀新, 彭抒昂. 2013. 柑橘学. 北京: 中国农业出版社.

董文霞, 王国昌, 孙晓玲, 等. 2010. 捕食螨化学生态研究进展. 生态学报, 30(15): 4206-4212.

段志坤. 2014. 柑橘园枸橘潜叶甲防治技术. 农村百事通, (3): 39-40.

范国成, 刘波, 吴如健, 等. 2009. 中国柑橘黄龙病研究 30 年. 福建农业学报, 24(2): 183-190.

高海馨, 陈香玲, 乔兴华, 等. 2023. 苹果茎沟病毒柑橘碎叶株系的分布与序列分析. 植物保护学报, 50(5): 1318-1326.

高侃. 2008. 外来种小飞蓬、一年蓬及其伴生种生物学特征与生理生态特性比较研究. 长春: 吉林农业大学硕士学位论文.

宫庆涛, 李素红, 张坤鹏, 等. 2022. 橘小实蝇发生与环境关系研究进展. 植物检疫, 36(5): 17-26.

宫庆涛, 武海斌, 张坤鹏, 等. 2016. 三种杀虫剂对梨小食心虫和桃小食心虫的残效研究. 果树学报, 33(7): 857-864.

宫庆涛, 朱腾飞, 武海斌, 等. 2018. 桃蛀螟的生物学特性及防控方法. 落叶果树, 50(4): 41-44.

龚泽廉, 李福贵, 赵开俊. 1996. 柑桔白粉病的发生与防治. 中国南方果树, 25(4): 14.

郭腾达, 孙瑞红, 叶保华, 等. 2022. 橘小实蝇发生特点及影响因素研究进展. 中国果树, (4): 5-10.

何清聪, 王东伟, 张德咏, 等. 2020. 湖南柑橘根结线虫种类鉴定及特异性 PCR 检测. 植物保护, 46(1): 179-184.

何新华, 蒋元晖, 赵学源, 等. 1993. 部分引进柑橘品种的裂皮病和碎叶病鉴定. 四川果树, 21(2): 4-5.

何永梅, 陈胜文, 孔志强. 2018. 柑橘花蕾蛆的识别与综合防治. 果农之友, (12): 28, 34.

侯晓玉. 2017. 龙葵对草甘膦抗性机理的研究. 哈尔滨: 东北农业大学硕士学位论文.

胡秀荣, 黄振东, 蒲占湑. 2014. 柑橘不同品种对溃疡病抗病性差异的调查. 浙江柑橘, 31(1): 28-30.

黄德刚, 李思梅, 姜学阳, 等. 2014. 桃蛀螟在枇杷上的为害特点及防治技术. 植物医生, (4): 13-14.

黄峰, 朱丽, 侯欣, 等. 2012. 瓯柑褐斑病病原鉴定. 浙江农业科学, 53(9): 1281-1282.

黄佳仁, 周社文, 周正光, 等. 2001. 柚实雷瘿蚊的形态特征和生物学特性. 湖南农业大学学报（自然科学版）, 27(6): 445-448.

黄其椿, 李果果, 陈东奎, 等. 2020. 广西沃柑产业发展现状与对策建议. 中国南方果树, 49(5): 135-141, 149.

黄亚川, 徐小燕, 杨正娟. 2020. 思南县柑橘主要虫害及绿色防控措施. 农技服务, 37(6): 74-75.

黄幼玲. 2007. 柑橘溃疡病检疫与防治. 植物保护, 33(6): 132-135.

黄振东, 陈国庆, 浦占湑, 等. 2006. 柑橘贮藏过程主要病害的发生规律及防治对策. 浙江柑橘, 23(3): 20-23.

黄振东, 陈国庆, 张小亚, 等. 2009. 柑橘害虫发生流行新趋势及综合防治技术. 浙江柑橘, 26(3): 27-29.

黄振东, 蒲占湑, 胡秀荣, 等. 2011a. 不同药剂组合对柑橘黑点病的防治效果. 浙江柑橘, 28(2): 23-24.

黄振东, 蒲占湑, 王威震, 等. 2011b. 阿米西达防治玉环柚灰霉病的试验. 浙江柑橘, 28(1): 29-30.

姜丽英, 徐法三, 黄振东, 等. 2012. 柑橘黑点病的发病规律和防治. 浙江农业学报, 24(4): 647-653.

蒋飞, 张喜喜, 肖小娥, 等. 2022. 上海柑橘黑点病田间流行与降雨关系研究. 植物保护, 48(2): 139-144, 156.

蒋攀. 2017. LED 单波杀虫灯诱杀效果及种衣剂对玉米地下害虫的防治效果研究. 福州: 福建师范大学硕士学位论文.

金方伦, 周光萍. 2009. 黔北地区柑桔煤烟病的发生规律及防治技术. 贵州农业科学, 37(11): 101-104.

赖萍. 2002. 金柚褐腐疫霉病的发生特点及防治技术. 植保技术与推广, 22(10): 29.

兰光生. 2013. 桔实蕾瘿蚊的发生与防治. 福建热作科技, 38(1): 44-45.

蓝云龙, 斯金平, 罗雅慧, 等. 2004. 柑橘类潜叶甲的发生及其防治. 浙江柑橘, 21(2): 19-20.

劳有德. 2018. 危害蜜柚的三种象甲与防控技术. 南方园艺, 29(2): 25-28.

雷帮海, 田应昌, 吴洪文. 2004. 5% 抑太保 EC 防治柑橘花蕾蛆的效果试验. 广西热带农业, 17(1): 16-17.

雷慧德, 张权炳, 林邦茂, 等. 2003. 桔潜叶甲和恶性叶甲的识别与防治. 中国南方果树, 32(1): 10-11.

雷仲仁, 郭予元, 李世访. 2014. 中国主要农作物有害生物名录. 北京: 中国农业科学技术出版社: 208-234.

冷怀琼, 刘襄成, 沈言章. 1984. 柑桔炭疽菌次生分生孢子形成的研究. 植物病理学报, 14(2): 95-100.

李国元. 1999. 柑桔花蕾蛆的生物学特征及防治研究. 孝感学院学报, 19(4): 88-90.

李红叶. 2011. 柑橘病害发生与防治彩色图说. 北京: 中国农业出版社.

李红叶, 梅秀凤, 符雨诗, 等. 2015. 柑橘链格孢褐斑病的发生危害风险和治理对策. 果树学报, 32(5): 969-976.

李鸿筠, 雷慧德, 刘浩强, 等. 2005. 柑桔园桃蛀螟的发生及防治研究. 中国南方果树, 34(6): 22-23.

李敏, 周天宇, 吴佳星, 等. 2019. 柑橘鳞皮病毒 RT-LAMP 检测方法的建立与应用. 园艺学报, 46(7): 1409-1416.

李文宝, 全金成, 陈斌艳, 等. 2019. 桂北沙糖橘"花斑果"调查及其原因分析. 南方园艺, 30(6): 31-33.

李永学, 邵建云, 靳勇, 等. 2018. 柑橘煤烟病的发生及综合防治. 西北园艺(综合), (9): 36-37.

林孔湘. 1956. 柑桔黄梢(黄龙)病研究: 病情调查. 植物病理学报, 2(1): 1-11, 97-101.

林良树. 2002. 柑橘贮藏期病害的预防方法. 植保技术与推广, 22(8): 30-31.

林沙. 2014. 柑橘花蕾蛆发生规律与防治. 北京农业, (18): 159.

林松, 黄振东, 郑灵卫, 等. 2008. 3.15% 阿维菌素·吡虫啉 EC 防治柑橘蚜虫的田间效果. 浙江柑橘, 25(4): 26-28.

凌世高. 2004. 恶性叶甲危害橄榄的生物学特性及防治. 热带农业科技, 27(2): 44-39.

刘丽红, 袁梦. 2020. 20% 啶虫脒可溶液剂对苹果绣线菊蚜防治效果. 河北果树, 4: 18, 20.

刘胜萍, 王正跃. 1989. 柑桔花蕾蛆危害与柑桔总落花的相关研究. 植物保护, 15(6): 26.

刘欣. 2017. 柑橘黑点病菌种群对代森锰锌的敏感性评价及其替代药剂的筛选. 杭州: 浙江大学硕士学位论文.

刘欣, 王明爽, 梅秀凤, 等. 2018. 柑橘黑点病菌种群对代森锰锌的敏感性评价及其替代药剂的筛选. 植物保护学报, 45(2): 373-381.

刘旭, 陈松, 黄宁远. 2011. 抓住关键时期综合防控柑橘花期主要害虫花蕾蛆. 四川农业科技, (2): 41.

刘永琴, 叶洪太. 2009. 桃蛀螟在桃树上的发生及防治. 中国南方果树, 38(5): 65-66.

卢远华. 1994. 柑桔白粉病的发生与防治. 中国柑橘, 23(1): 30.

陆永良, 刘德好, 余柳青, 等. 2014. 中国主要农区稻田稗草分类与多样性研究. 植物科学学报, 32(5): 435-445.

马金双. 2018. 中国外来入侵植物名录. 北京: 高等教育出版社.

毛加梅, 岳建强, 高俊燕. 2013. 我国果树蓟马研究进展. 江西农业学报, 25(12): 69-74.

孟静, 陈鸣, 安昌, 等. 2020. 白茅根的本草考证. 中国民族民间医药, 29(3): 18-23.

孟幼青, 侯欣, 盖云鹏, 等. 2019. 柑橘疮痂病研究进展. 果树学报, 36(5): 655-662.

聂家云, 周海燕. 2006. 桃蛀螟危害柑桔及防治. 湖北植保, (2): 21.

宁红, 秦蓁. 2009. 柑橘病虫害绿色防控技术百问百答. 北京: 中国农业出版社.

庞允舜, 李少华, 王荣成, 等. 2022. 温度对取食玉米籽粒桃蛀螟生长发育、存活和生殖的影响. 应用生态学报, 33(6): 1652-1660.

彭东林, 李述举, 王芹, 等. 2012. 脐橙果实上疫菌褐腐病的发生与防治. 中国南方果树, 41(5): 79.

秦元霞. 2010. 柑橘访花昆虫种类及橘园蓟马的种类、为害、发生规律与防治研究. 武汉: 华中农业大学硕士学位论文.

邱柱石. 1990. 宫川温州密柑感染碎叶病的初步鉴定及危害程度调查简报. 广西柑桔, (1): 45-46.

仇贵生, 张怀江, 闫文涛, 等. 2010. 8 种杀虫剂对苹果树绣线菊蚜的田间防效评价. 植物保护, 36(2): 165-166.

饶洪章, 林捷新. 2005. 柚园桔实蕾瘿蚊反复爆发为害原因及应对措施. 植物医生, 18(6): 16-17.

孙瑶. 2015. 桃蛀螟的防治方法. 果农之友, (9): 48-49.

汤建国, 刘定忠. 2009. 农业有害生物防控技术. 南昌: 江西科学技术出版社.

陶能国, 王华, 王长锋, 等. 2013. 两株柑橘采后致病真菌的分离及生物学特性研究. 湘潭大学学报(自然科学版), 35(3): 75-78.

万丽敏, 常宏亮, 祁国英. 2011. 石榴害虫桃蛀螟防治方法. 河北果树, (3): 53-54.

王炳珠, 卜木祥, 黄洪泉, 等. 1997. 桔实雷瘿蚊发生规律的初步研究. 中国南方果树, 26(5): 11-12.

王博. 2012. 橘潜叶甲、恶性叶甲和柑橘潜叶蛾的识别与防治. 植物医生, 25(6): 17-18.

王洪祥, 林荷芳, 王普形. 2002. 75%灭蝇胺WP防治柑橘花蕾蛆的效果. 浙江柑橘, 19(2): 30-31.

王龙江, 陆家逸, 毛润乾. 2009. 有机金桔园柑桔灰象甲调查初报. 中国南方果树, 38(6): 59-60.

王绍斌. 2001. 沙田柚果实褐腐病的发生及其防治. 中国南方果树, 30(5): 18-19.

王晓彤, 徐德全, 欧国腾. 2009. 橘潜叶甲的识别与防治措施. 农技服务, 26(4): 88-89.

王颖, 李为花, 李丹, 等. 2015. 喜旱莲子草入侵机制及防治策略研究进展. 浙江农林大学学报, 32(4): 625-634.

王喆, 金虎. 2022. 经济植物牛膝栽培管理技术. 中国林副特产, (2): 36-37, 40.

王自然, 郭俊, 李进学, 等. 2021b. 柠檬灰霉病防控药剂及防控时期研究. 中国南方果树, 50(6): 29-31.

王自然, 郭俊, 杨建东, 等. 2021a. 云南柠檬灰霉病为害症状与发病适期观察. 中国南方果树, 50(5): 7-10.

文汇军, 刘进. 2001. 柑橘花蕾蛆的防治. 中国农技推广, 17(6): 26.

夏声广, 唐启义. 2006. 柑橘病虫害防治原色生态图谱. 北京: 中国农业出版社.

肖倩莼, 陈永强, 余卓桐, 等. 2000. 主要热带果树煤烟病的为害性及病原菌种类研究. 热带作物学报, 21(1): 25-30.

谢红梅. 2007. 柑橘花蕾蛆的发生规律及防治方法. 果农之友, (4): 49-50.

谢振伦. 1987. 茶黄蓟马的生物学特性与防治. 茶叶科学, 7(2): 29-34.

徐洪富, 刘勇, 牟吉元, 等. 1997. 大草蛉和叶色草蛉捕食绣线菊蚜功能的研究. 山东农业科学, 29(6): 28-30.

徐丽荣. 2011. 桃蛀螟人工饲养和滞育诱导特性及抗寒性研究. 北京: 中国农业科学院硕士学位论文.

徐姗姗, 刘娟娟, 李铁钢, 等. 2016. 桃蛀螟发生规律及防治方法. 河北果树, (1): 48.

徐晓霞. 2020. 种群密度对丝茅生长速度和生理反应及自疏能力的影响. 南充: 西华师范大学硕士学位论文.

徐永红, 陈力, 唐松, 等. 2020. 柑橘轮斑病的适生区预测及风险分析. 中国农业科学, 53(21): 4430-4439.

许胡兰, 郭怡卿, 李向东. 2005. 柑桔白粉病的综合防治. 云南农业科技, 3: 38.

闫文涛, 张怀江, 岳强, 等. 2020. 梨园桃蛀螟的诊断与防治实用技术. 果树实用技术与信息, (8): 27-28.

严文斌, 全国明, 章家恩, 等. 2013. 环境因子对三叶鬼针草与鬼针草种子萌发的影响. 生态环境学报, 22(7): 1129-1135.

杨彩宏, 冯莉, 岳茂峰, 等. 2009. 牛筋草种子萌发特性的研究. 杂草科学, 27(3): 21-24.

杨欢, 蒋晓玲, 郭玺. 2022. 西花蓟马的辨别与防治. 中国海关, (10): 55.

杨媚, 冯淑杰, 何银银, 等. 2013. 柑橘炭疽病高效杀菌剂的筛选及抗药性菌株的发现. 华南农业大学学报, 34(1): 28-31, 40.

杨万玉, 周雄. 2014. 湖北武穴柑橘花蕾蛆的发生及综合防治技术. 果树实用技术与信息, (7): 32-33.

杨文钏, 秦誉嘉, 王晓亮, 等. 2022. 蜜柑大实蝇研究进展. 中国植保导刊, 42(4): 21-28.

姚海峰. 2012. 八节黄蓟马生物防治与化学防治技术研究. 武汉: 华中农业大学硕士学位论文.

易良湘. 2001. 柑橘白粉病的发生规律及防治技术. 西南园艺, 29(1): 7.

尹路. 2019. 柑橘恶性叶甲的识别与防治. 湖南农业, (5): 16-17.

于法辉, 夏长秀, 方贻文, 等. 2014. 引起柑橘果面伤痕的蓟马种类及其发生规律. 华中农业大学学报, 33(3): 38-41.

曾泉. 2003. 枸橘潜叶跳甲生物学特性观察及防治技术探讨. 植保技术与推广, 23(12): 26-27.

张斌, 梅秀凤, 黄峰, 等. 2020. 中国柑橘黑腐病和褐斑病病原菌的系统发育分析. 植物病理学报, 50(1): 10-19.

张凤如, 殷恭毅. 1987. 柑桔脂点黄斑病病原菌的研究. 植物病理学报, 17(3): 153-160.

张和. 2009. 浅谈绣线菊蚜及其防治. 现代园艺, (3): 52-53.

张宏宇. 2012. 柑橘害虫及其防治 // 邓秀新. 柑橘学. 北京: 中国农业出版社.

张宏宇, 李红叶. 2012. 图说柑橘病虫害防治关键技术. 北京: 中国农业出版社.

张宏宇, 李红叶. 2018. 柑橘病虫害绿色防控彩色图谱. 北京: 中国农业出版社.

张宏宇, 王永模, 蔡万伦, 等. 2009. 我国主要柑橘害虫发生为害现状. 湖北植物保护, (S1): 52-53.

张坤朋, 张元臣, 王相宏. 2016. 桃蛀螟在果树上的发生为害及防控措施综述. 中国园艺文摘, 32(12): 62-64, 82.

张培花, 高俊燕, 岳建强, 等. 2009. 瑞丽市柚子果疫病的发生及其病原鉴定. 云南农业大学学报, 24(3): 465-469.

张青, 邓金花, 周新伟, 等. 2009. 几种农药防治柑橘蚜虫药效研究. 安徽农业科学, 37(14): 6488-6489.

张权炳. 2009. 橘潜叶甲和恶性叶甲识别及防治技术. 果农之友, (12): 35-36.

张权炳, 雷慧德, 冉春, 等. 2002. 柑橘蓟马危害及其防治. 中国南方果树, 1(1): 14-16.

张天淼, 梁仙友, 龚祖埙. 1988. 柑桔碎叶病毒的发生与初步鉴定. 植物病理学报, 18(2): 79-84.

张伟, 陈国德, 吴挺佳, 等. 2016. 五种杀虫剂对绿鳞象甲的生物活性研究. 中国森林病虫, 35(5): 38-40.

张文升, 张甘雨, 陈珍珍, 等. 2022. 桃蛀螟对果树的危害及防治研究进展. 落叶果树, 54(5): 68-71.

张小亚, 陈国庆, 黄振东, 等. 2014. 为害柑橘的蓟马种类及其防控技术（综述）. 浙江柑橘, 31(3): 27-30.

张兴铠, 赵金发, 王莹, 等. 2022. 江西赣州柑橘衰退病毒种群构成变化研究. 西南大学学报（自然科学版）, 44(5): 35-40.

张雄基, 王建, 温清英, 等. 2012. 桔实蕾瘿蚊的发生与防治. 福建农业科技, (3-4): 98, 87.

张勇, 杨星科. 2004. 中国潜跳甲属分类研究（鞘翅目: 叶甲科: 跳甲亚科）. 昆虫分类学报, 26(4): 272-283.

张友军, 张治军, 徐宝云, 等. 2004. 外来入侵害虫: 西花蓟马的发生、为害与防治. 中国蔬菜, (5): 51-52, 67.

张禹安. 1984. 四川屏山红桔发现蜜柑大实蝇. 中国柑桔, (2): 31-32.

张祖兵, 高世德, 周明, 等. 2010. 黄猄蚁对柚子花期害虫的影响. 生态学杂志, 29(2): 329-332.

赵海英, 卢兆成, 金开美, 等. 2007. 信阳毛尖茶区恶性杂草: 扛板归的生物学特性及防除措施. 广东农业科学, 34(11): 65.

赵学源. 2017. 柑橘黄龙病防治研究工作回顾. 北京: 中国农业出版社.

赵学源, 蒋元晖, 李世菱, 等. 1987. 柑桔碎叶病的初步鉴定. 中国南方果树, (1): 18.

赵又新. 1991. 关于广西蜜柑大实蝇的评论. 植物保护, 17(4): 33-34.

赵志模. 2000. 我国柑橘害虫的研究现状. 昆虫知识, (2): 110-116.

赵忠仁, 尹纯寿, 王元珪. 1964. 板栗桃蛀螟发生规律及防治研究. 山东农业科学, (1): 29-33.

郑放, 焦晨, 谢艳, 等. 2022. 中国柑橘菌物病原名录. 菌物学报, 41(3): 387-411.

郑庆伟. 2016. 桃蛀螟的发生与防治. 河北果树, (3): 51.

郑霞林, 杨永鹏. 2009. 柑橘潜叶甲和柑橘潜叶蛾的危害特征比较及防控措施. 果农之友, (10): 32, 45.

郑永强, 邓烈, 何绍兰, 等. 2010. 哈姆林甜橙果实油斑病砧穗特异性调控农艺因子筛选. 中国农业科学, 43(23): 4877-4885.

郅军锐, 任顺祥. 2006. 胡瓜钝绥螨对西花蓟马的功能反应和数值反应. 华南农业大学学报, 27(3): 35-38.

中国科学院动物研究所. 1986. 中国农业昆虫. 上册. 北京: 农业出版社.

中国农业科学院植物保护研究所, 中国植物保护学会. 2015. 中国农作物病虫害. 3 版. 北京: 中国农业出版社.

周昌清, 陈海东, 林佩卿. 1995. 光温湿因子对三种果实蝇种群生殖力影响的比较研究. 中山大学学报（自然科学版）, 34(1): 68-75.

周常勇. 1991. 温州蜜柑萎缩病. 中国柑橘, 20(2): 35-37.

周常勇. 1997. 我国柑桔衰退病的发生概况与展望. 第一次全国植物病毒与病毒病防治研究学术讨论会论文集. 北京: 中国农业科学技术出版社: 182-187.

周常勇. 2017. 我国柑桔产业发展面临的形势及对策. 中国果业信息, 34(1): 1-2.

周常勇. 2020. 中国果树科学与实践: 柑橘卷. 西安: 陕西科学技术出版社.

周常勇, 王雪峰, 周彦, 等. 2013. 我国柑桔病毒病发生和防控进展. 中国果业信息, 30(10): 70-72.

周常勇, 杨育龙. 1998. 柚矮化病调查和病原鉴定. 中国南方果树, 27(3): 20-21.

周常勇, 赵学源, 蒋元晖, 等. 1998. 柚矮化病调查和病原鉴定. 中国南方果树, 27(3): 20-21.

周常勇, 周彦. 2013. 柑橘主要病虫害简明识别手册. 北京: 中国农业出版社.

周海平. 1991. 柑桔象鼻虫发生规律及防治. 中国柑橘, 20(1): 27-28.

周又生, 沈发荣, 赵焕萍, 等. 1995. 芒果柑桔花蕾蛆（*Contarinia citri* Barnes）的生物学及其防治研究. 西南农业大学学报, 17(2): 122-125.

朱丽, 王兴红, 黄峰, 等. 2012. 柑橘花瓣灰霉病诱导的果面疤痕研究. 果树学报, 29(6): 1074-1077.

朱丽, 赵小龙, 吴礽超, 等. 2011. 金橘脚腐病病原菌鉴定. 植物病理学报, 41(6): 631-634.

邹华松, 柔伟, 吴薇. 2018. 柑橘溃疡病抗感病性机制研究进展. 森林与环境学报, 38(2): 234-239.

邹志华, 谢标洪, 谢长智. 2019. 赣南桔实蕾瘿蚊的发生与防控. 科学种养, (1): 2.

佐佐木笃. 1965. 温州蜜柑果实感染黑点病的后期症状. 日植病报, 30(5): 246-252.

Abdelfattah A, Cacciola SO, Mosca S, et al. 2017. Analysis of the fungal diversity in citrus leaves with greasy spot disease symptoms. Microbial Ecology, 73(3): 739-749.

Abdollahzadeh J, Javadi A, Mohammadi GE, et al. 2010. Phylogeny and morphology of four new species of *Lasiodiplodia* from Iran. Persoonia, 25: 1-10.

Adesemoye AO, Mayorquin JS, Wang DH, et al. 2014. Identification of species of Botryosphaeriaceae causing bot gummosis in citrus in California. Plant Disease, 98(1): 55-61.

Afloukou FM, Çalişkan F, Önelge N. 2021. *Aphis gossypii* Glover is a vector of *Citrus yellow vein clearing virus*. Journal of General Plant Pathology, 87(2): 83-86.

Afloukou FM, Önelge N. 2020. First report of natural infection of grapevine (*Vitis vinifera*) by *Citrus yellow vein clearing virus*. New Disease Reports, 42(1): 5.

Agostini JP, Bushong PM, Bhatia A, et al. 2003. Influence of environmental factors on severity of citrus scab and melanose. Plant Disease, 87(9): 1102-1106.

Aguilera-Cogley VA, Berbegal M, Català S, et al. 2017. Characterization of Mycosphaerellaceae species associated with citrus greasy spot in Panama and Spain. PLOS ONE, 12(12): e0189585.

Albiach-Martí MR, Robertson C, Gowda S, et al. 2010. The pathogenicity determinant of *Citrus tristeza virus* causing the seedling yellows syndrome maps at the 3′-terminal region of the viral genome. Molecular Plant Pathology, 11(1): 55-67.

Alshami AAA, Ahlawat YS, Pant RP. 2003. A hitherto unreported yellow vein clearing disease of citrus in India and its viral aetiology. Indian Phytopathology, 56(4): 422-427.

Alves A, Crous PW, Correia A, et al. 2008. Morphological and molecular data reveal cryptic speciation in

Lasiodiplodia theobromae. Fungal Diversity, 28: 1-13.

Ambrós S, El-Mohtar C, Ruiz-Ruiz S, et al. 2011. Agroinoculation of *Citrus tristeza virus* causes systemic infection and symptoms in the presumed nonhost *Nicotiana benthamiana*. Molecular Plant-Microbe Interactions, 24(10): 1119-1131.

Arimoto Y, Homma Y, Misato T. 1982. Studies on citrus melanose and citrus stem-end rot by *Diaporthe citri* (Faw.) Wolf. 3. Mode of reaction in citrus fruit and leaf against infection of *Diaporthe citri*. Japanese Journal of Phytopathology, 48(5): 559-569.

Arimoto Y, Homma Y, Misato T. 1986a. Studies on citrus melanose and citrus stem-end rot by *Diaporthe citri* (Faw.) Wolf. 4. Antifungal substance in melanose spot. Japanese Journal of Phytopathology, 52(1): 39-46.

Arimoto Y, Homma Y, Ohsawa T. 1986b. Studies on citrus melanose and citrus stem-end rot by *Diaporthe citri* (Faw.) Wolf. 5. Identification of a phytoalexin in melanose spot. Japanese Journal of Phytopathology, 52(4): 620-625.

Astruc N, Marcos JF, Macquaire G, et al. 1996. Studies on the diagnosis of *Hop stunt viroid* in fruit trees: identification of new hosts and application of a nucleic acid extraction procedure based on non-organic solvents. European Journal of Plant Pathology, 102(9): 837-846.

Avery PB, Hunter WB, Hall DG, et al. 2016. Efficacy of topical application, leaf residue or soil drench of blastospores of *Isaria fumosorosea* for citrus root weevil management: laboratory and greenhouse investigations. Insects, 7(4): 66.

Barbosa CJ, Pina JA, Pérez-panadés J, et al. 2005. Mechanical transmission of citrus viroids. Plant Disease, 89(7): 749-754.

Bar-Joseph M, Marcus R, Lee RF. 1989. The continuous challenge of *Citrus tristeza virus* control. Annual Review Phytopathology, 27: 291-316.

Bautista-Cruz MA, Almaguer-Vargas G, Leyva-Mir SG, et al. 2019. Phylogeny, distribution, and pathogenicity of *Lasiodiplodia* species associated with cankers and dieback symptoms of Persian Lime in Mexico. Plant Disease, 103(6): 1156-1165.

Belabess Z, Sagouti T, Rhallabi N, et al. 2020. *Citrus psorosis virus*: current insights on a still poorly understood *Ophiovirus*. Microorganisms, 8(8): 1197.

Benson AH. 1895. Black spot of the orange. The Agricultural Gazette of New South Wales, 4: 249-252.

Bergua M, Zwart MP, El-Mohtar C, et al. 2014. A viral protein mediates superinfection exclusion at the whole-organism level but is not required for exclusion at the cellular level. Journal of Virology, 88(19): 11327-11338.

Berraf-Tebbal A, Mahamedi AE, Aigoun-Mouhous W, et al. 2020. *Lasiodiplodia mitidjana* sp. nov. and other Botryosphaeriaceae species causing branch canker and dieback of *Citrus sinensis* in Algeria. PLOS ONE, 15(5): e0232448.

Bin Y, Xu JJ, Duan Y, et al. 2022. The titer of *Citrus yellow vein clearing virus* is positively associated with the severity of symptoms in infected citrus seedlings. Plant Disease, 106(3): 828-834.

Bitancourt AA, Jenkins AE. 1936. *Elsinoë fawcettii*, the perfect stage of the citrus scab fungus. Phytopathology, 26: 393-396.

Boughalleb-M'Hamdi N, Fathallah A, Benfradj N, et al. 2020. First report of citrus black spot disease caused by *Phyllosticta citricarpa* on *Citrus limon* and *C. sinensis* in Tunisia. New Disease Reports, 41(1): 8.

Bové JM. 2006. Huanglongbing: a destructive, newly emerging, century-old disease of citrus. Journal of Plant Pathology, 88(1): 7-37.

Bové JM. 2014. Heat-tolerant Asian HLB meets heat-sensitive African HLB in the Arabian Peninsula! Why? Journal of Citrus Pathology, 1(1): 1-78.

Boyogueno BDA, Slippers B, Perez G, et al. 2012. High gene flow and outcrossing within populations of two cryptic fungal pathogens on a native and non-native host in Cameroon. Fungal Biology, 116(3): 343-353.

Broadbent P, Brlansky RH, Indsto J. 1996. Biological characterization of Australian isolates of *Citrus tristeza virus* and separation of subisolates by single aphid transmissions. Plant Disease, 80(3): 329-333.

Cai L, Hyde KD, Taylor PWJ, et al. 2009. A polyphasic approach for studying *Colletotrichum*. Fungal Diversity, 39(1): 183-204.

Catara AF, Azzaro A, Davino M, et al. 1993. Yellow vein clearing of lemon in Pakistan // Proceedings of the 12th Conference of the International Organization of Citrus Virologists, IOCV. Riverside: 364-367.

Catara AF, Bar-Joseph M, Licciardello G. 2021. Exotic and emergent citrus viruses relevant to the Mediterranean region. Agriculture, 11(9): 839.

Chaisiri C, Liu XY, Lin Y, et al. 2022. *Diaporthe citri*: a fungal pathogen causing melanose disease. Plants, 11(12): 1600.

Chaisiri C, Liu XY, Yin WX, et al. 2021. Morphology characterization, molecular phylogeny, and pathogenicity of *Diaporthe passifloricola* on *Citrus reticulata* cv. Nanfengmiju in Jiangxi Province, China. Plants, 10(2): 218.

Chen AYS, Peng JHC, Polek M, et al. 2021. Comparative analysis identifies amino acids critical for *Citrus tristeza virus* (T36CA) encoded proteins involved in suppression of RNA silencing and differential systemic infection in two plant species. Molecular Plant Pathology, 22(1): 64-76.

Chen C, Verkley GJM, Sun GY, et al. 2016. Redefining common endophytes and plant pathogens in *Neofabraea*, *Pezicula*, and related genera. Fungal Biology, 120(11): 1291-1322.

Chen HM, Li ZA, Wang XF, et al. 2014. First report of *Citrus yellow vein clearing virus* on lemon in Yunnan, China. Plant Disease, 98(12): 1747.

Childs JFL. 1950. The cachexia disease of Orlando tangelo. Plant Disease Reporter, 34(10): 295-298.

Choi CW, Jung KE, Kim MJ, et al. 2021. Development of molecular marker to detect citrus melanose caused by *Diaporthe citri* from citrus melanose-like symptoms. The Plant Pathology Journal, 37(6): 681-686.

Choquer M, Fournier E, Kunz C, et al. 2007. *Botrytis cinerea* virulence factors: new insights into a necrotrophic and polyphageous pathogen. FEMS Microbiol Lett, 277(1): 1-10.

Chung KR. 2011. *Elsinoë fawcettii* and *Elsinoë australis*: the fungal pathogens causing citrus scab. Molecular Plant Pathology, 12(2): 123-135.

Çinar A, Kersting U, Önelge N, et al. 1993. Citrus virus and virus-like diseases in the Eastern Mediterranean region of Turkey // Proceedings of the 12th Conference of the International Organization of Citrus Virologists, IOCV. Riverside: 397-400.

Çinar A, Korkmaz S, Kersting U. 1994. Outbreaks and new records. Turkey. Presence of a new whitefly-borne citrus disease of possible viral aetiology in Turkey. FAO Plant Protection Bulletin, 42: 73-74.

Cinque M, Minutolo M, Pugliese C, et al. 2024. First report of *Citrus yellow vein clearing virus* (CYVCV) on citrus in Italy. Plant Disease, doi: 10.1094/PDIS-06-24-1208-PDN.

Coutinho IBL, Freire FCO, Lima CS, et al. 2017. Diversity of genus *Lasiodiplodia* associated with perennial tropical fruit plants in northeastern Brazil. Plant Pathology, 66(1): 90-104.

Cui MJ, Wei X, Xia PL, et al. 2021. *Diaporthe taoicola* and *D. siamensis*, two new records on *Citrus sinensis* in China. Mycobiology, 49(3): 267-274.

Cui PF, Gu CF, Roistacher CN. 1991. Occurrence of *Satsuma dwarf virus* in Zhejiang Province, China. Plant Disease, 75(3): 242-244.

Das AK. 2003. Citrus canker: a review. Journal of Applied Horticulture, 5(1): 52-60.

De Francesco A, Costa N, García ML. 2017. *Citrus psorosis virus* coat protein-derived hairpin construct confers stable transgenic resistance in citrus against psorosis A and B syndromes. Transgenic Research, 26: 225-235.

Dewdney MM, Timmer LW. 2013. *Alternaria brown spot*. Florida Citrus Pest Management Guide. University of Florida Institute of Food and Agricultural Sciences, Gainesville: 89-91.

Diener TO. 2003. Discovering viroids: a personal perspective. Nature Reviews Microbiology, 1(1): 75-80.

D'Onghia AM, Djelouah K, Savino V. 2000. Serological detection of *Citrus psorosis virus* in seeds but not in seedlings of infected mandarin and sour orange. Journal of Plant Pathology, 82(3): 233-235.

Duran-Vila N, Flores R, Semancik JS. 1986. Characterization of viroid-like RNAs associated with the citrus exocortis syndrome. Virology, 150(1): 75-84.

Duran-Vila N, Roistacher CN, Rivera-Bustamante R, et al. 1988. A definition of citrus viroid groups and their relationship to the exocortis disease. Journal of General Virology, 69(12): 3069-3080.

El-Dougdoug KA, Ghazal SA, Mousa AA, et al. 2009. Differentiation among three Egyptian isolates of *Citrus psorosis virus*. International Journal of Virology, 5(2): 49-63.

Fawcett HS, Klotz LJ. 1948. Exocortis of trifoliate orange. Citrus Leaves, 28(4): 8.

Febres VJ, Ashoulin L, Mawassi M, et al. 1996. The p27 protein is present at one end of *Citrus tristeza virus* particles. Phytopathology, 86(12): 1331-1335.

Fisher FE. 1961. Greasy spot and tar spot of *Citrus* in Florida. Phytopathology, 51(5): 297-303.

Flores RC, Hernandez AEM, de Alba JA, et al. 2005. Viroids and viroid-host interactions. Annual Review of Phytopathology, 43: 117-139.

Folimonova SY. 2020. *Citrus tristeza virus*: a large RNA virus with complex biology turned into a valuable tool for crop protection. PLOS Pathogens, 16(4): e1008416.

Frare GF, Silva-Junior GJ, Lanza FE, et al. 2019. Sweet orange fruit age and inoculum concentration affect the expression of citrus black spot symptoms. Plant Disease, 103(5): 913-921.

Fullerton RA, Harris FM, Hallett IC. 1999. Rind distortion of lemon caused by *Botrytis cinerea* Pers. New Zealand Journal of Crop and Horticultural Science, 27(3): 205-214.

Furuya N, Takashima M, Shiotani H. 2012. Reclassification of citrus pseudo greasy spot causal yeasts, and a proposal of two new species, *Sporobolomyces productus* sp. nov. and *S. corallinus* sp. nov. Mycoscience, 53(4): 261-269.

Gai YP, Ma HJ, Chen YY, et al. 2021. Chromosome-scale genome sequence of *Alternaria alternata* causing *Alternaria* brown spot of *citrus*. Molecular Plant-Microbe Interactions, 34(7): 726-732.

Galdeano DM, Breton MC, Lopes JRS, et al. 2017. Oral delivery of double-stranded RNAs induces mortality in nymphs and adults of the Asian citrus psyllid, *Diaphorina citri*. PLOS ONE, 12(3): e0171847.

Garnsey S, Jones J. 1967. Mechanical transmission of exocortis virus with contaminated budding tools. Plant Disease Reporter, 51: 410-413.

García ML, Dal BE, da Graça JV, et al. 2017. ICTV taxonomy profile: Ophioviridae. Journal of General Virology, 98(6): 1161-1162.

Gomes RR, Glienke C, Videira SIR, et al. 2013. *Diaporthe*: a genus of endophytic, saprobic and plant pathogenic fungi. Persoonia, 31: 1-41.

Gopal K, Lakshmi LM, Sarada G, et al. 2014. Citrus melanose (*Diaporthe citri* Wolf): a review. International Journal of Current Microbiology and Applied Science, 3(4): 123-124.

Gottwald TR, Graham JH, Schubert TS. 2002. Citrus canker: The pathogen and its impact. Plant Health Progress, 3(1): 15-39.

Gowda S, Satyanarayana T, Davis CL, et al. 2000. The *p20* gene product of *Citrus tristeza virus* accumulates in the amorphous inclusion bodies. Virology, 274(2): 246-254.

Guarnaccia V, Crous PW. 2018. Species of *Diaporthe* on *Camellia* and *Citrus* in the Azores Islands. Phytopathologia Mediterranea, 57(2): 307-319.

Guarnaccia V, Gehrmann T, Silva-Junior GJ, et al. 2019. *Phyllosticta citricarpa* and sister species of global importance to *Citrus*. Molecular Plant Pathology, 20(12): 1619-1635.

Guo J, Lai XP, Li JX, et al. 2015. First report on *Citrus chlorotic dwarf associated virus* on lemon in Dehong prefecture, Yunnan, China. Plant Disease, 99(9): 1287.

Hajeri S, Killiny N, El-Mohtar C, et al. 2014. *Citrus tristeza virus*-based RNAi in citrus plants induces gene silencing in *Diaphorina citri*, a phloem-sap sucking insect vector of citrus greening disease (Huanglongbing). Journal of Biotechnology, 176: 42-49.

Halbert SE. 2005. The discovery of Huanglongbing in Florida // Proceedings of the International Citrus Canker and Huanglongbing Research Workshop, Orlando.

Hall DG, Gottwald TR, Bock CH. 2010. Exacerbation of citrus canker by citrus leafminer *Phyllocnistis citrella* in Florida. Florida Entomologist, 93(4): 558-566.

Hashmian SMB, Aghajanzadeh S. 2017. Occurrence of *Citrus yellow vein clearing virus* in citrus species in Iran. Journal of Plant Pathology, 99(1): 290.

Hou X, Huang F, Zhang TY, et al. 2014. Pathotypes and genetic diversity of Chinese collections of *Elsinoë fawcettii* causing citrus scab. Journal of Integrative Agriculture, 13(6): 1293-1302.

Hsu YH, Chen W, Owens RA. 1995. Nucleotide sequence of a hop stunt viroid variant isolated from citrus growing in Taiwan. Virus Genes, 9(2): 193-195.

Huang F, Chen GQ, Hou X, et al. 2013a. *Colletotrichum* species associated with cultivated citrus in China. Fungal Diversity, 61(1): 61-74.

Huang F, Fu YS, Nie DN, et al. 2015a. Identification of a novel phylogenetic lineage of *Alternaria alternata* causing citrus brown spot in China. Fungal Biology, 119(5): 320-330.

Huang F, Hou X, Dewdney MM, et al. 2013b. *Diaporthe* species occurring on citrus in China. Fungal Diversity, 61(1): 237-250.

Huang F, Groenewald JZ, Zhu L, et al. 2015b. Cercosporoid diseases of Citrus. Mycologia, 107(6): 1151-1171.

Hyun JW, Yi SH, MacKenzie SJ, et al. 2009. Pathotypes and genetic relationship of worldwide collections of *Elsinoë* spp. causing scab diseases of Citrus. Phytopathology, 99(6): 721-728.

Inoue H, Yamanaka H. 2006. Redescription of *Conogethes punctiferalis* (Guenée) and descriptions of two new closely allied species from eastern palaearctic and oriental regions (Pyralidae, Pyraustinae) . Tinea,

19(2): 80-91.

Karasev AV, Boyko VP, Gowda S, et al. 1995. Complete sequence of the *Citrus tristeza virus* RNA genome. Virology, 208(2): 511-520.

Kayim M. 2010. Biological and molecular detection of *Citrus psorosis virus* in citrus in the Eastern Mediterrenean Region of Turkey. Journal of Plant Biochemistry and Biotechnology, 19(2): 259-262.

Kishk A, Anber HAI, AbdelEl-Raof TK, et al. 2017. RNA interference of carboxyesterases causes nymph mortality in the Asian citrus psyllid, *Diaphorina citri*. Archives of Insect Biochemistry and Physiology, 94(3): e21377.

Knight TG, Klieber A, Sedgley M. 2002. Structural basis of the rind disorder oleocellosis in Washington navel orange (*Citrus sinensis* L. Osbeck). Annals of Botany, 90(6): 765-773.

Kohmoto K, Itoh Y, Shimomura N, et al. 1993. Isolation and biological activities of two host-specific toxins from the tangerine pathotype of *Alternaria alternate*. Phytopathology, 83(5): 495-502.

Korlmaz S, Çinar A, Bozan O, et al. 1994. Distribution and natural transmission of a new whitefly-borne citrus virus disease in the Eastern Mediterranean region of Turkey // Proceedings of the 9th Congress of the Mediterranean Phytopathological Union. Granada: 437-439.

Korkmaz S, Çinar A, Kersting U, et al. 1995. Citrus chlorotic dwarf: a new whitefly- transmitted virus-like disease of citrus in Turkey. Plant Disease, 79: 1074.

Korkmaz S, Garnsey SM. 2000. Major virus disease: chlorotic dwarf // Timmer P, Garnsey SM, Graham T. Compendium of Citrus Diseases. 2nd. St. Paul: APS Press: 55-56.

Kumagai LB, LeVesque CS, Blomquist CL, et al. 2013. First report of *Candidatus* Liberibacter asiaticus associated with Citrus Huanglongbing in California. Plant Disease, 97(2): 283.

Lapointe SL, McKenzie CL, Hunter WB. 2003. Toxicity and repellency of *Tephrosia candida* to larval and adult *Diaprepes* root weevil (Coleoptera: Curculionidae). Journal of Economic Entomology, 96(3): 811-816.

Lee HA. 1918. Further data on the susceptibility of rutaceous plants to citrus canker. Journal of Agricultural Research, 15(2): 661-665.

Levy L, Gumpf DJ. 1991. Studies on the psorosis disease of citrus and preliminary characterization of a flexuous virus associated with the disease // Proceedings of the 12th Conference of the International Organization of Citrus Virologists, IOCV. Riverside: 319-336.

Linaldeddu BT, Deidda A, Scanu B, et al. 2015. Diversity of Botryosphaeriaceae species associated with grapevine and other woody hosts in Italy, Algeria and Tunisia, with descriptions of *Lasiodiplodia exigua* and *Lasiodiplodia mediterranea* sp. nov. Fungal Diversity, 71(1): 201-214.

Liu JX, Li LD, Zhao HY, et al. 2019. Titer variation of *Citrus tristeza virus* in aphids at different acquisition access periods and its association with transmission efficiency. Plant Disease, 103(5): 874-879.

Loconsole G, Önelge N, Potere O, et al. 2012a. Identification and characterization of *Citrus yellow vein clearing virus*, a putative new member of the genus *Mandarivirus*. Phytopathology, 102(12): 1168-1175.

Loconsole G, Saldarelli P, Doddapaneni H, et al. 2012b. Identification of a single-stranded DNA virus associated with citrus chlorotic dwarf disease, a new member in the family *Geminiviridae*. Virology, 432(1): 162-172.

Lu R, Folimonov A, Shintaku M, et al. 2004. Three distinct suppressors of RNA silencing encoded by a 20-kb viral RNA genome. Proc Natl Acad Sci USA, 101(44): 15742-15747.

Luna GR, Reyes CA, Peña EJ, et al. 2017. Identification and characterization of two RNA silencing suppressors encoded by ophioviruses. Virus Research, 235(2): 96-105.

Martín S, Alioto D, Milne RG, et al. 2002. Detection of *Citrus psorosis virus* in field trees by direct tissue blot immunoassay in comparison with ELISA, symptomatology biological indexing and cross-protection tests. Plant Pathology, 51(2): 134-141.

Martín S, López C, García ML, et al. 2005. The complete nucleotide sequence of a Spanish isolate of *Citrus psorosis virus*: comparative analysis with other ophioviruses. Archives of Virology, 150(1): 167-176.

Miles AK, Smith MW, Tran NT, et al. 2019. Identification of resistance to citrus black spot using a novel in-field inoculation assay. HortScience, 54(10): 1673-1681.

Mishra MD, Hammond RW, Owens RA, et al. 1991. Indian bunchy top disease of tomato plants is caused by a distinct strain of *Citrus exocortis viroid*. Journal of General Virology, 72(Pt 8): 1781-1785.

Mondal SN, Agostini JP, Zhang L, et al. 2004. Factors affecting pycnidium production of *Diaporthe citri* on detached citrus twigs. Plant Disease, 88(4): 379-382.

Mondal SN, Timmer LW. 2006. Greasy spot, a serious endemic problem for citrus production in the Caribbean Basin. Plant disease, 90(5): 532-538.

Mondal SN, Vicent A, Reis RF, et al. 2007. Saprophytic colonization of citrus twigs by *Diaporthe citri* and factors affecting pycnidial production and conidial survival. Plant Disease, 91(4): 387-392.

Moreno P, Guerri J, García ML. 2015. The psorosis disease of citrus: a pale light at the end of the tunnel. J Citrus Pathology, 2(1): 1-18.

Morse JG, Brawner OL. 1986. Toxicity of pesticides to *Scirtothrips citri* (Thysanoptera: Thripidae) and implications to resistance management. Journal of Economic Entomology, 79(3): 565-570.

Naqvi SAH, Wang J, Malik MT, et al. 2022. Citrus canker-distribution, taxonomy, epidemiology, disease cycle, pathogen biology, detection, and management: a critical review and future research agenda. Agronomy, 12(5): 1075.

Naum-Onganía G, Gago-Zachert S, Peña E, et al. 2003. *Citrus psorosis virus* RNA 1 is of negative polarity and potentially encodes in its complementary strand a 24K protein of unknown function and 280K putative RNA dependent RNA polymerase. Virus Research, 96(1/2): 49-61.

Önelge N. 2002. First report of yellow vein clearing of lemons in Turkey. Journal of Turkey Phytopathology, 32: 53-55.

Önelge N, Satar S, Elibüyük Ö, et al. 2011. Transmission studies on *Citrus yellow vein clearing virus* // Proceedings of the 18th Conference of the International Organization of Citrus Virologists, IOCV. Riverside: 11-14.

Peever TL, Carpenter-Boggs L, Timmer LW, et al. 2005. Citrus black rot is caused by phylogenetically distinct lineages of *Alternaria alternata*. Phytopathology, 95(5): 512-518.

Peng LJ, Yang YL, Kevin DH, et al. 2012. *Colletotrichum* species on citrus leaves in Guizhou and Yunnan provinces, China. Cryptogamie, Mycologie, 33(3): 267-283.

Pervez R, Eapen SJ, Devasahayam S, et al. 2016. Effect of temperature on the infectivity of entomopathogenic nematodes against shoot borer (*Conogethes punctiferalis* Guen.) infesting ginger (*Zingiber officinale* Rosc.). Journal of Biological Control, 29(4): 187-193.

Phillips AJ, Alves A, Abdollahzadeh J, et al. 2013. The Botryosphaeriaceae: genera and species known from culture. Studies in Mycology, 76(1): 51-167.

Phoulivong S. 2011. Colletotrichum, naming, control, resistance, biocontrol of weeds and current challenges. Current Research in Environmental Applied Mycology, 1(1): 53-73.

Qin Y, Zhao J, Wang J, et al. 2023. Regulation of *Nicotiana benthamiana* cell death induced by *Citrus chlorotic dwarf-associated virus*-RepA protein by WRKY 1. Frontiers Plant Science, 14: 1164416.

Reanwarakorn K, Semancik JS. 1998. Regulation of pathogenicity in *Hop stunt viroid*-related group Ⅱ citrus viroids. Journal of General Virology, 79(Pt 12): 3163-3171.

Reanwarakorn K, Semancik JS. 1999. Correlation of *Hop stunt viroid* variants to cachexia and xyloporosis diseases of citrus. Phytopathology, 89(7): 568-574.

Rehman AU, Li ZR, Yang ZK, et al. 2019. The coat protein of *Citrus yellow vein clearing virus* interacts with viral movement proteins and serves as an RNA silencing suppressor. Viruses, 11(4): 329.

Reyes CA, Ocolotobiche EE, Marmisollé FE. 2016. *Citrus psorosis virus* 24K protein interacts with citrus miRNA precursors, affects their processing and subsequent miRNA accumulation and target expression. Molecular Plant Pathology, 17(3): 317-329.

Reynolds DR. 1999. *Capnodium citri*: the sooty mold fungi comprising the taxon concept. Mycopathologia, 148(3): 141-147.

Rhaiem A, Taylor PWJ. 2016. *Colletotrichum gloeosporioides* associated with anthracnose symptoms on citrus, a new report for Tunisia. European Journal of Plant Pathology, 146(1): 219-224.

Roumagnac P, Lett JM, Fiallo-Olivé E, et al. 2022. Establishment of five new genera in the family *Geminiviridae*: *Citlodavirus*, *Maldovirus*, *Mulcrilevirus*, *Opunvirus*, and *Topilevirus*. Archives of Virology, 167(2): 695-710.

Ruiz-Ruiz S, Moreno P, Guerri J, et al. 2006. The complete nucleotide sequence of a severe stem pitting isolate of *Citrus tristeza virus* from Spain: comparison with isolates from different origins. Archives of Virology, 151(2): 387-398.

Sano T, Hataya T, Shikata E. 1988. Complete nucleotide sequence of a viroid isolated from Etrog citron, a new member of *Hop stunt viroid* group. Nucleic Acids Research, 16(1): 347.

Sano T, Hataya T, Terai Y, et al. 1989. *Hop stunt viroid* strains from dapple fruit disease of plum and peach in Japan. Journal of General Virology, 70(Pt 6): 1311-1319.

Semancik JS, Roistacher CN, Duran-Vila N. 1988. A new viroid is the causal agent of the citrus cachexia disease // Proceedings of the 10th Conference of the International Organization of Citrus Virologists, IOCV. Riverside: 125-135.

Shapiro DI, McCoy CW. 2000. Virulence of entomopathogenic nematodes to *Diaprepes abbreviatus* (Coleoptera: Curculionidae) in the laboratory. Journal of Economic Entomology, 93(4): 1090-1095.

Shomer I, Erner Y. 1989. The nature of oleocellosis in citrus fruits. Botanical Gazette, 150(3): 281-288.

Singh RP, Dilworth AD, Ao XP, et al. 2009. Citrus exocortis viroid transmission through commercially-distributed seeds of *Impatiens* and *Verbena* plants. European Journal of Plant Pathology, 124(4): 691-694.

Solel Z, Kimchi M. 1998. Histopathology of infection of Minneola tangelo by *Alternaria alternata* pv. *citri* and the effect of host and environmental factors on lesion development. Journal of Phytopathology, 146(11/12): 557-561.

Sun YD, Folimonova SY. 2019. The p33 protein of *Citrus tristeza virus* affects viral pathogenicity by modulating a host immune response. New Phytologist, 221(4): 2039-2053.

Sun YD, Yokomi R. 2023. Whole genome sequence of *Citrus yellow vein clearing virus* CA1 isolate. BMC Research Notes, 16(1): 166.

Sutton BC. 1992. The genus *Glomerella* and its anamorph *Colletotrichum* // Bailey JA, Jeger MJ.

Colletotrichum: Biology, Pathology and Control. Wallingford: CAB International: 1-26.

Tan MK, Timmer LW, Broadbent P, et al. 1996. Differentiation by molecular analysis of *Elsinoë* spp. causing scab diseases of citrus and its epidemiological implications. Phytopathology, 86(10): 1039-1044.

Tanner JD, Kunta M, da Graca JV. 2011. Evidence of a low rate of seed transmission of *Citrus tatter leaf virus* in citrus // Proceedings of the 18th Conference of the International Organization of Citrus Virologists, IOCV. Riverside: 24-29.

Tatineni S, Afunian MR, Hilf ME, et al. 2009. Molecular characterization of *Citrus tatter leaf virus* historically associated with Meyer Lemon trees: complete genome sequence and development of biologically active *in vitro* transcripts. Phytopathology, 99(4): 423-431.

Tatineni T, Gowda S, Dawson WO. 2010. Heterologous minor coat proteins of *Citrus tristeza virus* strains affect encapsidation, but the coexpression of HSP70h and p61 restores encapsidation to wild-type levels. Virology, 402(2): 262-270.

Tatineni T, Robertson CJ, Garnsey SM, et al. 2011. A plant virus evolved by acquiring multiple nonconserved genes to extend its host range. Proc Natl Acad Sci USA, 108(42): 17366-17371.

Teixeira DDC, Saillard C, Eveillard S, et al. 2005. 'Candidatus Liberibacter americanus', associated with Citrus Huanglongbing (greening disease) in São Paulo State, Brazil. Int J Syst Evol Microbiol, 55(Pt 5): 1857-1862.

Thompson W. 1948. Greasy spot on citrus leaves. Citrus Industry, 29: 20-22.

Timmer LW, Brown GE, Zitko SE. 1998a. The Role of *Colletotrichum* spp. in postharvest anthracnose of citrus and survival of *C. acutatum* on fruit. Plant Disease, 82(4): 415-418.

Timmer LW, Garnsey SM, Graham JH. 2000. Compendium of Citrus Diseases. 2nd ed. St. Paul: APS Press: 2-29.

Timmer LW, Priest M, Broadbent P, et al. 1996. Morphological and pathological characterization of species of Elsinoë causing scab disease of citrus. Phytopathology, 86(10): 1032-1038.

Timmer LW, Solel Z, Gottwald TR, et al. 1998b. Environmental factors affecting production, release, and field populations of conidia of *Alternaria alternata*, the cause of brown spot of citrus. Phytopathology, 88(11): 1218-1223.

Timmer LW, Zitko SE. 1996. Evaluation of copper fungicides and rates of metallic copper for control of melanose on grapefruit in Florida. Plant Disease, 80(2): 166-169.

Udayanga D, Castlebury LA, Rossman AY, et al. 2014. Species limits in *Diaporthe*: molecular re-assessment of *D.citri, D. cytosporella, D. foeniculina* and *D. rudis*. Persoonia, 32(1): 83-101.

Velázquez K, Pina JA, Navarro L, et al. 2012. Association of citrus psorosis B symptoms with a sequence variant of the *Citrus psorosis virus* RNA 2. Plant Pathology, 61(3): 448-456.

Vicent A, Armengol J, García-Jiménez J. 2007. Rain fastness and persistence of fungicides for control of *Alternaria* brown spot of citrus. Plant Disease, 91(4): 393-399.

Vicent A, Armengol J, Sales R, et al. 2000. First report of *Alternaria* brown spot of citrus in Spain. Plant Disease, 84(9): 1044.

Wang M, Fu H, Shen XX, et al. 2019. Genomic features and evolution of the conditionally dispensable chromosome in the tangerine pathotype of *Alternaria alternata*. Molecular Plant Pathology, 20(10): 1425-1438.

Wang N, Trivedi P. 2013. Citrus Huanglongbing: a newly relevant disease presents unprecedented challenges.

Phytopathology, 103(7): 652-665.

Wang WX, de Silva DD, Moslemi A, et al. 2021. *Colletotrichum* species causing anthracnose of citrus in Australia. Journal of Fungi, 7(1): 47.

Wang XF, Li ZA, Tang KZ, et al. 2010. First report of *Alternaria* brown spot of citrus caused by *Alternaria alternata* in Yunnan Province, China. Plant Disease, 94(3): 375.

Wang XH, Chen GQ, Huang F, et al. 2012. *Phyllosticta* species associated with citrus diseases in China. Fungal diversity, 52(1): 209-224.

Weathersbee AA, Tang YQ. 2002. Effect of neem seed extract on feeding, growth, survival, and reproduction of *Diaprepes abbreviatus* (Coleoptera: Curculionidae). Journal of Economic Entomology, 95(4): 661-667.

Whiteside JO. 1970. Etiology and epidemiology of citrus greasy spot. Phytopathology, 60: 1409.

Whiteside JO. 1974. Environmental factors affecting infection of citrus leaves by *Mycosphaerella citri*. Phytopathology, 64(1): 115.

Whiteside JO. 1978. Pathogenicity of two biotypes of *Elsinoë fawcettii* to sweet orange and some other cultivars. Phytopathology, 68(8): 1128-1131.

Whiteside JO, Garnsey SM, Timmer LW. 1988. Compendium of Citrus Diseases. St Paul: APS Press.

Winston JR, Bach WJ, Bowman JJ. 1927. Citrus melanose and its control. U.S. Department of Agriculture, 1474: 62.

Wolf FA. 1926. The perfect stage of the fungus which causes melanose of citrus. Journal of Agricultural Research, 33(7): 621-625.

Wulandari NF, To-Anun C, Hyde KD, et al. 2009. *Phyllosticta citriasiana* sp. nov., the cause of citrus tan spot of *Citrus maxima* in Asia. Fungal Diversity, 34(1): 23-39.

Xiao XE, Wang W, Crous PW, et al. 2021b. Species of Botryosphaeriaceae associated with citrus branch diseases in China. Persoonia - Molecular Phylogeny and Evolution of Fungi, 47(1): 106-135.

Xiao XE, Zeng YT, Wang W, et al. 2021a. First report and new hosts of *Pseudofabraea citricarpa* causing citrus target spot in China. Plant Health Progress, 22(1): 26-30.

Xiong T, Zeng YT, Wang W, et al. 2021. Abundant genetic diversity and extensive differentiation among geographic populations of the citrus pathogen *Diaporthe citri* in Southern China. Journal of Fungi, 7(9): 749.

Yang Z, Zhang L, Zhao JF, et al. 2020. First report of *Citrus chlorotic dwarf-associated virus* on Pomelo in Nakhon, Thailand. Plant Disease, 104(4): 1262.

Yang Z, Zhang L, Zhao JF, et al. 2022. New geographic distribution and molecular diversity of *Citrus chlorotic dwarf-associated virus* in China. Journal of Integrative Agriculture, 21(1): 293-298.

Ye X, Ding DD, Chen Y, et al. 2024. Identification of RNA silencing suppressor encoded by *Citrus chlorotic dwarf-associated virus*. Frontiers in Microbiology, 15: 1328289.

Yi PH, Hyun JW, Hwang RY, et al. 2014. Improvement of control efficacy of mancozeb wettable powder against citrus melanose by mixing with paraffin oil. Research in Plant Disease, 20(3): 196-200.

Yu XD, Gowda S, Killiny N. 2017. Double-stranded RNA delivery through soaking mediates silencing of the muscle protein 20 and increases mortality to the Asian citrus psyllid, *Diaphorina citri*. Pest Management Science, 73(9): 1846-1853.

Zeng YB, Xiong T, Liu B, et al. 2021. Genetic diversity and population structure of *Phyllosticta citriasiana* in China. Phytopathology, 111(5): 850-861.

Zhang TM, Liang XY, Roistacher CN. 1988. Occurrence and detection of *Citrus tatter leaf virus* (CTLV) in

Huangyan, Zhejiang Province, China. Plant Disease, 72(6): 543-545.

Zhang YH, Liu CH, Wang Q, et al. 2019b. Identification of *Dialeurodes citri* as a vector of *Citrus yellow vein clearing virus* in China. Plant Disease, 103(1): 65-68.

Zhang YH, Liu YJ, Wang YL, et al. 2019a. Transmissibility of *Citrus yellow vein clearing virus* by contaminated tools. Journal of Plant Pathology, 101(1): 169-171.

Zheng YQ, He SL, Yi SL, et al. 2010. Characteristics and oleocellosis sensitivity of citrus fruits. Scientia Horticulturae, 123: 312-317.

Zheng YQ, Wang Y, Yang Q, et al. 2018. Modulation of tolerance of "Hamlin" sweet orange grown on three rootstocks to on-tree oleocellosis by summer plant water balance supply. Scientia Horticulturae, 238: 155-162.

Zhou CY. 2020. The status of Citrus Huanglongbing in China. Tropical Plant Pathology, 45(3): 279-284.

Zhou Y, Chen HM, Cao MJ, et al. 2017. Occurrence, distribution, and molecular characterization of *Citrus yellow vein clearing virus* in China. Plant Disease, 101(1): 137-143.

Zhu L, Wang XH, Huang F, et al. 2012. A destructive new disease of *Citrus* in China caused by *Cryptosporiopsis citricarpa* sp. nov. Plant Disease, 96(6): 804-812.

附录　柑橘有害生物绿色防控技术挂图

一、柑橘部分细菌真菌类病害绿色防控技术挂图

二、柑橘主要病毒类病害绿色防控技术挂图

三、柑橘部分害虫绿色防控技术挂图